钢结构工程关键岗位人员培训丛书

钢结构工程安全员必读

魏 群 主编

陈 震 尹先敏
尹伟波 郑 强 副主编

中国建筑工业出版社

图书在版编目（CIP）数据

钢结构工程安全员必读/魏群主编.—北京：中国建筑工业出版社，2010.11
（钢结构工程关键岗位人员培训丛书）
ISBN 978-7-112-12567-8

Ⅰ.①钢… Ⅱ.①魏… Ⅲ.①钢结构-建筑工程-工程施工-安全技术-工程技术人员-技术培训-教材 Ⅳ.①TU758.11

中国版本图书馆CIP数据核字（2010）第201138号

本书作为钢结构工程安全员的培训用书，书中全面地介绍了钢结构工程安全员应掌握的基本知识和专业技能。全书共11章，分别包括：安全员概述、安全生产法及相关法律法规、安全管理保证体制、安全管理的教育培训与检查制度、钢结构工程安全技术要求、钢结构工程安全操作、钢结构工程常见安全事故与案例分析、事故应急救援预案与急救、钢结构工程安全责任事故处理、钢结构工程安全检查与评价标准、钢结构施工现场安全资料管理。全书内容全面、浅显实用、概念清晰、操作性强。本书既可作为钢结构工程安全员的培训教材，也可作为钢结构工程施工管理人员、技术人员、监理人员、安全监督人员等的参考书。

* * *

责任编辑：范业庶
责任设计：赵明霞
责任校对：姜小莲 刘 钰

钢结构工程关键岗位人员培训丛书
钢结构工程安全员必读
魏 群 主编
陈 震 尹先敏 尹伟波 郑 强 副主编
*
中国建筑工业出版社出版、发行（北京西郊百万庄）
各地新华书店、建筑书店经销
北京千辰公司制版
北京市密东印刷有限公司印刷
*
开本：787×1092毫米 1/16 印张：14¾ 字数：358千字
2010年11月第一版 2010年11月第一次印刷
定价：**32.00**元
ISBN 978-7-112-12567-8
（19865）

《钢结构工程关键岗位人员培训丛书》
编写委员会

顾　问：姚　兵　刘洪涛　何　雄

主　编：魏　群

编　委：千战应　孔祥成　尹伟波　尹先敏　王庆卫　王裕彪
邓　环　冯志刚　刘志宏　刘尚蔚　刘　悦　刘福明
孙少楠　孙文怀　孙　凯　孙瑞民　张俊红　李续禄
李新怀　李增良　杨小荟　陈学茂　陈爱玖　陈　铎
陈　震　周国范　周锦安　孟祥敏　郑　强　姚红超
姜　华　秦海琴　袁志刚　贾鸿昌　郭福全　黄立新
靳　彩　魏定军　魏鲁双　魏鲁杰

前　言

近年来，随着我国经济的飞速发展和钢铁冶炼技术的成熟，钢材的型号和品种日新月异，钢制品层出不穷，我国正迈入世界产钢和用钢的大国行列之中。钢结构作为一种新型建筑结构，以其轻质高强、绿色环保、可持续发展等优点成为现代建筑结构类型的一支奇葩，广泛应用于工业、农业、商业、旅游等各个行业，有着广泛的发展前景。

工程安全与工程建设一直相伴而来，工程安全一直都是人们关注的重点，钢结构工程也不例外。钢结构工程的安全涉及多个工种的配合，内容庞杂，意义重大。对于参与钢结构工程的安全员，如何能够全面正确地掌握钢结构工程中安全知识并运用到实际工作中是安全工作的要义。为了提高安全员的技术素质，编者针对钢结构安全员必须掌握的知识及工程中经常遇到的安全问题，以简洁明了的语言，编写了这本《钢结构工程安全员必读》。

本书共11章，包括：安全员概述、安全生产法及相关法律法规、安全管理保证体制、安全管理的教育培训与检查制度、钢结构工程安全技术要求、钢结构工程安全操作、钢结构工程常见安全事故与案例分析、事故应急救援预案与急救、钢结构工程安全责任事故处理、钢结构工程安全检查与评价标准、钢结构施工现场安全资料管理。本书编写时，力求内容简明扼要，浅显实用，概念清晰、联系实际。

在本书的编写过程中，参阅了大量的资料和书籍，并得到了出版社领导和有关人员的大力支持，在此谨表衷心感谢！由于我们水平有限、加上时间仓促，书中缺点在所难免，恳切希望读者提出宝贵意见。

本书既是钢结构工程安全员的培训用书，也是钢结构工程项目管理人员、技术人员的学习参考书。

目　录

1　安全员概述

1.1　概述

1. 安全员

安全员是工程项目部负责安全生产的管理人员。业务范围包括：

（1）负责工程项目的安全技术工作，接受安全监督部门的指导。

（2）对施工人员进行业务指导，负责或参与制定、修订安全生产管理制度和安全技术操作规程，并检查执行情况。

（3）负责编制工程安全技术措施计划和隐患整改方案，及时上报和检查落实，做好施工人员的安全思想、安全技术教育工作。

2. 钢结构工程安全员

根据上述安全员的概念，可以这样定义钢结构工程安全员：

（1）负责钢结构工程项目的安全技术工作，对钢结构工程施工人员进行安全技术指导。

（2）参与制定钢结构工程项目安全技术操作规范，并负责编制钢结构工程安全技术措施计划和隐患整改方案，及时上报和检查落实。

（3）做好施工人员的安全思想工作、安全技术教育工作。

安全生产工作关系到整个工程的顺利进行和职工的安危与健康，工作上的任何失职、疏忽、错误，都可能导致重大安全事故的发生，所以安全员责任重大。

1.2　钢结构工程安全员职责、权利和义务

1. 钢结构工程安全员的职责

钢结构工程安全员的主要职责是协助项目经理做好安全管理工作，指导班组开展安全生产，具体内容包括：

（1）认真贯彻执行国家及上级关于安全生产方针的政策、法律法规，部门规章及有关规范性文件。

（2）认真贯彻落实安全生产责任制，执行各项安全生产规章制度，经常深入现场检查，及时向上级汇报，解决安全工作上存在的严重问题或严重事故隐患。

（3）会同有关部门做好安全生产的宣传教育和培训工作，组织安全工作检查评比，总结和推广安全生产的先进经验，并会同有关部门做好防暑降温以及女工保护工作。

（4）参加编制施工方案和安全技术措施，并每日进行安全巡查，发现并制止现场违章指挥、违章作业、违反劳动纪律等的行为。

（5）督促有关部门按规定及时发放和合理使用个人防护用品。

（6）督促一线施工人员严格按照安全操作规程办事，认真做好安全技术交底，对违反

操作规程的行为及时予以制止。

（7）根据施工特点和季节特点，提出每月、每季度和每年度的安全工作重点，编制安全计划。针对存在的问题，提出改进措施和重点注意事项。

（8）参加伤亡事故的调查处理，做好工伤事故统计、分析和报告，协助有关部门提出预防措施。根据施工现场实际情况，向安全管理部门和有关领导提出改善安全生产和改进安全管理的建议。

2. 钢结构工程安全员的权利

（1）遇到特别紧急的不安全情况时，有权指令先行停止生产，并且及时报告领导研究处理。

（2）有权检查所属单位对安全生产方针或上级指示贯彻执行的情况。

（3）对少数执意违章者，经教育不改的，有权执行罚款办法。

（4）对安全隐患较严重的施工部位，有权签发隐患通知单，并责令班组负责人限期整改。

（5）对不认真执行安全生产方针和上级指示的单位或个人，有权越级向上汇报。

3. 钢结构工程安全员的义务

（1）热爱工作，增强事业心。

劳动保护工作是一项政策性、技术性、群众性较强的工作。安全检查人员要有强烈的事业心，经常深入工地发现问题，解决问题，想方设法克服困难，为避免伤亡事故出谋献计，为保证职工的安全身先士卒，为施工生产的安全顺利进行创造条件。

（2）精通本行专业。

钢结构工程施工与其他行业在生产安全方面有很多不同的特点，给施工生产带来了很多不安全的因素，因而，安全生产的预见性、可控性难度很大，安全生产检查员要适应生产的发展需要，抓住这些特点，努力学习，掌握其基本知识，精通本行专业，才能真正起到督促作用。

（3）加强预见性。

“安全第一，预防为主”的方针，是搞好安全工作的准则，也是搞好安全检查的关键，只有做好预防工作，才能处于主动。国家颁布的劳动安全法则，上级制定的安全规程、制度和办法，都是贯彻预防为主的方针，只要认真贯彻，就会收到很好的效果。

1）要有正确的学习态度，首先从思想上认识到学习是工作的保证。从学习方法上，要理论联系实际，善于总结经验教训；从学科上，不仅学习钢结构工程施工安全技术，而且要学习机械、电工、起重等安全技术工作，通过学习，不断提高技术素质。

2）要有积极的思想，发挥主观能动作用，准确地发现问题，做到心中有数。

3）要有踏实的作风，深入现场掌握情况，准确地发现问题，做到心中有数。

4）要有正确的方法，即能够提出问题，又善于依靠群众和领导，帮助施工人员解决问题。

（4）认真调查分析事故。

对伤亡事故的调查、登记、统计和报告，是研究生产中工伤事故的原因、规律和制定政策的依据。因此，对发生的任何大小事故以及未遂事故，都要认真调查，分析原因，吸取教训，从而找出事故规律，定出防护措施。安全员对发生的事故应认真全面调查和正确分析。

1.3 钢结构工程安全生产管理知识

1.3.1 安全生产责任制

安全生产责任制是根据我国的安全生产方针“安全第一，预防为主”和安全生产法规建立的各级领导职能部门、工程技术人员、岗位操作人员在劳动生产过程中对安全生产层层负责的制度。安全生产责任制是企业岗位责任制的一个组成部分，是企业中最基本的一项安全制度，也是企业安全生产、劳动保护管理制度的核心。

施工项目承担控制、管理施工生产进度、成本、质量、安全等目标的责任，因此必须同时承担进行安全管理，实现安全生产的责任。

1. 建立安全生产管理体制

（1）建立、完善以项目经理为首的安全生产领导组织，有组织、有领导地开展安全管理活动，承担组织、领导安全生产的责任。

（2）建立各级人员安全生产责任制度，明确各级人员的安全责任；抓制度落实、抓责任落实；定期检查安全责任落实情况，及时报偿。各级人员的安全责任分工如下：

1）项目经理是施工项目安全管理第一责任人。

2）各级职能部门、人员，在各自业务范围内，对实现安全生产的要求负责。

3）安全员承担安全生产责任，建立安全生产责任制，从经理到工人的生产系统做到纵向到底，一环不漏。各职能部门、人员的安全生产责任做到横向到边，人人负责。

（3）施工项目应通过监察部门的安全生产资质审查，并得到认可。

一切从事生产管理与操作规程的人员，依照从事的生产内容，分别通过企业、施工项目的安全审查，取得安全操作证，持证上岗。

特种作业人员，除经企业的安全审查，还需按规定参加安全操作考核，取得监察部门核发的《安全操作合格证》，坚持持证上岗。施工现场出现特种作业无证操作现象时，施工项目必须承担管理责任。

（4）施工项目负责施工生产中物的状态审查与认可，承担物的状态漏验、失控的管理责任，接受由此出现的经济损失。

（5）一切管理、操作人员均需与施工项目签订安全协议，向施工项目作出安全保证。

（6）安全生产责任制落实情况的检查，应做认真、详细的记录，作为分配、补偿的原始资料之一。

2. 制定安全生产责任制

为贯彻落实党和国家有关安全生产的政策法规，明确施工项目各级人员、各职能部门安全生产责任，保证施工生产过程中的人身安全和财产安全，根据国家及上级有关规定，特制定项目安全生产责任制。

（1）项目经理部安全生产职责

1）项目经理部是安全生产工作的载体，具体组织和实施项目安全生产、文明施工、环境保护工作，对本项目工程的安全生产负全面责任。

2）贯彻落实各项安全生产的法律，法规，规章，制度，组织实施各项安全管理工作，完成各项考核指标。

3）建立并完善项目部安全生产责任制和安全考核评价体系，积极开展各项安全活动，监督、控制分包队伍执行安全规定，履行安全职责。

4）发生伤亡事故及时上报，并保护好事故现场，积极抢救伤员，认真配合事故调查组开展伤亡事故的调查和分析，按照“四不放过”原则，落实整改防范措施，对责任人员进行处理。

（2）项目部各级人员安全生产责任制

1）工程项目经理

① 项目经理是工程项目生产的最大责任者，同时按照国务院所确定的“管生产必须管安全”的原则，又是项目安全生产的最大责任者。因此项目经理是安全生产职责的核心，对参加本工程项目施工的全体职工的安全与健康负责，在组织与指挥生产过程中，把安全生产措施落实到每一个生产环节中，严格遵守安全技术操作规程。

② 要组织工程项目施工的全员教育，对工程项目的管理人员和施工操作人员，要按其各自的安全职责范围进行教育，建立安全生产奖惩制度。对于违章和失职者要予以处罚；对于一贯遵章并作出业绩的予以奖励。

③ 在工程施工中发生重大事故，要立即组织人员保护现场，并立即向主管上级汇报，积极配合劳动部门、安全部门和司法部门调查事故原因，提出预防事故重复发生和防止事故危害扩大的初步措施。

④ 要定期组织召开安全生产会议。针对施工的不同阶段、不同季节以及临时出现的有关安全生产问题，及时召集项目管理人员、各施工队、分公司，必要时应扩大到班组长，研究对策，确定各项措施的执行人。每次开会都要记录会议内容。发现重大隐患或问题要抓住不放。

⑤ 对职工进行持续、系统的安全教育。安全教育的主要内容包括：思想政治、劳动保护方针、政策、规章制度、劳动纪律、安全技术知识、典型经验和事故教训等。

教育职工尊重科学，按客观规律办事，不违章指挥，不违章操作，使广大职工认识到安全技术、劳动保护规章制度是多年实践经验的总结，有的付出了血的代价。使每个职工都能克服坏的操作习惯，自觉地学习规程和执行规程。

教育职工树立“安全生产、文明生产，人人有责”的思想。仅仅领导重视不行，仅仅班组长、安全员重视也不行，必须使全体职工人人重视，人人动手，共同努力才能搞好安全生产。认识到安全生产是可以实现的，关键在于安全产生的思想认识和责任心。

⑥ 坚持每周的现场安全生产活动，坚持每天的班前安全生产讲话。大型工程，项目经理可集中全员开展每周和每日的活动；一般工程，项目经理可集中工人班组长以上的人员进行活动。每周活动的主要内容是：分析和通报一周内的不安全问题和所发生的事故，以及有关安全生产情况。每天的班前活动，主要是向职工或班组长说明当天任务的特点，危险作业的部位和作业时的安全要求。

⑦ 每天要巡视施工现场。对于大的工程还要指定安全技术人员分别巡视，并及时收集工程情况。发现不安全因素要立即指令执行人或亲自处理。对于不安全的隐患，也要下令解决。做到小问题当天解决；大问题限期解决；危及职工生命的问题要先排除险情，采取可靠措施后再施工。

⑧ 认真做好安全生产工作日记。要认真记录每天的安全生产情况以及发现和处理的问题等。这项工作，既有利于积累安全生产管理经验，又是发生事故追查责任的重要依据。

⑨ 做好录用劳务单位人员、特别是选用零散工人做劳务时的安全管理。要与录用的劳务单位或个人签订用工合同，明确双方义务和责任，确定违约违纪的处罚，特别是安全生产方面的各种要求和规定。

对录用的所有工人，都要进行安全技术知识培训，要让进场的工人了解该项目施工的有关安全要求；掌握自身的施工安全技术，提高安全自保能力。

对于严重违章违纪、造成重大安全事故的责任者要坚决辞退。

2）工程项目生产副经理

① 对工程项目的安全生产负直接领导责任，协助项目经理认真贯彻执行国家安全生产方针、政策、法规，落实各项安全生产规范、标准和工程项目的各项安全生产管理制度。

② 组织实施工程项目总体和施工各阶段安全生产工作规划以及各项安全技术措施、方案，组织落实工程项目各级人员的安全生产责任制。

③ 组织领导工程项目安全生产的宣传教育工作，并制定工程项目安全培训实施办法，确定安全生产考核指标，制定实施措施和方案，并负责组织实施。负责外协施工队伍各类人员的安全教育、培训和考核审查的组织领导工作。

④ 配合工程项目经理组织定期安全生产检查，负责工程项目各种形式的安全生产检查的组织、督促工作和安全生产隐患整改“三落实”的实施工作，及时解决施工中的安全生产问题。

⑤ 负责工程项目安全生产管理机构的领导工作，认真听取、采纳安全生产的合理化建议，支持安全生产管理人员的业务工作，保证工程项目安全生产保证体系的正常运转。

⑥ 工地发生伤亡事故时，负责事故现场保护、职工教育、落实防范措施，并协助做好事故调查分析的具体组织工作。

3）项目安全总监

① 在现场经理的直接领导下履行项目安全生产工作的监督管理职责。

② 宣传贯彻安全生产方针政策、规章制度，推动项目安全组织保证体系的运行。

③ 督促实施施工组织设计、安全技术措施；实现安全管理目标；对项目各项安全生产管理制度的贯彻与落实情况进行检查与具体指导。

④ 组织承包商及专兼职人员开展安全监督与检查工作。

⑤ 查处违章指挥、违章操作、违反劳动纪律的行为和人员，对重大事故隐患采取有效的控制措施，必要时可采取局部直至全部停产的非常措施。

⑥ 督促开展周一安全活动和项目安全讲评活动。

⑦ 负责办理与发放各级管理人员的安全资格证书和操作人员安全上岗证。

⑧ 参与事故的调查与处理。

4）工程项目技术负责人

① 在工程项目生产经营中的安全生产担负技术责任。

② 贯彻落实国家安全生产方针、政策，严格执行安全技术规程、规范、标准；结合

工程特点，进行项目整体安全技术交底。

③ 参加或组织编制施工组织设计，在编制、审查施工方案时，必须制定、审查安全技术措施，保证其可行性和针对性，并认真监督实施情况，发现问题及时解决。

④ 主持制定技术措施计划和季节性施工方案的同时，必须制定相应的安全技术措施并监督执行，及时解决执行中出现的问题。

⑤ 应用新材料、新技术、新工艺，要及时上报，经批准后方可实施；同时必须组织对上岗人员进行安全技术的培训、教育；认真执行相应的安全技术措施与安全操作工艺要求，预防施工中因化学药品引起的火灾、中毒或在新工艺实施中可能造成的事故。

⑥ 主持安全防护设施和设备的验收。严格控制不符合标准要求的防护设备、设施投入使用；使用中的设施、设备，要组织定期检查，发现问题及时处理。

⑦ 参加安全生产定期检查，对施工中存在的事故隐患和不安全因素，从技术上提出整改意见和消除办法。

⑧ 参加或配合工伤及重大未遂事故的调查，从技术上分析事故发生的原因，提出防范措施和整改意见。

5）工长、施工员

① 工长、施工员是所管辖区域范围内安全生产的第一责任人，对所管辖范围内的安全生产负直接领导责任。

② 认真贯彻落实上级有关规定，监督执行安全技术措施及安全操作规程，针对生产任务特点，向班组（外协施工队伍）进行书面安全技术交底，履行签字手续，并对规程、措施、交底要求的执行情况经常检查，随时纠正违章作业。

③ 负责组织落实所管辖施工队伍的三级安全教育、常规安全教育、季节转换及针对施工各阶段特点等进行的各种形式的安全教育，负责组织落实所管辖施工队伍特种作业人员的安全培训工作和持证上岗的管理工作。

④ 经常检查所管辖区域的作业环境、设备和安全防护设施的安全状况，发现问题及时纠正解决。对重点特殊部位施工，必须检查作业人员及各种设备和安全防护设施的技术状况是否符合安全标准要求，认真做好书面安全技术交底，落实安全技术措施，并监督其执行，做到不违章指挥。

⑤ 负责组织落实所管辖班组（外协施工队伍）开展各项安全活动，学习安全操作规程，接受安全管理机构或人员的安全监督检查，及时解决其提出的不安全问题。

⑥ 对工程项目中应用的新材料、新工艺、新技术严格执行申报、审批制度，发现不安全问题，及时停止施工，并上报领导或有关部门。

⑦ 发生因工伤亡及未遂事故必须停止施工，保护现场，立即上报。对重大事故隐患和重大未遂事故，必须查明事故发生原因，落实整改措施，经上级有关部门验收合格后方可恢复施工，不得擅自撤除现场保护设施，强行复工。

6）外协施工队负责人

① 外协施工队负责人是本队安全生产的第一责任人，对本单位安全生产负全面领导责任。

② 认真执行安全生产的各项法规、规定、规章制度及安全操作规程，合理安排组织施工班组人员上岗作业，对本队人员在施工生产中的安全和健康负责。

③ 严格履行各项劳务用工手续，做到证件齐全，特种作业持证上岗。做好本队人员的岗位安全培训、教育工作，经常组织学习安全操作规程，监督本队人员遵守劳动、安全纪律，做到不违章指挥，制止违章作业。

④ 必须保持本队人员的相对稳定，人员变更须事先向用工单位有关部门报批，新进场人员必须按规定办理各种手续，并经入场和上岗安全教育后，方准上岗。

⑤ 组织本队人员开展各项安全生产活动，根据上级的交底向本队各施工班组进行详细的书面安全交底，针对当天施工任务、作业环境等情况，做好班前安全讲话，施工中发现安全问题，应及时解决。

⑥ 定期和不定期组织检查本队施工的作业现场安全生产状况，发现不安全因素，及时整改，发现重大事故隐患应立即停止施工，并上报有关领导，严禁冒险蛮干。

⑦ 发生因工伤亡或重大未遂事故，组织保护好事故现场，做好伤者抢救工作和防范措施，并立即上报，不准隐瞒、拖延不报。

7）班组长

① 班组长是本班组安全生产的第一责任人，认真执行安全生产规章制度及安全技术操作规程，合理安排班组人员的工作，对本班组人员在施工生产中的安全和健康负直接责任。

② 经常组织班组人员开展各项安全生产活动和学习安全技术操作规程，监督班组人员正确使用个人劳动防护用品和安全设施、设备，不断提高安全自保能力。

③ 认真落实安全技术交底要求，做好班前交底，严格执行安全防护标准，不违章指挥，不冒险蛮干。

④ 经常检查班组作业现场的安全生产状况和工人的安全意识、安全行为，发现问题及时解决，并上报有关领导。

⑤发生因工伤亡及未遂事故，保护好事故现场，并立即上报有关领导。

8）工人

① 工人是本岗位安全生产的第一责任人，在本岗位作业中对自己、对环境、对他人的安全负责。

② 认真学习，严格执行安全操作规程，模范遵守安全生产规章制度。

③ 积极参加各项安全生产活动，认真执行安全技术交底要求，不违章作业，不违反劳动纪律，虚心服从安全生产管理人员的监督、指导。

④ 发扬团结友爱精神，在安全生产方面做到互相帮助，互相监督，维护一切安全设施、设备，做到正确使用，不准随意拆改，对新工人有传、带、帮的责任。

⑤ 对不安全的作业要求要提出意见，有权拒绝违章指令。

⑥ 发生因工伤亡事故，要保护好事故现场并立即上报。

⑦ 在作业时要严格做到“眼观六面、安全定位，措施得当、安全操作”。

⑧ 要有自我保护意识，施工中既不伤害别人，也不被别人伤害。

（3）项目部各职能部门安全生产责任

1）安全部

① 是项目安全生产的责任部门，是项目安全生产领导小组的办事机构，行使项目安全工作的监督检查职权。

② 协助项目经理开展各项安全生产业务活动，监督项目安全生产保证体系的正常运转。

③ 定期向项目安全生产领导小组汇报安全情况，通报安全信息，及时传达项目安全决策，并监督实施。

④ 组织、指导项目分包安全机构和安全人员开展各项业务工作，定期进行项目安全性测评。

2）工程管理部

① 在编制项目总工期控制进度计划以及年、季、月计划时，必须树立“安全第一”的思想，综合平衡各生产要素，保证安全工程与生产任务协调一致。

② 对于改善劳动条件、预防伤亡事故项目，要视同生产项目优先安排；对于施工中重要的安全防护设施、设备的施工要纳入正式工序，予以时间保证。

③ 在检查生产计划实施情况的同时，检查安全措施项目的执行情况。

④ 负责编制项目文明施工计划，并组织具体实施。

⑤ 负责现场环境保护工作的具体组织和落实。

⑥ 负责项目大、中、小型机械设备的日常维护、保养和安全管理。

3）技术部

① 负责编制项目施工组织设计中安全技术措施方案，编制特殊、专项安全技术方案。

② 参加项目安全设备、设施的安全验收，从安全技术角度进行把关。

③ 检查施工组织设计和施工方案的实施情况的同时，检查安全技术措施的实施情况，对施工中涉及的安全技术问题，提出解决办法。

④ 对项目使用的新技术、新工艺、新材料、新设备，制定相应的安全技术措施和安全操作规程，并负责工人的安全技术教育。

4）物资部

① 重要劳动防护用品的采购和使用必须符合国家标准和有关规定，执行本系统重要劳动防护用品定点使用管理规定。同时，会同项目安全部门进行验收。

② 加强对在用机具和防护用品的管理，对自有及协力自备的机具和防护用品定期进行检验、鉴定，对不合格品及时报废、更新，确保使用安全。

③ 负责施工现场材料堆放和物品储运的安全。

5）机电部

① 选择机电分承包方时，要考核其安全资质和安全保证能力。

② 平衡施工进度，交叉作业时，确保各方安全。

③ 负责机电安全技术培训和考核工作。

6）合约部

① 分包单位进场前签订总分包安全管理合同或安全管理责任书。

② 在经济合同中应分清总分包安全防护费用的划分范围。

③ 在每月工程款结算单中扣除由于违章而被处罚的罚款。

7）办公室

① 负责项目全体人员安全教育培训的组织工作。

② 负责现场 CI 管理的组织和落实。

③ 负责项目安全责任目标的考核。

④ 负责现场文明施工与各相关方的沟通。

（4）责任追究制度

1）对因安全责任不落实、安全组织制度不健全、安全管理混乱、安全措施经费不到位、安全防护失控、违章指挥、缺乏对分承包方安全控制力度等主要原因导致因工伤亡事故发生，除对有关人员按照责任状况进行经济处罚外，还要对主要领导责任者给予警告、记过处分，对重要领导责任者给予警告处分。

2）对因上述主要原因导致重大伤亡事故发生，除对有关人员按照责任状况进行经济处罚外，还要对主要领导责任者给予记过、记大过、降级、撤职处分，对重要领导责任者给予警告、记过、记大过处分。

3）构成犯罪的，由司法机关依法追究刑事责任。

3. 总包分包的安全责任

（1）总包单位的职责

1）项目经理是项目安全生产的第一负责人，必须认真贯彻执行国家和地方有关安全法规、规范、标准，严格按文明安全工地标准组织施工生产。确保实现安全控制指标和实现文明安全工地达标计划。

2）建立健全安全生产保证体系。根据安全生产组织标准和工程规模设置安全生产机构，配备安全检查人员，并设置5~7人（含分包）的安全生产委员会或安全生产领导小组，定期召开会议（每月不少于1次），负责对本工程项目安全生产工作的重大事项及时作出决策，组织督促检查实施，并将分包的安全人员纳入总包管理，统一活动。

3）在编制、审批施工组织设计或施工方案和冬雨期施工措施时，必须同时编制、审批安全技术措施，如改变原方案时必须重新报批，并经常检查措施、方案的执行情况，对于无措施、无交底或针对性不强的，不准组织施工。

4）工程项目经理部的有关负责人、施工管理人员、特种作业人员必须经当地政府建设行政部门安全培训、年审，取得资格证书、证件的才有资格上岗。凡在培训、考核范围内未取得安全资格的施工管理人员、特种作业人员不准直接组织施工管理和从事特种作业。

5）强化安全教育。除对全员进行安全技术知识和安全意识教育外，要强化分包新入场人员的“三级安全教育”，教育面必须达到100%，经教育培训考核合格，做到持证上岗，同时要坚持转场和调换工种的安全教育，并做好记录、登记建档工作。

6）根据工程进度情况除进行不定期、季节性的安全检查外，工程项目经理部每半月由项目执行经理组织一次检查，每周由安全部门组织各分包进行专业（或全面）检查。对查到的隐患，责成分包方和有关人员立即或限期进行消项整改。

7）工程项目部（总包方）与分包方应在工程实施之前或进场的同时及时签订含有明确安全目标和职责条款划分的经营（管理）合同或协议书，当不能按期签订时，必须签订临时安全协议。

8）根据工程进展情况和分包方进场时间，应分别签订年度或一次性的安全生产责任书或责任状，做到总、分包在安全管理上责任划分明确，有奖有罚。

9）项目部实行“总包方统一管理，分包方各负其责”的施工现场管理体制，负责对发包方、分包方和上级各部门或政府部门的综合协调管理工作。工程项目经理对施工现场的管理工作负全面领导责任。

10）项目部有权限期责令分包方将不能尽责的施工管理人员调离本工程，重新配备符合总包要求的施工管理人员。

（2）分包单位的职责

1）分包的项目经理、主管副经理是分包工程项目安全生产管理工作的第一责任人，必须认真贯彻执行总包在执行的有关规定、标准和总包的有关决定和指示，按总包的要求组织施工。

2）建立健全安全保证体系。根据安全生产组织标准设置安全机构，配备安全检查人员，每50人要配备一名专职安全人员，不足50人的要设兼职安全人员。并接受工程项目安全部门的业务管理。

3）分包方在编制分包项目或单项作业的施工方案或冬雨期方案措施时，必须同时编制安全消防技术措施，并经总包方审批后方可实施，如改变原方案时必须重新报批。

4）分包方必须执行逐级安全技术交底制度和班组长班前安全讲话制度，并跟踪检查管理。

5）分包方必须按规定执行安全防护设施、设备验收制度，并履行书面验收手续，建档存查。

6）分包方必须接受总包方及其上级主管部门的各种安全检查并接受奖罚。在生产例会上应先检查、汇报安全生产情况。在施工生产过程中切实把好安全教育、检查、措施、交底、防护、文明、验收七关，做到预防为主。

7）强化安全教育。除对全体施工人员进行经常性的安全教育外，对新入场人员必须进行三级安全教育培训，做到持证上岗，同时要坚持转场和调换工种的安全教育；特种作业人员必须经过专业安全技术培训考核，持有效证件上岗。

8）分包方必须按总包方的要求实行重点劳动防护用品定点厂家产品采购、使用制度，对个人劳动防护用品实行定期、定量供应制，并严格按规定要求佩戴。

9）凡因分包单位管理不严而发生的因工伤亡事故，所造成的一切经济损失及后果由分包单位自负。

10）各分包方发生因工伤亡事故，要立即用最快捷的方式向总包方报告，并积极组织抢救伤员，保护好现场，如因抢救伤员必须移动现场设备、设施要做好记录或拍照。

11）对安全管理疏漏多，施工现场管理混乱的分包单位除进行罚款处理外，对问题严重、屡教不改，甚至不服管理的分包单位，予以解除经济合同。

（3）业主指定分包单位

1）必须具备与分包工程相应的企业资质，并具备《建筑施工企业安全生产许可证》。

2）建立健全安全生产管理机构，配备安全员；接受总包方的监督、协调和指导，实现总包方的安全生产目标。

3）独立完成安全技术措施方案的编制、审核和审批，对自行施工范围内的安全措施、设施进行验收。

4）对分包范围内的安全生产负责，对所辖职工的身体健康负责，为职工提供安全的作业环境。自带设备与手持电动工具的安全装置齐全、灵敏可靠。

5）履行与总包方和业主签订的总、分包合同及《安全管理责任书》中的有关安全生产条款。

6）自行完成所辖职工的合法用工手续。

7）自行开展总包方规定的各项安全活动。

4. 交叉施工（作业）的安全责任

（1）总包和分包的工程项目负责人，对工程项目中的交叉施工（作业）负总的指挥、领导责任。总包对分包、分包对分项承包单位或施工队伍，要加强安全消防管理，科学组织交叉施工，在没有针对性的书面技术交底、方案和可靠防护措施的情况下，禁止上下交叉施工作业，防止和避免发生事故。

1）经营部门在签订的总、分包合同或协议书中应有安全消防责任划分内容，明确各方的安全责任。

2）跨部门制订施工计划时，应优先考虑交叉施工问题，并纳入施工计划。

3）工程调度部门应掌握交叉施工情况，加强各分包方之间交叉施工的调度管理，确保安全的情况下协调交叉施工中的有关问题。

4）安全部门对各分包单位实行监督、检查，要求各分包单位在施工中，必须严格执行总包方的有关规定、标准、措施等，协助领导与分包单位签订安全消防责任状，并提出奖罚意见，同时对违章进行交叉作业的施工单位给予经济处罚。

（2）总包与分包、分包与分项外包的项目工程负责人，除在签署合同或协议中明确交叉施工（作业）各方的责任外，还应签订安全消防协议书或责任状，划分交叉施工中各方的责任区和各方的安全消防责任，同时应建立责任区及安全设施的交接和验收手续。

（3）交叉施工作业上部施工单位应为下部施工人员提供可靠的隔离防护措施，确保下部施工作业人员的安全。在隔离防护设施未完善之前，下部施工作业人员不得进行施工。隔离防护设施完善后，经过上下方责任人和有关人员进行验收合格后才能施工作业。

（4）工程项目或分包的施工管理人员在交叉施工之前对交叉施工的各方做好安全责任交底，各方必须在交底后组织施工作业，安全责任交底中应对各方的安全消防责任、安全责任区的划分、安全防护设施的标准、维护等内容作出明确要求，并经常检查执行情况。

（5）交叉施工作业中的隔离防护设施及其他安全防护设施由安全责任方提供，当安全责任方因故无法提供防护设施时，可由非责任方提供，责任方负责日常维护和支付租赁费用。

（6）交叉施工作业中的隔离防护设施及其他安全防护设施的完善和可靠性由责任方负责，由于隔离防护设施或安全防护存在缺陷而导致的人身伤害及设备、设施、料具的损失责任，由责任方承担。

（7）工程项目或施工区域出现交叉施工作业安全责任不清或安全责任区划分不明确时，总包方和分包方应积极主动地进行协调和管理，各分包单位之间进行交叉施工，其各方应积极主动配合，在责任不清、意见不统一时由总包的工程项目负责人或工程调度部门出面协调、管理。

（8）在交叉施工作业中防护设施完善验收后，非责任方不经总包、分包或有关责任方同意不准任意改动（如电梯井门、护栏、安全网、坑洞口盖板等），因施工作业必须改动时，写出书面报告，需经总、分包和有关责任方同意，才准改动，但必须采取相应的防护措施，工作完成或下班后必须恢复原状，否则，责任方负一切后果责任。

(9) 电气焊割作业严禁与油漆、喷漆、防水、木工等进行交叉作业，在工序安排上应先焊割等明火作业。如果必须先进行油漆、防水作业，施工管理人员在确认排除有燃爆可能的情况下，再安排电气焊割作业。

(10) 凡进驻总包施工现场的各分包单位或施工队伍，必须严格执行总包所执行的标准、规定、条例、办法，按标准化文明安全工地组织施工。对于不按总包要求而组织施工的，现场管理混乱、隐患严重、影响"文明安全工地"整体达标的或给交叉施工作业的其他单位造成不安全问题的分包单位或施工队伍，总包有权给予经济处罚或终止合同，清出现场。

1.3.2 安全生产教育培训

1. 安全教育的内容

安全是生产正常进行的前提，安全教育又是安全管理工作的重要环节，是提高全员安全素质、安全管理的水平并防止事故，从而实现安全生产的重要手段。

安全教育，主要包括安全生产思想、安全知识、安全技能和法制教育四个方面的内容。

(1) 安全生产思想教育

安全思想教育的目的是为安全生产奠定思想基础。通常从加强思想认识、方针政策和劳动纪律教育等几方面进行。

1) 思想认识和方针政策教育。一是提高各级管理人员和广大职工群众对安全生产重要意义的认识。从思想上、理论上认识社会主义制度下搞好安全生产的重要意义，以增强关心人、保护人的责任感，树立牢固的群众观点。二是通过安全生产方针、政策教育，提高各级技术、管理人员和广大职工的政策水平，使他们正确全面地理解党和国家的安全生产方针、政策，严肃认真地执行安全生产方针、政策和法规。

2) 劳动记录教育。主要使广大职工懂得严格执行劳动纪律对实现安全生产的重要性。企业的劳动纪律是劳动者进行共同劳动时必须遵守的法则和秩序。反对违章指挥，反对违章作业，严格执行安全操作规程，遵守劳动纪律是贯彻安全生产方针，减少伤害事故，实现安全生产的重要保证。

(2) 安全知识教育

企业所有职工必须具备安全基本知识。因此，全体职工都必须接受安全知识教育和每年按规定学时进行的安全培训。安全基本知识教育的主要内容是：企业的基本生产概况；施工（生产）流程、方法；企业施工（生产）危险区域以及安全防护的基本知识和注意事项；机械设备、厂（场）内运输的有关安全知识；有关电气设备（动力照明）的基本安全知识；高处作业安全知识；生产（施工）中使用的有毒有害物质的安全防护基本知识；消防制度以及灭火器材应用的基本知识；个人防护用品的正确使用知识等。

(3) 安全技能教育

安全技能教育就是结合本工种专业特点，实现安全操作、安全防护所必须具备的基本技术知识要求。每个职工都要熟悉本工种、本岗位专业安全技术知识。安全技能知识是比较专门、细致和深入的知识。它包括安全技术、劳动卫生和安全操作规程。国家规定建筑登高架设、起重、焊接、电气、爆破、压力容器、锅炉等特种作业人员必须进行专门安全技术培训。事故教育可以从事故教训中吸取有益的东西，防止今后类似事故的发生。

（4）法制教育

法制教育就是采取各种有效形式，对全体职工进行安全生产法规和法制教育，从而提高职工遵纪守法的自觉性，以达到安全生产的目的。

2. 安全生产教育的对象

国家法律规定：生产经营单位应当对从业人员进行安全生产教育和培训，保证从业人员具备必要的安全生产知识，熟悉有关的安全生产规章制度和安全生产规程，掌握本岗位的安全操作技能。未经安全生产教育和培训不合格的从业人员，不得上岗。

地方政府及行业管理部门对施工项目各级管理人员的安全教育培训作出了明确的具体规定，要求钢结构施工项目的安全教育培训的通过率达到100%，施工项目安全教育培训的对象包括以下五类人员。

（1）工程项目经理，项目执行经理，项目技术负责人。工程项目主要管理人员必须经过当地政府建设行政部门组织的或者上级主管部门组织的安全生产专项培训，培训时间不得少于24h，考核合格后，持《安全生产资质证书》上岗。

（2）工程项目基层管理人员。工程项目基层管理人员每年必须接受公司生产年审，考试合格后持证上岗。

（3）分包负责人，分包队伍管理人员。必须接受政府主管部门或总包单位安全培训，考试合格后持证上岗。

（4）特种作业人员。必须经过专门的安全理论培训和安全技能实际培训，理论和实际操作的双项考核合格后持证上岗。

（5）操作工人。新入场工人必须接受三级安全教育，考试合格后持“上岗证”上岗作业。

3. 安全教育的形式

（1）新工人“三级安全教育”

“三级安全教育”是对新工人（包括新招收的合同工、临时工、学徒工、农民工及实习和代培人员）必须进行公司、项目、作业班组三级安全教育，总时间不得少于40h。

三级安全教育是企业必须坚持的安全生产基本教育制度。由安全、教育和劳资等部门配合组织进行。经教育考试合格者才允许进入工作岗位；不合格者必须补课、补考。对新工人的三级安全教育情况，要建立档案（职工安全生产教育卡）。新工人工作一个阶段后还应进行重复性的安全再教育，加深安全感性、理性知识的意识。

三级安全教育的主要内容：

1）公司进行安全基本知识、法规、法制教育，主要内容如下：

① 党和国家的安全生产方针和政策。

② 安全生产法规、标准和法制观念。

③ 本单位施工过程及安全生产规章制度，安全纪律。

④ 本单位安全生产形势、历史上发生的重大事故以及应吸取的经验教训。

⑤ 发生事故后如何抢救伤员、排险、保护现场和及时进行报告。

2）项目进行现场规章制度和遵纪守法教育，主要内容如下：

① 本单位（工区、工程处、车间、项目）施工特点及施工安全基本知识。

② 本单位（包括施工、生产场地）安全生产制度、规定及安全注意事项。

③ 本工种的安全技术操作规范。

④ 机械设备、电气安全及高处作业等安全基本知识。

⑤ 防火、防雷、防尘、防爆知识及紧急情况安全处置和安全疏散知识。

⑥ 防护用品发放标准及防护用具、用品使用的基本知识。

3）班组安全生产教育由班组长主持进行，或由班组安全员及指定的技术熟练重视安全生产的老工人讲解。进行本工种岗位安全操作及班组安全制度、纪律教育，主要内容如下：

① 本班组作业特点及安全操作规范。

② 班组安全活动制度和纪律。

③ 爱护和正确使用安全防护装置及个人劳动防护用品。

④ 本岗位易发生事故的不安全因素及其防范对策。

⑤ 本岗位的作业环境及使用的机械设备、工具的安全要求。

（2）转场安全教育

新转入施工现场的工人必须进行转场安全教育，教育时间不得少于8h，教育包括如下内容：

1）本工程项目安全生产状况及施工条件。

2）施工现场中危险部位的防护措施及典型事故案例。

3）本工程项目的安全管理体系、规定及制度。

（3）变换工种安全教育

凡改变工种或者调换工作岗位的工人必须进行变换工种安全教育；变换工种安全教育的时间不少于4h，教育考核合格后准予上岗。教育包括如下内容：

1）新工作岗位或者生产班组安全生产概况、工作性质和职责。

2）新工作岗位必需的安全生产知识，各种机具设备及安全防护设施的性质和作用。

3）新工作岗位、新工种的安全技术操作规程。

4）新工作岗位容易发生事故或者有毒有害的地方。

5）新工作岗位个人防护用品的使用和保管。

（4）特种作业安全教育

一般工种作业人员不得从事特种作业。从事特种作业的人员必须经过专门的安全技术培训，经考试合格获得操作证后方准作业。包括如下内容：

1）电工作业

① 用电安全技术。

② 低压运行维修。

③ 高压运行维修。

④ 低压安装。

⑤ 电缆安装。

⑥ 高压值班。

⑦ 超高压值班。
⑧ 高压电气试验。
⑨ 高压安装。
⑩ 继电保护及二次仪表整定。
2）金属焊接作业
① 手工电弧焊。
② 气焊，气割。
③ CO_2 气体保护焊。
④ 手工钨极氩弧焊。
⑤ 埋弧自动焊。
⑥ 电阻焊。
⑦ 钢材对焊。
⑧ 锅炉压力容器焊接。
3）起重机械作业
① 塔式起重机操作。
② 汽车式起重机驾驶。
③ 桥式起重机驾驶。
④ 挂钩作业。
⑤ 信号指挥。
⑥ 履带式起重机驾驶。
⑦ 轨道式起重机驾驶。
⑧ 垂直卷扬机操作。
⑨ 客运电梯驾驶。
⑩ 货运电梯驾驶。
⑪ 施工外用电梯驾驶。
4）登高架设作业
① 脚手架拆装。
② 起重设备拆装。
③ 超高处作业。
5）场内机动车辆驾驶
① 叉车、铲车驾驶。
② 电瓶车驾驶。
③ 翻斗车驾驶。
④ 汽车驾驶。
⑤ 摩托车驾驶。
⑥ 拖拉机驾驶。
⑦ 机械施工用车（推土机，挖掘机，装载机，压路机，平地机，铲运机）驾驶。
6）有以下疾病或生理缺陷者，不得从事特种作业
① 器质性心脏血管病。包括风湿性心脏病、先天性心脏病（治愈者除外）、心肌病、

心电图明显异常者。

② 血压超过160/90Hg柱，低于86/56Hg柱。

③ 精神病、癫痫病、恐高症、美尼尔氏病、眩晕病。

④ 重症神经官能症及脑外伤后遗症。

⑤ 晕厥。

⑥ 血红蛋白男性低于90%，女性低于80%。

⑦ 肢体残疾，功能受限者。

⑧ 慢性骨髓炎。

⑨ 厂内机动车驾驶员身高，大型车不足155cm者，小型车不足150cm者。

⑩ 耳全聋及发声不清者，厂内机动车驾驶听力不足5m者。

⑪ 色盲。

⑫ 双眼裸视低于0.4，矫正视力不足0.7。

⑬ 活动性肺结核。

⑭ 支气管哮喘。

⑮ 支气管扩张病。

对特种作业人员的培训，取证以及复审等工作严格执行国家地方政府的有关规定。

对从事特种作业的人员要进行经常性的安全教育，时间为每月一次，每次教育4h，教育内容如下。

① 特种作业人员所在岗位的工作特点，可能存在的危险、隐患和安全注意事项。

② 特种作业岗位的安全技术要领及个人防护用品的正确使用方法。

③ 本岗位曾经发生的事故案例及经验教训。

（5）班前安全活动交底（班前讲话）

班前安全讲话作为施工队伍经常性进行的安全活动之一，各作业组班长在班前必须对本班组全体人员进行不少于15min的班前安全交底。班组长要将安全活动交底内容记录在专用的记录本上，各成员签名。

班前安全活动交底的内容应包括如下几项：

1）本班组安全生产须知。

2）本班工作中的危险点和应采取的对策。

3）上一班工作中存在的安全问题和应采取的对策。

在特殊性、季节性和危险性较大的作业前，责任工长要参加班前安全讲话并对工作中应注意的安全事项进行重点交底。

（6）周一安全活动

周一安全活动作为施工项目经常性安全活动之一，每周一工作开始前应对全体在岗工人开展至少1h的安全生产及法制教育活动。安全活动形式可采取看录像、听报告，分析事故案例，图片展览，急救示范，智力竞赛，热点辩论等形式进行。工程项目主要负责人要进行安全讲话，主要内容如下：

1）上周安全生产形势，存在问题及对策。

2）最新安全生产信息。

3）重大和季节性的安全技术措施。

4）本周安全生产工作的重点、难点和危险点。

5）本周安全生产工作目标和要求。

（7）季节性施工安全教育

进入雨期及冬期施工前，在现场经理的部署下，由各区域责任工程师负责组织本区域内施工的分包队伍管理人员及操作工人进行专门的季节性施工安全技术教育，时间不少于2h。

（8）节假日安全教育

节假日前后应特别注意各级管理人员及操作者的思想动态，有意识有目的地进行教育，稳定员工的思想情绪，预防事故发生。

（9）特殊情况安全教育

施工项目出现以下几种情况时，工程项目经理应及时安排有关部门和人员对施工工人进行安全生产教育，时间不少于2h。

① 因故改变安全操作规范。

② 实施重大和季节性安全技术措施。

③ 更新仪器、设备和工具，推广新工艺、新技术。

④ 发生因工伤亡事故、机械损坏事故及重大未遂事故。

⑤ 出现其他不安全因素，安全生产环境发生了变化。

1.3.3 安全生产检查

1. 安全生产检查的类型及内容

（1）安全生产检查的类型

1）定期安全生产检查。定期安全生产检查一般是通过有计划、有组织、有目的的形式来实现的。检查周期根据各单位实际情况确定，如次/年、次/季、次/月、次/周等。定期检查面广，有深度，能及时发现并解决问题。

2）经常性安全生产检查。经常性安全生产检查则是采取个别的、日常的巡视方式来实现的。在施工（生产）过程中进行经常性的预防检查，能及时发现隐患，及时消除，保证施工（生产）正常进行。

3）季节性及节假日前安全生产检查。由各级生产单位根据季节变化，按事故发生的规律对易发的潜在危险，突出重点进行季节检查，如冬季防冻保温、防火、防煤气中毒；夏季防暑降温、防汛、防雷电等检查。

由于节假日（特别是重大节日，如元旦、春节、劳动节、国庆节）前后容易发生事故，因而应进行有针对性的安全检查。

4）专业（项）安全生产检查。专项安全生产检查是对某个专项问题或在施工（生产）中存在的普遍性安全问题进行的单项定性检查。

对危险性较大的在用设备、设施，作业场所环境条件的管理或监督性定量检测检验，则属于专业性安全检查。专项检查具有较强的针对性和专业要求，用于检查难度较大的项目。通过检查，发现潜在问题，研究整改对策，及时消除隐患，进行技术改造。

5）综合性安全生产检查。综合性安全生产检查一般是由主管部门对下属各企业或生产单位进行的全面综合性检查，必要时可组织进行系统的安全性评价。

6）不定期的职工代表巡视安全生产检查。由企业或车间工会负责人组织有关专业技术特长的职工代表进行巡视安全生产检查。重点查国家安全生产方针、法规的贯彻执行情况；查单位领导干部安全生产责任制的执行情况；工人安全生产权利的执行情况；查事故原因、隐患整改情况，对责任者提出处理意见。此类检查可进一步强化各级领导安全生产责任制的落实，促进职工劳动保护合法权利的维护。

（2）安全生产检查的内容

安全检查对象的确定应本着突出重点的原则，对于危险性大、易发事故、事故危害大的生产系统、部位、装置、设备等应加强检查。一般应重点检查：易造成重大损失的易燃易爆危险物品、剧毒品、锅炉、压力容器、起重设备、运输设备、冶炼设备、电气设备、冲压机械、高处作业和本企业易发生工伤、火灾、爆炸等事故的设备、工种、场所及其作业人员；造成职业中毒或职业病的尘毒点及其作业人员；直接管理重要危险点和有害点的部门及其负责人。

安全检查的内容包括软件系统和硬件系统，具体主要是查思想、查管理、查隐患、查整改、查事故处理。

2. 安全生产检查的方法和工作程序

（1）检查方法

1）常规检查。常规检查是常见的一种检查方法。通常是由安全管理人员作为检查工作的主体，到作业场所的现场，通过感观或辅助一定的简单工具、仪表等，对作业人员的行为、作业场所的环境条件、生产设备设施等进行的定性检查。安全检查人员通过这一手段，及时发现现场存在的安全隐患并采取措施予以消除，纠正施工人员的不安全行为。常规检查完全依靠安全检查人员的经验和能力，检查的结果直接受安全检查人员个人素质的影响。因此，对安全检查人员个人素质的要求较高。

2）安全检查表法。为使检查工作更加规范，将个人的行为对检查结果的影响减少到最小，常采用安全检查表法。安全检查表（SCL）是事先把系统加以剖析，列出各层次的不安全因素，确定检查项目，并把检查项目按系统的组成顺序编制成表，以便进行检查或评审，这种表就叫做安全检查表。安全检查表是进行安全检查，发现和查明各种危险和隐患，监督各项安全规章制度的实施，及时发现事故隐患并制止违章行为的一个有力工具。

安全检查表应列举需查明的所有可能会导致事故的不安全因素。每个检查表均需注明检查时间、检查者、直接负责人等，以便分清责任。安全检查表的设计应做到系统、全面，检查项目应明确。

编制安全检查表的主要依据如下：

① 有关标准、规程、规范及规定。

② 国内外事故案例及本单位在安全管理及生产中的有关经验。

③ 通过系统分析，确定的危险部位及防范措施。

④ 新知识、新成果、新方法、新技术、新法规和新标准。我国许多行业都编制并实施了适合行业特点的安全检查标准，如建筑、火电、机械、煤炭等行业都制定了适用于本行业的安全检查表。企业在实施安全检查工作时，根据行业颁布的安全检查标准，可以结合本单位情况制定更具可操作性的检查表。

3）仪器检查法。机器、设备内部的缺陷及作业环境条件的真实信息或定量数据，只能通过仪器检查法来进行定量化的检验与测量，才能发现安全隐患，从而为后续整改提供信息。因此，必要时需要实施仪器检查。由于被检查的对象不同，检查所用的仪器和手段也不同。

（2）安全生产检查的工作程序

安全检查工作一般包括以下几个步骤：

1）安全检查准备。

① 确定检查对象、目的、任务。

② 查阅、掌握有关法规、标准、规程的要求。

③ 了解检查对象的工艺流程、生产情况、可能出现危险或危害的情况。

④ 制订检查计划，安排检查内容、方法、步骤。

⑤ 编写安全检查表或检查提纲。

⑥ 准备必要的检测工具、仪器、表格或记录本。

⑦ 挑选和训练检查人员并进行必要的分工等。

2）实施安全检查。实施安全检查就是通过访谈、查阅文件和记录、现场检查、仪器测量的方式获取信息。

① 访谈。通过与有关人员谈话来了解相关部门、岗位执行规章制度的情况。

② 查阅文件和记录。检查设计文件、作业规程、安全措施、责任制度、操作规程等是否齐全，是否有效；查阅相应记录，判断上述文件是否被执行。

③ 现场观察。到作业现场寻找不安全因素、事故隐患、事故征兆等。

④ 仪器测量。利用一定的检测检验仪器设备，对在用的设施、设备、器材状况及作业环境条件等进行测量，以发现隐患。

3）通过分析作出判断。掌握情况（获得信息）之后，就要进行分析、判断和检验。可凭经验、技能进行分析、判断，必要时可以通过仪器检验得出正确结论。

4）及时作出决定进行处理。作出判断后，应针对存在的问题作出采取措施的决定，即下达隐患整改意见和要求，包括要求进行信息的反馈。

5）整改落实。通过复查整改落实情况，获得整改效果的信息，以实现安全检查工作的闭环。

1.3.4 劳动保护用品管理

1. 劳动防护用品分类

劳动防护用品种类很多，从劳动卫生学角度，通常按防护部位分类。

（1）头部防护用品。为防御头部不受外来物体打击和其他因素危害配备的个人防护装备，如一般防护帽、防尘帽、防水帽、安全帽、防寒帽、防静电帽、防高温帽、防电磁辐射帽、防昆虫帽等。

（2）呼吸器官防护用品。为防御有害气体、蒸汽、粉尘、烟、雾由呼吸道吸入，或直接向使用者供氧或清净空气，保证尘、毒污染或缺氧环境中作业人员正常呼吸的防护用具，如防尘口罩（面具）、防毒口罩（面具）等。

（3）眼面部防护用品。预防烟雾、尘粒、金属火花和飞屑、热、电磁辐射、激光、化学飞溅等伤害眼睛或面部的个人防护用品，如焊接护目镜和面罩、炉窑护目镜和面罩以及防冲击眼护具等。

（4）听觉器官防护用品。能够防止过量的声能侵入外耳道，使人耳避免噪声的过度刺激，减少听力损失。预防由噪声对人身引起的不良影响的个体防护用品，如耳塞、耳罩、防噪声头盔等。

（5）手部防护用品。保护手和手臂，供作业者劳动时戴用的手套（劳动防护手套），如一般防护手套、防水手套、防寒手套、防毒手套、防静电手套、防高温手套、防X射线手套、防酸碱手套、防油手套、防振手套、防切割手套、绝缘手套等。

（6）足部防护用品。防止生产过程中有害物质和能量损伤劳动者足部的护具，通常称为劳动防护鞋，如防尘鞋、防水鞋、防寒鞋、防静电鞋、防高温鞋、防酸碱鞋、防油鞋、防烫脚鞋、防滑鞋、防刺穿鞋、电绝缘鞋、防振鞋等。

（7）躯干防护用品。即通常讲的防护服，如一般防护服、防水服、防寒服、防砸背心、防毒服、阻燃服、防静电服、防高温服、防电磁辐射服、耐酸碱服、防油服等。

（8）护肤用品。指用于防止皮肤（主要是面、手等外露部分）遭受化学、物理等因素的危害的用品，如防毒、防腐、防射线、防油漆的护肤品等。

（9）防坠落用品。防止人体从高处坠落，通过绳带，将高处作业者的身体系接于固定物体上，或在作业场所的边沿下方张网，以防不慎坠落，如安全带、安全网等。

劳动防护用品也可按照用途分类。以防止伤亡事故为目的可分为：防坠落用品，防冲击用品，防触电用品，防机械外伤用品，防酸碱用品，耐油用品，防水用品，防寒用品；以预防职业病为目的可分为：防尘用品，防毒用品，防放射性用品，防热辐射用品，防噪声用品等。

2. 劳动防护用品的正确使用方法

使用劳动防护用品的一般要求如下：

（1）劳动防护用品使用前应首先做一次外观检查。检查的目的是认定用品对有害因素防护效能的程度，用品外观有无缺陷或损坏，各部件组装是否严密，启动是否灵活等。

（2）劳动防护用品的使用必须在其性能范围内，不得超极限使用；不得使用未经国家指定或经监测部门认可（国家标准）和检验、达不到标准的产品；不能随便代替，更不能以次充好。

（3）严格按照使用说明书正确使用劳动防护用品。

3. 重要劳动防护用品

（1）重要护品的范围

1）安全帽。

2）安全带。

3）安全网。

4）钢管脚手扣件。

5）漏电保护器。

6）临时供电用电缆。

7）电焊机二次侧保安器。

8）临时供电用配电箱（柜）。

9）政府及上级规定的其他产品。

（2）重要护品的使用与管理

1）应按照劳动部 1996 年 4 月 23 日颁发的《劳动防护用品管理规定》执行。

2）物资部门负责重要护品的计划、供应、保管等工作。

3）安全部门负责重要护品的验收，并对使用和管理等实施检查、监督。

4）使用劳动防护用品的项目应为使用者免费提供符合国家规定的劳动防护用品。

5）使用单位不得以货币或其他物品代替应当配备的劳动防护用品。

6）使用单位应教育本单位使用者按照劳动防护用品使用规则和防护要求正确使用防护用品。

7）使用单位应建立健全劳动保护用品的购买、验收、保管、发放、使用、更换报废等管理制度，并应按照劳动保护用品的使用要求，在使用前对其防护功能进行必要的检查。

4. 特种劳动防护用品

（1）特种护品的范围

1）安全帽。

2）过滤式防毒面具面罩。

3）安全带。

4）电焊护目镜和面罩。

5）安全网。

6）防静电导电安全鞋。

7）长管面具。

8）过滤式防微粒口罩。

9）防冲击眼护镜。

10）防静电工作服。

11）防酸工作服。

12）防静电手套。

13）防酸手套。

14）防噪声护具。

15）防尘口罩。

16）炉窑护目镜和面罩。

17）皮安全鞋。

18）阻燃防护服。

19）防酸碱鞋。

20）胶面防砸安全鞋。

21）防穿刺鞋。

22）绝缘皮鞋。

23）低压绝缘布面胶底绝缘鞋。

（2）特种护品的使用与管理

1）特种护品参照个体护品的标准，按需发放。

2）特种护品实行以旧换新制度。

2 安全生产法及相关法律法规

2.1 安全生产法

2.1.1 安全生产法的适用性

1. 安全生产法的适用范围

法律的适用范围，也称法律的效力范围。包括法律的时间效力，即法律从什么时候开始发生效力和什么时候失效；法律的空间效力，即法律适用的地域范围；以及法律对人的效力，即法律对什么人（指具有法律关系主体资格的自然人、法人和其他组织）适用。安全生产法作为我国最高权力机关的常设机构——全国人大常委会制定的法律，其效力自然及于中华人民共和国的全部领域。

安全生产法对人的效力，即安全生产法适用的主体范围，包括一切从事生产经营活动的国有企业事业单位、集体所有制的企业事业单位、股份制企业、中外合资经营企业、中外合作经营企业、外资企业、合伙企业、个人独资企业等，不论其经济性质如何、规模大小，只要从事生产经营活动的，都应遵守安全生产法的各项规定，违反安全生产法规定的行为将受到法律的追究。

当然，按照依法治国、依法行政的要求，各级人民政府及政府有关部门对安全生产的监督管理，也必须遵守安全生产法规定。依照安全生产法规定对安全生产工作负有监督管理职责的机关及其工作人员不依法履行职责，玩忽职守或者滥用职权的，将受到法律的追究。包括一切从事生产经营活动的企业事业单位和个体经济组织。

2. 安全生产法调整的对象

本法是专门调整涉及安全生产的相关关系的法律，因此，其适用的范围只限定在生产经营领域。不属于生产经营活动中的安全问题，如公共场所集会活动中的安全问题、正在使用中的民用建筑物发生垮塌造成的安全问题等，都不属于本法的调整范围。这里讲的“生产经营活动”，既包括资源的开采活动、各种产品的加工、制作活动，也包括各类工程建设和商业、娱乐业以及其他服务业的经营活动。

鉴于消防安全问题已有消防法调整；道路、铁路、水运、空运等交通运输的安全问题各有其特殊性，并已有海上交通安全法、铁路法、民用航空法等法律或道路交通管理条例等行政法规专门调整，因此，安全生产法规定、法律、行政法规对消防安全和道路交通安全、铁路交通安全、水上交通安全、民用航空安全另有规定的，分别适用有关法律、行政法规。

2.1.2 安全生产法的管理方针

安全生产法坚持的安全生产的基本方针是“安全第一、预防为主”，主要包括以下内容：

1. 必须坚持以人为本

坚持人民的利益高于一切，首先表现在要始终把保证人民群众的生命安全放在各项工作的首要位置。安全生产关系到人民群众生命安全，关系到人民群众的切身利益，关系到改革开放、经济发展和社会稳定的大局，关系到党和政府在人民群众中的形象。任何忽视安全生产的行为，都是对人民群众的生命安全不负责任的行为。各级人民政府、政府有关部门及其工作人员，都必须以对人民群众高度负责的精神，始终坚持以人为本的思想，把安全生产作为经济工作中的首要任务来抓。

2. 安全是生产经营活动的基本条件

一切生产经营单位从事生产经营活动，首先必须确保安全，无法保证安全的，不得从事生产经营活动，绝不允许以生命为代价来换取经济的发展。安全生产是生产经营单位的基本义务。为了使安全生产的要求落到实处，我国先后制定了一系列涉及安全生产的法律、法规和规章，对各类生产经营单位的安全生产提出了基本要求，如《劳动法》、《矿山安全法》、《煤炭法》、《消防法》、《海上交通安全法》、《建筑法》、《煤矿安全监察条例》、《化学危险品安全管理条例》、《民用爆炸物品管理条例》、《内河交通安全管理条例》、《锅炉压力容器安全监察暂行条例》等。这些法律、行政法规，规定了各种生产经营活动所应具备的基本安全条件和要求，不具备安全生产条件或达不到安全生产要求的，不得从事生产经营活动。

3. 把预防生产安全事故的发生放在安全生产工作的首位

“隐患险于明火，防范胜于救灾，责任重于泰山”。安全生产工作，重在防范事故的发生。总结生产安全事故的经验教训，生产安全事故发生的原因包括：

（1）对安全生产和防范安全事故工作重视不够。主要表现在一些地区、部门和单位的负责人重生产、轻安全，把安全生产和经济发展对立起来，对一些重大事故隐患视而不见，空洞说教多，具体落实少，安全监督检查流于形式。

（2）有法不依，有章不循，执法不严，违法不纠。有的非法生产经营活动，安全管理混乱，不按照安全规定和要求办事。

（3）有的重视事故发生的调查处理，但对预防事故重视不够，必要的安全投入不够，甚至对已经出现的重大隐患不及时采取防护措施，致使事故发生。

4. 要依法追究生产安全事故责任人的责任

生产安全事故发生后，要在事故调查的基础上，明确各方的责任。既要追究有关行政机关及其工作人员的法律责任，也要追究生产经营单位及其有关人员的法律责任。对漠视人民群众生命安全，不遵守安全生产法律、法规和规章的有关责任人员，要依法追究行政责任、民事责任和刑事责任。严肃追究有关生产安全事故责任人的责任，也是“安全第一，预防为主”方针的要求和体现。

2.1.3 安全生产法责任制度

1. 安全生产责任制度

（1）项目经理在管理生产的同时必须负责管理安全工作。本着谁主管谁负责的原则，认真执行党和国家有关安全生产的方针、政策、法令、法规和条例，切实做到思想落实。

（2）项目中的生产、技术、质量、材料、劳资等各部门都应在自己的业务范围内实现安全生产负责。

（3）项目部应建立安全生产管理机构，并设专职人员成立安质部，其职责是：做好安全教育工作，安全生产管理工作，组织或参加编制安全措施、计划和安全操作规程，组织安全检查，总结交流经验。

（4）各施工队设不脱产安全员，坚持班前班后活动制度，做好活动记录。

（5）全体职工和从业人员应自觉遵守安全生产规章制度，不进行违章作业，并随时制止他人违章作业；积极参加安全生产的各项活动，主动提出改进安全工作的意见，爱护和正确使用机械设备、工具及个人的防护用品。

（6）各级领导在研究生产的同时首先把安全工作提到首位，生产投入的同时，安全设施同时投入，在编制工程预算中，必须把安全经费编制在内，保证安全设施资金使用。

2. 安全生产教育培训制度

（1）项目部管理人员每年进行一次安全生产培训与考核，成绩记入本年度的安全档案。

（2）每月项目部对工人进行一次安全生产教育，并要有记录。

（3）项目经理、总工程师、安全员、技术员必须参加行业培训取得资格证和上岗证、持岗上证。

（4）凡是进入施工现场的工人或变换工种到新岗位的工人都要进行安全培训教育并要有记录装档立案。

（5）特种作业人员必须经过行业培训教育，考核合格后持证上岗。

（6）施工人员必须经安全培训后上岗。

3. 安全检查制度

（1）项目主管安全工作的副经理组织安全、生产、技术等有关管理部门对施工现场每月进行一次安全检查。

（2）坚持班前的安全教育检查制度，安全员组织班组长进行班前安全检查，确无隐患方可施工作业。

（3）项目部每月检查当时下发整改通知单，隐患整改项目及时发到受检施工队。

（4）受检施工队的管理人员对查出的隐患无条件地按要求及时进行整改并保证按“三定”措施落实（定时、定人、定措施）。

4. 安全生产群防群治制度

（1）作业人员在施工中必须遵守有关安全生产的法律、法规、条例、规程等，不得违章指挥、违章作业。

（2）作业人员有权对影响人身健康的作业程序和作业条件提出改进意见，有权获得安全生产所需要的防护用品。

（3）作业人员对危及生命安全和人身健康的行为有权提出批评检举和报告，有权停止作业并及时报告上级有关部门。

5. 安全生产奖罚制度

（1）凡在安全生产中成绩突出具备以下条件之一的部门和个人，应给予荣誉或物质奖励。

1）单位工程竣工后达到安全、文明施工标准的。

2）防止避免了重大伤亡事故并在事故中抢救有功的。

3）完成本年度“安全、文明工作责任状”规定的各项指标，取得显著成绩的。

4）安全技术改造或提出重大的合理化建议取得显著成绩的。

（2）对下列行为之一的施工队和职工经教育不改的据情节应给予处罚。

1）发现事故隐患或上级检查下达指令整改不立即采取防范措施又不及时报告造成事故情节严重的。

2）发生事故后破坏事故现场隐瞒不报、虚报、故意拖延、嫁祸他人的。

3）违章作业或违章指挥造成事故的。

4）玩忽职守违反安全操作规范和生产责任制造成事故的。

5）不按规定使用劳动保护用品而发生事故的。

6）对制止违章作业或违章指挥人员进行打击报复的，对情节严重的追究法律责任。

7）由于设备超过检修期运行，因设备缺陷或没有防护装置造成事故的。

（3）处分包括行政处分和经济处罚，情节严重的由司法机关追究刑事责任。

（4）项目经理个人必须执行“安全法”“建筑法”和《建设工程安全生产管理条例》及本规章制度履行职责，搞好劳动保护工作。

（5）凡超过“安全、文明工作责任状”指标的，当年不能评为先进单位和个人。

6. 特种作业人员管理制度

（1）电工、电焊工、起重车司机等均属特殊工种，对这些工种须定岗定位，作为管理的重点，需加强领导。

（2）特殊工种人员除接受正常的安全教育外，必须组织好参加行业安全培训，取得操作证和资格证书方可上岗。

（3）对特殊工种人员要定期进行体检，发现本工种的禁忌病时要立即调离，不得上岗作业，以保证本人和他人的安全。

7. 工伤事故报告制度

（1）发生伤亡事故应立即逐级上报，保护好事故现场，并及时对伤亡人员进行抢救。

（2）轻重伤人员项目部立即组织生产、技术、安全等有关人员参加事故调查组进行调查，并把事故调查处理结果上报有关主管部门。

（3）重大事故发生单位以最快方法将事故简要情况上报主管部门。

（4）发生事故单位必须坚持“四不放过”的原则，按有关规定予以严肃处理并及时开展现场教育。

（5）对事故隐瞒不报、以重及轻、长期拖延不处理、弄虚作假的要追究事故单位领导责任。

8. 施工现场安全管理制度

（1）项目经理部的安全领导小组切实加强施工现场安全生产的领导和管理工作，确保全体职工在劳动过程中的安全和身体健康。

（2）各级施工管理干部、工程技术人员必须熟悉《建筑工程安全技术操作规程》的各项规定，各工种工人必须熟练掌握本工种“规程”。凡是不了解“规程”的技术人员和未受过安全教育的工人都不许参加施工。

（3）工程开工前首先必须编制安全施工组织设计（技术措施）、文明施工组织设计、临时用电施工方案、施工现场危险源辨识方案、基坑支护方案、模版支撑施工方案、应急预算方案等，编制方案应针对工程特点、施工方法、使用机械的实际情况编制具体的安全技术措施，没有安全措施一律不得开工。

（4）施工现场道路必须畅通，场地平整，排水系统有效不积水，材料堆放整齐有序。

（5）危险场所（处）必须设置安全警示牌。

（6）施工现场的临时用电必须按 TNS 系统安装，线路不准拖地必须高架，电箱内设漏电保护器做到一机一用，严禁一机多用。

（7）坚持暂设工程与现场分开原则，设作业区和生活区，要符合安全防火的要求。

（8）切实坚持安全自检制度，提高隐患整改，做到定人、定时、定措施。

（9）新入场的工人及变换工种人员必须经过安全教育，上岗作业必须进行安全技术交底。

（10）特种人员必须经过安全技术培训，考试合格持证上岗操作。

（11）凡进入施工现场的人员必须戴好安全帽，高处作业系好安全带，正确使用个人防护用品。

（12）施工现场的机电设备、电动工具、供电设施由持证维护电工操作，严禁非电气工人乱接乱动。

（13）一切机械设备和垂直运输、起重机械的安全防护及保险装置必须齐全，灵敏可靠。

（14）工程中使用的易燃、易爆、有毒有害物品严格保管和使用。

（15）非施工人员不得擅自进入施工现场。

9. 安全档案管理制度

安全专业档案是为全项目安全服务的，为搞好安全生产提供安全工作事实是项目安全工作的信息来源，这是一项新的制度。安全专业档案包括：

（1）安全技术交底、安全教育记录、安全隐患整改、事故分析、各项安全管理制度、安全生产措施、岗位责任状和特种人员档案等有关安全的材料。

（2）各种档案资料收集、整理由质量安全部门整理立卷。

（3）各种档案要书写规整，条理清晰。

（4）各类档案要索引目录便于查找方便。

（5）工伤档案实行零报告制度，对发生的工伤要按人填报调查报告，填好工伤档案表存档。

（6）安全教育档案要及时记录，内容包括：讲课人、讲课内容、听课人（受教育者）逐个登记、本人签字、考试成绩。

（7）特殊工种管理人员证件（复印件）存入档案。

10. 工人班组班前（后）活动制度

（1）对工人班组加强管理是保证安全生产的基础工作，也是最有效的工作，因此要搞好工人班组的班前（后）安全活动。

（2）工人班组每两天活动一次，变换工种时必须开展班组安全活动，每次活动都要认真地做好记录。

（3）班前（后）活动由班组长或兼职安全员主持，班组全体人员参加。

（4）安全活动的主要内容：

1）找出工作岗位和分项工程不安全因素，提出具体的防范要求和安全措施。

2）检查个人对劳动保护用品使用情况和保护用品的质量。

3）检查本组人员身体状况、思想状况、是否喝酒等确定能否上岗作业。

4）学习本工种操作规程和省、市颁发的标准规程及有关安全生产文件，学习和推广安全生产先进班组经验。

5）表扬遵章守纪者，处理违章违纪者。

（5）对不按期开展活动的班组进行批评教育，对发生的生产事故要视情节追究班组长或兼职安全员责任。

11. 意外伤害保险制度

（1）项目经理部所有工程项目开工前必须办理意外伤害保险手续。

（2）投保的保险按国家规定不得低于保障施工伤亡人员得到有效的经济补偿。

（3）凡被保险人发生意外伤害事故要及时上报保险机构，项目部负责人不得隐瞒不报，使受害人得不到索赔。

12. 大型机械设备管理制度

（1）大型机具设备拆装施工方案、验收等资料及时由质检部存档。

（2）大型机具设备的生产许可证、产品合格证复印件建立机械设备档案，存放质检部备案存档。

（3）特种机械设备和一般机械设备均属管理范畴必须严加管理。

（4）一般机械（砂浆、混凝土搅拌机、弯曲机、切割机等）每年检修一次，检修后由质检部检查验收签字立档。

（5）特种机械设备不合格产品不准进入施工现场使用。

13. 安全防护用品采购管理制度

（1）安全防护用品的采购要有专人到国家指定安全用品商店采购。

（2）必须购买有出厂合格证、检测合格证等保证安全的防护用品，不得购买“三无”产品，购买时要取得出厂合格证和检测合格证，交质安部存档。

（3）安全用品由专人进行管理，并定期进行检查、保养，如有破损或失去安全效果的防护用品应及时淘汰。

（4）电器防护用品的采购管理必须符合国家有关规定，设专业人员管理。

14. 事故隐患整改制度

（1）省、市和工业区检查指令通知。

（2）业主检查指令通知。

（3）监理部门指令通知。

按上述整改通知整改后，把整改措施落实情况及时反馈到有关检查部门，质安部存档。

15. 安全措施专项资金保障制度

（1）项目部应建立安全措施费用专项资金保障制度。

（2）对列入建设工程预算的安全作业环境及安全施工措施所需费用应当用于施工安全防护用具及设施的采购和更新、安全施工措施的落实、安全生产条件改善，并建立专项账簿，做到专款专用，严禁挪作他用。

16. 环境保护措施

（1）项目部要设环境组织机构，设兼职或专职的环管员并要制定岗位责任制，要层层落实到人，有针对性地对环境保护编制出具体措施。

（2）项目部要有计划措施，有监督管理制度并有活动记录。

（3）对新进场的员工要进行环境保护教育，对从事工种人员要进行培训。

17. 消防管理制度

（1）项目部要对消防工具设专人管理和保养。

（2）经常检查消防器材的安全可用状态是否良好，如有问题及时进行维护修理。

（3）消防用具专防专用，严禁任何人随意运用，如有随意挪作他用，一经发现按消防有关条款进行衡量制裁或给予罚款处理。

18. 施工现场文明施工管理制度

（1）医疗制度

1）施工现场必须设置医务室，医务室应设有专职医务人员。

2）医务室内应有救援器材、药品，并且要保护好器材、药品（过期药品要及时处理掉）。

（2）值班、值宿制度

1）项目经理要安排人员值班、值宿。

2）值班、值宿人员要对当天的安全工作负责，值宿人员不得酒后上岗、睡觉、擅离职守。

3）交接班时准时上岗，要做好值班记录。

（3）卫生制度

1）施工现场所有员工应维护公共卫生，做到不乱倒垃圾、不乱扔果皮纸屑、不随地吐痰、不随地大小便。

2）注意饮食卫生，不喝生水、污水，不吃不洁变质食物。

3）搞好个人卫生、公共场地卫生、积极参加卫生劳动。

（4）门卫制度

1）现场应设门卫，按时交接班，准时到岗，要严守工作岗位，不准擅自脱岗，不准喝酒、睡觉等做与工作无关的事情。

2）严格查询外来人员，凡进院的车辆要进行登记，自行车、摩托车等应停放指定地点。

3）没有施工现场负责人的批示手续，任何人不准拉运各种建筑材料，夜间要按时关好大门，做好夜间巡逻检查工作，防止发生火灾。

（5）动火审批制度

1）凡施工现场的动火作业必须执行审批制度。

2）一级动火作业由项目部负责人填写动火申请表，编制安全技术措施方案报当地消防部门审批后方可执行。

3）二级动火作业所在工地施工队负责人填写动火申请表，编制安全技术措施方案报安质部审批后由安质部存档方可动火。

4）三级动火作业由所在班组填写动火申请表经施工队长审批后报项目部安质部备案存档方可动火。

（6）宿舍、食堂、厕所管理制度

1）员工宿舍应选择在通风、干燥位置防止雨水、污水流入，要与施工区分开，宿舍内床铺搭设要符合有关规定，搞好室内卫生，冬季宿舍应有保暖措施。

2）食堂应选择有通风干燥的位置，应保持环境卫生、远离厕所、垃圾站、有毒有害场所，刀、盆、案板等炊具必须生、熟分开，食物必须遮盖，食堂作业人员必须到有关部门办理健康证方可上岗。

3）施工现场要设厕所，室内地面必须硬化，门窗齐全，通风良好，厕所应设专人负责，定时进行清扫、冲刷、消毒，防止蚊虫孳生，化粪池应及时清掏。

19. 安全生产目标管理考核制度

（1）开工前项目部必须制定出本工程的安全生产目标，按国家、省、市有关规定安全生产达标率必须达到100%。

（2）要对项目经理、副经理、总工程师、安全工程师几个专业人员进行安全生产考核，签订安全责任状。

（3）对各种班组人员在开工前进行学习并考试，考试合格上岗。

20. 安全生产事故应急救援制度

（1）项目部必须制定安全生产事故应急救援预案。

（2）根据危险源与不利环境因素的识别结果，确定可能发生的事故或紧急情况的控制措施失效时所采取的补救措施和抢救行为，以针对可能随之引发的伤害和其他影响所采取的措施。

（3）建立健全应急救援预案组织机构，应急救援器材、设备要由专人保养维护，确保其可行性，任何人不得擅自挪作他用。

（4）项目部根据实际情况定期举行应急救援的演练，检验准备工作能力。

2.1.4 安全生产法监督管理

生产经营单位是生产经营活动的承担主体，在安全生产工作中居于关键地位。生产经营单位能否严格按照法律、法规以及国家标准或行业标准的规定切实加强安全生产管理，搞好安全生产保障，是做好安全生产工作的根本所在。但是由于种种原因，并不是所有的生产经营单位都能够自觉地按照法定要求搞好安全生产保障；因此强化外部的监督管理，对做好安全生产工作同样十分重要，不可缺少。安全生产监督管理是安全生产管理制度的一个重要组成部分，在安全生产工作中发挥着重要的作用。

1. 安全生产法规定的监管要求

《安全生产法》从不同方面规定了安全生产的监督管理，既包括政府及其有关部门的国家监督，也包括社会力量的监督，具体有七个方面：

（1）县级以上地方人民政府的监督管理。

（2）负有安全生产监督管理职责的部门的监督管理。

（3）监察机关的监督。

（4）安全生产社会中介机构的监督。

（5）社会公众的监督。

（6）基层群众性自治组织的监督。

（7）新闻媒体的监督。

此外，《劳动法》、《工会法》和《安全生产法》中对于工会在劳动安全卫生方面的职权和责任所作的规定实质上也是一种重要的监督。

2. 各级人民政府的安全生产职责

各级人民政府及其各有关部门是实施安全生产监督管理的主体，在安全生产工作中举足轻重。要明确各级人民政府的领导地位和各有关部门的监督管理职能，发挥其监督管理主体的作用，必须将各级人民政府在安全生产中的地位和基本职责法制化。为此，《安全生产法》第八条规定：国务院和地方人民政府应当加强对安全生产工作的领导，支持、督促各有关部门依法履行安全生产监督管理职责。县级以上人民政府对安全生产监督管理中存在的重大问题应当及时予以协调、解决。

（1）确定了各级人民政府在安全生产工作中的领导地位

从外部条件看，各级人民政府在安全生产工作中居于中心的地位，担负着确保一方平安的重要领导职责。人民政府必须立党为公、执政为民，坚持以人为本，高度重视安全生产工作，对人民群众的生命和财产高度负责。

（2）要求各级人民政府必须重视安全生产工作，加强领导

能否把安全生产摆到应有的位置和高度，主要是看各级人民政府是否真正重视安全生产工作。法律把加强对安全生产工作的领导作为一项法定义务加以规定，这就要求各级人民政府切实负起责任，加强领导，真抓实干，把生产安全事故降下来，避免和减少人员伤亡和财产损失。

（3）规定了各级人民政府的安全生产职责

1）各级人民政府应当支持、督促各有关部门依法履行监督管理职责。政府除了组织贯彻实施党和国家有关安全生产的方针政策和法律法规，部署、检查安全生产工作之外，主要依靠和督促其职能部门依法履行各自的监督管理职责。

2）各级人民政府对安全生产中存在的重大问题应当及时予以协调、解决。由于负有安全生产监督管理职责的部门较多，不可避免地存在着一些有关部门职责交叉或者难以解决的问题。这时处于居中地位的政府，必须及时协调、解决。如果政府领导人对安全生产中存在的重大问题麻木不仁、当断不断、久拖不决，由此引发生产安全事故，要承担失职、渎职责任。

3. 安全生产综合监管部门与专项监管部门的职责分工

建立适应我国国情的安全生产监督管理体制，明确各级人民政府负有安全生产监督管理职责部门的职责分工，对于加强安全生产监督管理极为必要。

《安全生产法》第九条规定：国务院负责安全生产监督管理的相关部门，依照本法，对全国安全生产工作实施综合监督管理；县级以上地方各级人民政府负责安全生产监督管理的相关部门，依照本法，对本行政区域内安全生产工作实施综合监督管理。国务院有关部门依照本法和其他有关法律、行政法规的规定，在各自的职责范围内对有关的安全生产工作实施监督管理；县级以上地方各级人民政府有关部门依照本法和其他有关法律、法规的规定，在各自的职责范围内对有关的安全生产工作实施监督管理。

（1）负责安全生产监督管理的部门及其职责

负责安全生产监督管理的部门包括国务院和县级以上地方人民政府负责安全生产监督管理的部门。

国务院负责安全生产监督管理的部门是指国家安全生产监督管理总局。国家安全生产监督管理总局是国务院的正部级直属机构，依照法律和国务院批准的“三定”方案确定的职责，对全国安全生产工作实施综合监督管理。

县级以上地方人民政府负责安全生产监督管理的部门是指地方人民政府设立或者授权负责本行政区域内安全生产综合监督管理的部门，其中绝大多数为安全生产监督管理局。

依照《安全生产法》的规定，国务院负责安全生产监督管理的部门和县级以上地方人民政府负责安全生产监督管理的部门的主要职责包括：依法对有关安全生产的事项进行审批、验收；依法对生产经营单位执行有关安全生产的法律、法规和国家标准或者行业标准的情况进行监督检查；依照国务院和地方人民政府规定的权限组织生产安全事故的调查处理；对违反安全生产法律、法规的行为依法实施行政处罚；指导、协调和监督本级人民政府有关部门负责的安全生产监督管理工作。

（2）有关部门及其职责

《安全生产法》所称的有关部门是指县级以上各级人民政府安全生产综合监督管理部门以外的负责专项安全生产监督管理的部门，包括国务院负责专项安全生产监督管理的部门。

2.2 安全生产相关法律及法规

2.2.1 《中华人民共和国劳动法》相关规定

《中华人民共和国劳动法》已由中华人民共和国第八届全国人民代表大会常务委员会第八次会议于1994年7月5日通过，自1995年1月1日起施行。

第五十二条　用人单位必须建立、健全劳动安全卫生制度，严格执行国家劳动安全卫生规程和标准，对劳动者进行劳动安全卫生教育，防止劳动过程中的事故，减少职业危害。

第五十三条　劳动安全卫生设施必须符合国家规定的标准。新建、改建、扩建工程的劳动安全卫生设施必须与主体工程同时设计、同时施工、同时投入生产和使用。

第五十四条　用人单位必须为劳动者提供符合国家规定的劳动安全卫生条件和必要的劳动防护用品，对从事有职业危害作业的劳动者应当定期进行健康检查。

第五十五条　从事特种作业的劳动者必须经过专门培训并取得特种作业资格。

第五十六条　劳动者在劳动过程中必须严格遵守安全操作规程。劳动者对用人单位管理人员违章指挥、强令冒险作业，有权拒绝执行；对危害生命安全和身体健康的行为，有权提出批评、检举和控告。

第六十六条　国家通过各种途径，采取各种措施，发展职业培训事业，开发劳动者的职业技能，提高劳动者素质，增强劳动者的就业能力和工作能力。

第六十七条　各级人民政府应当把发展职业培训纳入社会经济发展的规划，鼓励和支持有条件的企业、事业组织、社会团体和个人进行各种形式的职业培训。

第六十八条　用人单位应当建立职业培训制度，按照国家规定提取和使用职业培训经费，根据本单位实际，有计划地对劳动者进行职业培训。从事技术工种的劳动者，上岗前必须经过培训。

第六十九条　国家确定职业分类，对规定的职业制定职业技能标准，实行职业资格证书制度，由经过政府批准的考核鉴定机构负责对劳动者实施职业技能考核鉴定。

第八十五条　县级以上各级人民政府劳动行政部门依法对用人单位遵守劳动法律、法规的情况进行监督检查，对违反劳动法律、法规的行为有权制止，并责令改正。

第八十六条　县级以上各级人民政府劳动行政部门监督检查人员执行公务，有权进入用人单位了解执行劳动法律、法规的情况，查阅必要的资料，并对劳动场所进行检查。县级以上各级人民政府劳动行政部门监督检查人员执行公务，必须出示证件，秉公执法并遵守有关规定。

第八十七条　县级以上各级人民政府有关部门在各自职责范围内，对用人单位遵守劳动法律、法规的情况进行监督。

第八十八条　各级工会依法维护劳动者的合法权益，对用人单位遵守劳动法律、法规的情况进行监督。任何组织和个人对于违反劳动法律、法规的行为有权检举和控告。

第九十二条　用人单位的劳动安全设施和劳动卫生条件不符合国家规定或者未向劳动者提供必要的劳动防护用品和劳动保护设施的，由劳动行政部门或者有关部门责令改正，可以处以罚款；情节严重的，提请县级以上人民政府决定责令停产整顿；对事故隐患不采取措施，致使发生重大事故，造成劳动者生命和财产损失的，对责任人员比照刑法第一百八十七条的规定追究刑事责任。

第九十三条　用人单位强令劳动者违章冒险作业，发生重大伤亡事故，造成严重后果的，对责任人员依法追究刑事责任。

2.2.2　《中华人民共和国消防法》相关规定

《中华人民共和国消防法》已由中华人民共和国第十一届全国人民代表大会常务委员会第五次会议于2008年10月28日修订通过，现将修订后的《中华人民共和国消防法》公布，自2009年5月1日起施行。

第九条　建设工程的消防设计、施工必须符合国家工程建设消防技术标准。建设、设计、施工、工程监理等单位依法对建设工程的消防设计、施工质量负责。

第十条　按照国家工程建设消防技术标准需要进行消防设计的建设工程，除本法第十一条另有规定的外，建设单位应当自依法取得施工许可之日起七个工作日内，将消防设计文件报公安机关消防机构备案，公安机关消防机构应当进行抽查。

第十一条　国务院公安部门规定的大型的人员密集场所和其他特殊建设工程，建设单位应当将消防设计文件报送公安机关消防机构审核。公安机关消防机构依法对审核的结果负责。

第十二条　依法应当经公安机关消防机构进行消防设计审核的建设工程，未经依法审核或者审核不合格的，负责审批该工程施工许可的部门不得给予施工许可，建设单位、施工单位不得施工；其他建设工程取得施工许可后经依法抽查不合格的，应当停止施工。

第二十一条　禁止在具有火灾、爆炸危险的场所吸烟、使用明火。因施工等特殊情况需要使用明火作业的，应当按照规定事先办理审批手续，采取相应的消防安全措施；作业人员应当遵守消防安全规定。

进行电焊、气焊等具有火灾危险作业的人员和自动消防系统的操作人员，必须持证上岗，并遵守消防安全操作规程。

第二十二条　生产、储存、装卸易燃易爆危险品的工厂、仓库和专用车站、码头的设置，应当符合消防技术标准。易燃易爆气体和液体的充装站、供应站、调压站，应当设置在符合消防安全要求的位置，并符合防火防爆要求。

已经设置的生产、储存、装卸易燃易爆危险品的工厂、仓库和专用车站、码头，易燃易爆气体和液体的充装站、供应站、调压站，不再符合前款规定的，地方人民政府应当组织、协调有关部门、单位限期解决，消除安全隐患。

第二十四条　消防产品必须符合国家标准；没有国家标准的，必须符合行业标准。禁止生产、销售或者使用不合格的消防产品以及国家明令淘汰的消防产品。

依法实行强制性产品认证的消防产品，由具有法定资质的认证机构按照国家标准、行业标准的强制性要求认证合格后，方可生产、销售、使用。实行强制性产品认证的消防产品目录，由国务院产品质量监督部门会同国务院公安部门制定并公布。

新研制的尚未制定国家标准、行业标准的消防产品，应当按照国务院产品质量监督部门会同国务院公安部门规定的办法，经技术鉴定符合消防安全要求的，方可生产、销售、使用。依照本条规定经强制性产品认证合格或者技术鉴定合格的消防产品，国务院公安部门消防机构应当予以公布。

第二十六条　建筑构件、建筑材料和室内装修、装饰材料的防火性能必须符合国家标准；没有国家标准的，必须符合行业标准。人员密集场所室内装修、装饰，应当按照消防技术标准的要求，使用不燃、难燃材料。

第五十八条　违反本法规定，有下列行为之一的，责令停止施工、停止使用或者停产停业，并处三万元以上三十万元以下罚款：

（一）依法应当经公安机关消防机构进行消防设计审核的建设工程，未经依法审核或者审核不合格，擅自施工的；

（二）消防设计经公安机关消防机构依法抽查不合格，不停止施工的；

（三）依法应当进行消防验收的建设工程，未经消防验收或者消防验收不合格，擅自投入使用的；

（四）建设工程投入使用后经公安机关消防机构依法抽查不合格，不停止使用的；

（五）公众聚集场所未经消防安全检查或者经检查不符合消防安全要求，擅自投入使用、营业的。

建设单位未依照本法规定将消防设计文件报公安机关消防机构备案，或者在竣工后未依照本法规定报公安机关消防机构备案的，责令限期改正，处五千元以下罚款。

第五十九条　违反本法规定，有下列行为之一的，责令改正或者停止施工，并处一万元以上十万元以下罚款：

（一）建设单位要求建筑设计单位或者建筑施工企业降低消防技术标准设计、施工的；

（二）建筑设计单位不按照消防技术标准强制性要求进行消防设计的；

（三）建筑施工企业不按照消防设计文件和消防技术标准施工，降低消防施工质量的；

（四）工程监理单位与建设单位或者建筑施工企业串通，弄虚作假，降低消防施工质量的。

2.2.3 《中华人民共和国职业病防治法》相关规定

2001年10月27日第九届全国人民代表大会常务委员会第二十四次会议通过，2001年10月27日中华人民共和国主席令第六十号公布，自2002年5月1日起施行。

第二条 本法适用于中华人民共和国领域内的职业病防治活动。

本法所称职业病，是指企业、事业单位和个体经济组织（以下统称用人单位）的劳动者在职业活动中，因接触粉尘、放射性物质和其他有毒、有害物质等因素而引起的疾病。

职业病的分类和目录由国务院卫生行政部门会同国务院劳动保障行政部门规定、调整并公布。

第三条 职业病防治工作坚持预防为主、防治结合的方针，实行分类管理、综合治理。

第四条 劳动者依法享有职业卫生保护的权利。

用人单位应当为劳动者创造符合国家职业卫生标准和卫生要求的工作环境和条件，并采取措施保障劳动者获得职业卫生保护。

第五条 用人单位应当建立、健全职业病防治责任制，加强对职业病防治的管理，提高职业病防治水平，对本单位产生的职业病危害承担责任。

第八条 国家实行职业卫生监督制度。

国务院卫生行政部门统一负责全国职业病防治的监督管理工作。国务院有关部门在各自的职责范围内负责职业病防治的有关监督管理工作。

县级以上地方人民政府卫生行政部门负责本行政区域内职业病防治的监督管理工作。县级以上地方人民政府有关部门在各自的职责范围内负责职业病防治的有关监督管理工作。

第十一条 有关防治职业病的国家职业卫生标准，由国务院卫生行政部门制定并公布。

第十二条 任何单位和个人有权对违反本法的行为进行检举和控告。

对防治职业病成绩显著的单位和个人，给予奖励。

第十三条 产生职业病危害的用人单位的设立除应当符合法律、行政法规规定的设立条件外，其工作场所还应当符合下列职业卫生要求：

（一）职业病危害因素的强度或者浓度符合国家职业卫生标准；

（二）有与职业病危害防护相适应的设施；

（三）生产布局合理，符合有害与无害作业分开的原则；

（四）有配套的更衣间、洗浴间、孕妇休息间等卫生设施；

（五）设备、工具、用具等设施符合保护劳动者生理、心理健康的要求；

（六）法律、行政法规和国务院卫生行政部门关于保护劳动者健康的其他要求。

第十四条 在卫生行政部门中建立职业病危害项目的申报制度。

用人单位设有依法公布的职业病目录所列职业病的危害项目的，应当及时、如实向卫生行政部门申报，接受监督。

职业病危害项目申报的具体办法由国务院卫生行政部门制定。

第十五条　新建、扩建、改建建设项目和技术改造、技术引进项目（以下统称建设项目）可能产生职业病危害的，建设单位在可行性论证阶段应当向卫生行政部门提交职业病危害预评价报告。卫生行政部门应当自收到职业病危害预评价报告之日起三十日内，作出审核决定并书面通知建设单位。未提交预评价报告或者预评价报告未经卫生行政部门审核同意的，有关部门不得批准该建设项目。

职业病危害预评价报告应当对建设项目可能产生的职业病危害因素及其对工作场所和劳动者健康的影响作出评价，确定危害类别和职业病防护措施。

建设项目职业病危害分类目录和分类管理办法由国务院卫生行政部门制定。

第十六条　建设项目的职业病防护设施所需费用应当纳入建设项目工程预算，并与主体工程同时设计，同时施工，同时投入生产和使用。

职业病危害严重的建设项目的防护设施设计，应当经卫生行政部门进行卫生审查，符合国家职业卫生标准和卫生要求的，方可施工。

建设项目在竣工验收前，建设单位应当进行职业病危害控制效果评价。建设项目竣工验收时，其职业病防护设施经卫生行政部门验收合格后，方可投入正式生产和使用。

第十九条　用人单位应当采取下列职业病防治管理措施：

（一）设置或者指定职业卫生管理机构或者组织，配备专职或者兼职的职业卫生专业人员，负责本单位的职业病防治工作；

（二）制定职业病防治计划和实施方案；

（三）建立、健全职业卫生管理制度和操作规程；

（四）建立、健全职业卫生档案和劳动者健康监护档案；

（五）建立、健全工作场所职业病危害因素监测及评价制度；

（六）建立、健全职业病危害事故应急救援预案。

第二十条　用人单位必须采用有效的职业病防护设施，并为劳动者提供个人使用的职业病防护用品。

用人单位为劳动者个人提供的职业病防护用品必须符合防治职业病的要求；不符合要求的，不得使用。

第二十一条　用人单位应当优先采用有利于防治职业病和保护劳动者健康的新技术、新工艺、新材料，逐步替代职业病危害严重的技术、工艺、材料。

第二十二条　产生职业病危害的用人单位，应当在醒目位置设置公告栏，公布有关职业病防治的规章制度、操作规程、职业病危害事故应急救援措施和工作场所职业病危害因素检测结果。

对产生严重职业病危害的作业岗位，应当在其醒目位置，设置警示标识和中文警示说明。警示说明应当载明产生职业病危害的种类、后果、预防以及应急救治措施等内容。

第二十三条　对可能发生急性职业损伤的有毒、有害工作场所，用人单位应当设置报警装置，配置现场急救用品、冲洗设备、应急撤离通道和必要的泄险区。

对放射工作场所和放射性同位素的运输、贮存，用人单位必须配置防护设备和报警装置，保证接触放射线的工作人员佩戴个人剂量计。

对职业病防护设备、应急救援设施和个人使用的职业病防护用品，用人单位应当进行经常性的维护、检修，定期检测其性能和效果，确保其处于正常状态，不得擅自拆除或者停止使用。

第二十四条　用人单位应当实施由专人负责的职业病危害因素日常监测，并确保监测系统处于正常运行状态。

用人单位应当按照国务院卫生行政部门的规定，定期对工作场所进行职业病危害因素检测、评价。检测、评价结果存入用人单位职业卫生档案，定期向所在地卫生行政部门报告并向劳动者公布。

职业病危害因素检测、评价由依法设立的取得省级以上人民政府卫生行政部门资质认证的职业卫生技术服务机构进行。职业卫生技术服务机构所作检测、评价应当客观、真实。

发现工作场所职业病危害因素不符合国家职业卫生标准和卫生要求时，用人单位应当立即采取相应治理措施，仍然达不到国家职业卫生标准和卫生要求的，必须停止存在职业病危害因素的作业；职业病危害因素经治理后，符合国家职业卫生标准和卫生要求的，方可重新作业。

第二十五条　向用人单位提供可能产生职业病危害的设备的，应当提供中文说明书，并在设备的醒目位置设置警示标识和中文警示说明。警示说明应当载明设备性能、可能产生的职业病危害、安全操作和维护注意事项、职业病防护以及应急救治措施等内容。

第二十九条　用人单位对采用的技术、工艺、材料，应当知悉其产生的职业病危害，对有职业病危害的技术、工艺、材料隐瞒其危害而采用的，对所造成的职业病危害后果承担责任。

第三十条　用人单位与劳动者订立劳动合同（含聘用合同，下同）时，应当将工作过程中可能产生的职业病危害及其后果、职业病防护措施和待遇等如实告知劳动者，并在劳动合同中写明，不得隐瞒或者欺骗。

劳动者在已订立劳动合同期间因工作岗位或者工作内容变更，从事与所订立劳动合同中未告知的存在职业病危害的作业时，用人单位应当依照前款规定，向劳动者履行如实告知的义务，并协商变更原劳动合同相关条款。

用人单位违反前两款规定的，劳动者有权拒绝从事存在职业病危害的作业，用人单位不得因此解除或者终止与劳动者所订立的劳动合同。

第三十一条　用人单位的负责人应当接受职业卫生培训，遵守职业病防治法律、法规，依法组织本单位的职业病防治工作。

用人单位应当对劳动者进行上岗前的职业卫生培训和在岗期间的定期职业卫生培训，普及职业卫生知识，督促劳动者遵守职业病防治法律、法规、规章和操作规程，指导劳动者正确使用职业病防护设备和个人使用的职业病防护用品。

劳动者应当学习和掌握相关的职业卫生知识，遵守职业病防治法律、法规、规章和操作规程，正确使用、维护职业病防护设备和个人使用的职业病防护用品，发现职业病危害事故隐患应当及时报告。

劳动者不履行前款规定义务的，用人单位应当对其进行教育。

第三十二条　对从事接触职业病危害的作业的劳动者，用人单位应当按照国务院卫生行政部门的规定组织上岗前、在岗期间和离岗时的职业健康检查，并将检查结果如实告知劳动者。职业健康检查费用由用人单位承担。

用人单位不得安排未经上岗前职业健康检查的劳动者从事接触职业病危害的作业；不得安排有职业禁忌的劳动者从事其所禁忌的作业；对在职业健康检查中发现有与所从事的职业相关的健康损害的劳动者，应当调离原工作岗位，并妥善安置；对未进行离岗前职业健康检查的劳动者不得解除或者终止与其订立的劳动合同。

职业健康检查应当由省级以上人民政府卫生行政部门批准的医疗卫生机构承担。

第三十六条　劳动者享有下列职业卫生保护权利：

（一）获得职业卫生教育、培训；

（二）获得职业健康检查、职业病诊疗、康复等职业病防治服务；

（三）了解工作场所产生或者可能产生的职业病危害因素、危害后果和应当采取的职业病防护措施；

（四）要求用人单位提供符合防治职业病要求的职业病防护设施和个人使用的职业病防护用品，改善工作条件；

（五）对违反职业病防治法律、法规以及危及生命健康的行为提出批评、检举和控告；

（六）拒绝违章指挥和强令进行没有职业病防护措施的作业；

（七）参与用人单位职业卫生工作的民主管理，对职业病防治工作提出意见和建议。

用人单位应当保障劳动者行使前款所列权利。因劳动者依法行使正当权利而降低其工资、福利等待遇或者解除、终止与其订立的劳动合同的，其行为无效。

第三十七条　工会组织应当督促并协助用人单位开展职业卫生宣传教育和培训，对用人单位的职业病防治工作提出意见和建议，与用人单位就劳动者反映的有关职业病防治的问题进行协调并督促解决。

工会组织对用人单位违反职业病防治法律、法规，侵犯劳动者合法权益的行为，有权要求纠正；产生严重职业病危害时，有权要求采取防护措施，或者向政府有关部门建议采取强制性措施；发生职业病危害事故时，有权参与事故调查处理；发现危及劳动者生命健康的情形时，有权向用人单位建议组织劳动者撤离危险现场，用人单位应当立即作出处理。

第三十八条　用人单位按照职业病防治要求，用于预防和治理职业病危害、工作场所卫生检测、健康监护和职业卫生培训等费用，按照国家有关规定，在生产成本中据实列支。

第五十六条　卫生行政部门履行监督检查职责时，有权采取下列措施：

（一）进入被检查单位和职业病危害现场，了解情况，调查取证；

（二）查阅或者复制与违反职业病防治法律、法规的行为有关的资料和采集样品；

（三）责令违反职业病防治法律、法规的单位和个人停止违法行为。

第五十七条　发生职业病危害事故或者有证据证明危害状态可能导致职业病危害事故发生时，卫生行政部门可以采取下列临时控制措施：

（一）责令暂停导致职业病危害事故的作业；

（二）封存造成职业病危害事故或者可能导致职业病危害事故发生的材料和设备；

（三）组织控制职业病危害事故现场。在职业病危害事故或者危害状态得到有效控制后，卫生行政部门应当及时解除控制措施。

第五十八条　职业卫生监督执法人员依法执行职务时，应当出示监督执法证件。

职业卫生监督执法人员应当忠于职守，秉公执法，严格遵守执法规范；涉及用人单位的秘密的，应当为其保密。

第五十九条　职业卫生监督执法人员依法执行职务时，被检查单位应当接受检查并予以支持配合，不得拒绝和阻碍。

第六十条　卫生行政部门及其职业卫生监督执法人员履行职责时，不得有下列行为：

（一）对不符合法定条件的，发给建设项目有关证明文件、资质证明文件或者予以批准；

（二）对已经取得有关证明文件的，不履行监督检查职责；

（三）发现用人单位存在职业病危害的，可能造成职业病危害事故，不及时依法采取控制措施；

（四）其他违反本法的行为。

第六十一条　职业卫生监督执法人员应当依法经过资格认定。

卫生行政部门应当加强队伍建设，提高职业卫生监督执法人员的政治、业务素质，依照本法和其他有关法律、法规的规定，建立、健全内部监督制度，对其工作人员执行法律、法规和遵守纪律的情况，进行监督检查。

第六十二条　建设单位违反本法规定，有下列行为之一的，由卫生行政部门给予警告，责令限期改正；逾期不改正的，处十万元以上五十万元以下的罚款；情节严重的，责令停止产生职业病危害的作业，或者提请有关人民政府按照国务院规定的权限责令停建、关闭：

（一）未按照规定进行职业病危害预评价或者未提交职业病危害预评价报告，或者职业病危害预评价报告未经卫生行政部门审核同意，擅自开工的；

（二）建设项目的职业病防护设施未按照规定与主体工程同时投入生产和使用的；

（三）职业病危害严重的建设项目，其职业病防护设施设计不符合国家职业卫生标准和卫生要求施工的；

（四）未按照规定对职业病防护设施进行职业病危害控制效果评价、未经卫生行政部门验收或者验收不合格，擅自投入使用的。

第六十三条　违反本法规定，有下列行为之一的，由卫生行政部门给予警告，责令限期改正；逾期不改正的，处二万元以下的罚款：

（一）工作场所职业病危害因素检测、评价结果没有存档、上报、公布的；

（二）未采取本法第十九条规定的职业病防治管理措施的；

（三）未按照规定公布有关职业病防治的规章制度、操作规程、职业病危害事故应急救援措施的；

（四）未按照规定组织劳动者进行职业卫生培训，或者未对劳动者个人职业病防护采取指导、督促措施的；

（五）国内首次使用或者首次进口与职业病危害有关的化学材料，未按照规定报送毒性鉴定资料以及经有关部门登记注册或者批准进口的文件的。

第六十四条　用人单位违反本法规定，有下列行为之一的，由卫生行政部门责令限期改正，给予警告，可以并处二万元以上五万元以下的罚款：

（一）未按照规定及时、如实向卫生行政部门申报产生职业病危害的项目的；

（二）未实施由专人负责的职业病危害因素日常监测，或者监测系统不能正常监测的；

（三）订立或者变更劳动合同时，未告知劳动者职业病危害真实情况的；

（四）未按照规定组织职业健康检查、建立职业健康监护档案或者未将检查结果如实告知劳动者的。

第六十五条　用人单位违反本法规定，有下列行为之一的，由卫生行政部门给予警告，责令限期改正，逾期不改正的，处五万元以上二十万元以下的罚款；情节严重的，责令停止产生职业病危害的作业，或者提请有关人民政府按照国务院规定的权限责令关闭：

（一）工作场所职业病危害因素的强度或者浓度超过国家职业卫生标准的；

（二）未提供职业病防护设施和个人使用的职业病防护用品，或者提供的职业病防护设施和个人使用的职业病防护用品不符合国家职业卫生标准和卫生要求的；

（三）对职业病防护设备、应急救援设施和个人使用的职业病防护用品未按照规定进行维护、检修、检测，或者不能保持正常运行、使用状态的；

（四）未按照规定对工作场所职业病危害因素进行检测、评价的；

（五）工作场所职业病危害因素经治理仍然达不到国家职业卫生标准和卫生要求时，未停止存在职业病危害因素的作业的；

（六）未按照规定安排职业病病人、疑似职业病病人进行诊治的；

（七）发生或者可能发生急性职业病危害事故时，未立即采取应急救援和控制措施或者未按照规定及时报告的；

（八）未按照规定在产生严重职业病危害的作业岗位醒目位置设置警示标识和中文警示说明的；

（九）拒绝卫生行政部门监督检查的。

第六十六条　向用人单位提供可能产生职业病危害的设备、材料，未按照规定提供中文说明书或者设置警示标识和中文警示说明的，由卫生行政部门责令限期改正，给予警告，并处五万元以上二十万元以下的罚款。

第六十七条　用人单位和医疗卫生机构未按照规定报告职业病、疑似职业病的，由卫生行政部门责令限期改正，给予警告，可以并处一万元以下的罚款；弄虚作假的，并处二万元以上五万元以下的罚款；对直接负责的主管人员和其他直接责任人员，可以依法给予降级或者撤职的处分。

第六十八条　违反本法规定，有下列情形之一的，由卫生行政部门责令限期治理，并处五万元以上三十万元以下的罚款；情节严重的，责令停止产生职业病危害的作业，或者提请有关人民政府按照国务院规定的权限责令关闭：

（一）隐瞒技术、工艺、材料所产生的职业病危害而采用的；

（二）隐瞒本单位职业卫生真实情况的；

（三）可能发生急性职业损伤的有毒、有害工作场所、放射工作场所或者放射性同位素的运输、贮存不符合本法第二十三条规定的；

（四）使用国家明令禁止使用的可能产生职业病危害的设备或者材料的；

（五）将产生职业病危害的作业转移给没有职业病防护条件的单位和个人，或者没有职业病防护条件的单位和个人接受产生职业病危害的作业的；

（六）擅自拆除、停止使用职业病防护设备或者应急救援设施的；

（七）安排未经职业健康检查的劳动者、有职业禁忌的劳动者、未成年工或者孕期、哺乳期女职工从事接触职业病危害的作业或者禁忌作业的；

（八）违章指挥和强令劳动者进行没有职业病防护措施的作业的。

第六十九条　生产、经营或者进口国家明令禁止使用的可能产生职业病危害的设备或者材料的，依照有关法律、行政法规的规定给予处罚。

第七十条　用人单位违反本法规定，已经对劳动者生命健康造成严重损害的，由卫生行政部门责令停止产生职业病危害的作业，或者提请有关人民政府按照国务院规定的权限责令关闭，并处十万元以上三十万元以下的罚款。

第七十一条　用人单位违反本法规定，造成重大职业病危害事故或者其他严重后果，构成犯罪的，对直接负责的主管人员和其他直接责任人员，依法追究刑事责任。

第七十二条　未取得职业卫生技术服务资质认证擅自从事职业卫生技术服务的，或者医疗卫生机构未经批准擅自从事职业健康检查、职业病诊断的，由卫生行政部门责令立即停止违法行为，没收违法所得；违法所得五千元以上的，并处违法所得二倍以上十倍以下的罚款；没有违法所得或者违法所得不足五千元的，并处五千元以上五万元以下的罚款；情节严重的，对直接负责的主管人员和其他直接责任人员，依法给予降级、撤职或者开除的处分。

第七十三条　从事职业卫生技术服务的机构和承担职业健康检查、职业病诊断的医疗卫生机构违反本法规定，有下列行为之一的，由卫生行政部门责令立即停止违法行为，给予警告，没收违法所得；违法所得五千元以上的，并处违法所得二倍以上五倍以下的罚款；没有违法所得或者违法所得不足五千元的，并处五千元以上二万元以下的罚款；情节严重的，由原认证或者批准机关取消其相应的资格；对直接负责的主管人员和其他直接责任人员，依法给予降级、撤职或者开除的处分；构成犯罪的，依法追究刑事责任：

（一）超出资质认证或者批准范围从事职业卫生技术服务或者职业健康检查、职业病诊断的；

（二）不按照本法规定履行法定职责的；

（三）出具虚假证明文件的。

第七十四条　职业病诊断鉴定委员会组成人员收受职业病诊断争议当事人的财物或者其他好处的，给予警告，没收收受的财物，可以并处三千元以上五万元以下的罚款，取消其担任职业病诊断鉴定委员会组成人员的资格，并从省、自治区、直辖市人民政府卫生行政部门设立的专家库中予以除名。

第七十五条　卫生行政部门不按照规定报告职业病和职业病危害事故的，由上一级卫生行政部门责令改正，通报批评，给予警告；虚报、瞒报的，对单位负责人、直接负责的主管人员和其他直接责任人员依法给予降级、撤职或者开除的行政处分。

第七十六条　卫生行政部门及其职业卫生监督执法人员有本法第六十条所列行为之一，导致职业病危害事故发生，构成犯罪的，依法追究刑事责任；尚不构成犯罪的，对单位负责人、直接负责的主管人员和其他直接责任人员依法给予降级、撤职或者开除的行政处分。

2.2.4 《建筑工程安全生产管理条例》相关规定

第一章　总则

第一条　为了加强建设工程安全生产监督管理，保障人民群众生命和财产安全，根据《中华人民共和国建筑法》、《中华人民共和国安全生产法》，制定本条例。

第二条　在中华人民共和国境内从事建设工程的新建、扩建、改建和拆除等有关活动及实施对建设工程安全生产的监督管理，必须遵守本条例。本条例所称建设工程，是指土木工程、建筑工程、线路管道和设备安装工程及装修工程。

第三条　建设工程安全生产管理，坚持安全第一、预防为主的方针。

第四条　建设单位、勘察单位、设计单位、施工单位、工程监理单位及其他与建设工程安全生产有关的单位，必须遵守安全生产法律、法规的规定，保证建设工程安全生产，依法承担建设工程安全生产责任。

第五条　国家鼓励建设工程安全生产的科学技术研究和先进技术的推广应用，推进建设工程安全生产的科学管理。

第二章　建设单位的安全责任

第六条　建设单位应当向施工单位提供施工现场及毗邻区域内供水、排水、供电、供气、供热、通信、广播电视等地下管线资料，气象和水文观测资料，相邻建筑物和构筑物、地下工程的有关资料，并保证资料的真实、准确、完整。建设单位因建设工程需要，向有关部门或者单位查询前款规定的资料时，有关部门或者单位应当及时提供。

第七条　建设单位不得对勘察、设计、施工、工程监理等单位提出不符合建设工程安全生产法律、法规和强制性标准规定的要求，不得压缩合同约定的工期。

第八条　建设单位在编制工程概算时，应当确定建设工程安全作业环境及安全施工措施所需费用。

第九条　建设单位不得明示或者暗示施工单位购买、租赁、使用不符合安全施工要求的安全防护用具、机械设备、施工机具及配件、消防设施和器材。

第十条　建设单位在申请领取施工许可证时，应当提供建设工程有关安全施工措施的资料。依法批准开工报告的建设工程，建设单位应当自开工报告批准之日起 15 日内，将保证安全施工的措施报送建设工程所在地的县级以上地方人民政府建设行政主管部门或者其他有关部门备案。

第十一条　建设单位应当将拆除工程发包给具有相应资质等级的施工单位。建设单位应当在拆除工程施工 15 日前，将下列资料报送建设工程所在地的县级以上地方人民政府建设行政主管部门或者其他有关部门备案：

（一）施工单位资质等级证明；

（二）拟拆除建筑物、构筑物及可能危及毗邻建筑的说明；

（三）拆除施工组织方案；

（四）堆放、清除废弃物的措施。

实施爆破作业的，应当遵守国家有关民用爆炸物品管理的规定。

第三章　勘察、设计、工程监理及其他有关单位的安全责任

第十二条　勘察单位应当按照法律、法规和工程建设强制性标准进行勘察，提供的勘

察文件应当真实、准确，满足建设工程安全生产的需要。勘察单位在勘察作业时，应当严格执行操作规程，采取措施保证各类管线、设施和周边建筑物、构筑物的安全。

第十三条　设计单位应当按照法律、法规和工程建设强制性标准进行设计，防止因设计不合理导致生产安全事故的发生。

设计单位应当考虑施工安全操作和防护的需要，对涉及施工安全的重点部位和环节在设计文件中注明，并对防范生产安全事故提出指导意见。采用新结构、新材料、新工艺的建设工程和特殊结构的建设工程，设计单位应当在设计中提出保障施工作业人员安全和预防生产安全事故的措施建议。设计单位和注册建筑师等注册执业人员应当对其设计负责。

第十四条　工程监理单位应当审查施工组织设计中的安全技术措施或者专项施工方案是否符合工程建设强制性标准。

工程监理单位在实施监理过程中，发现存在安全事故隐患的，应当要求施工单位整改；情况严重的，应当要求施工单位暂时停止施工，并及时报告建设单位。施工单位拒不整改或者不停止施工的，工程监理单位应当及时向有关主管部门报告。

工程监理单位和监理工程师应当按照法律、法规和工程建设强制性标准实施监理，并对建设工程安全生产承担监理责任。

第十五条　为建设工程提供机械设备和配件的单位，应当按照安全施工的要求配备齐全有效的保险、限位等安全设施和装置。

第十六条　出租的机械设备和施工机具及配件，应当具有生产（制造）许可证、产品合格证。出租单位应当对出租的机械设备和施工机具及配件的安全性能进行检测，在签订租赁协议时，应当出具检测合格证明。禁止出租检测不合格的机械设备和施工机具及配件。

第十七条　在施工现场安装、拆卸施工起重机械和整体提升脚手架、模板等自升式架设设施，必须由具有相应资质的单位承担。

安装、拆卸施工起重机械和整体提升脚手架、模板等自升式架设设施，应当编制拆装方案、制定安全施工措施，并由专业技术人员现场监督。施工起重机械和整体提升脚手架、模板等自升式架设设施安装完毕后，安装单位应当自检，出具自检合格证明，并向施工单位进行安全使用说明，办理验收手续并签字。

第十八条　施工起重机械和整体提升脚手架、模板等自升式架设设施的使用达到国家规定的检验检测期限的，必须经具有专业资质的检验检测机构检测。经检测不合格的，不得继续使用。

第十九条　检验检测机构对检测合格的施工起重机械和整体提升脚手架、模板等自升式架设设施，应当出具安全合格证明文件，并对检测结果负责。

第四章　施工单位的安全责任

第二十条　施工单位从事建设工程的新建、扩建、改建和拆除等活动，应当具备国家规定的注册资本、专业技术人员、技术装备和安全生产等条件，依法取得相应等级的资质证书，并在其资质等级许可的范围内承揽工程。

第二十一条　施工单位主要负责人依法对本单位的安全生产工作全面负责。施工单位应当建立健全安全生产责任制度和安全生产教育培训制度，制定安全生产规章制度和操作规程，保证本单位安全生产条件所需资金的投入，对所承担的建设工程进行定期和专项安全检查，并做好安全检查记录。

施工单位的项目负责人应当由取得相应执业资格的人员担任，对建设工程项目的安全施工负责，落实安全生产责任制度、安全生产规章制度和操作规程，确保安全生产费用的有效使用，并根据工程的特点组织制定安全施工措施，消除安全事故隐患，及时、如实报告生产安全事故。

第二十二条　施工单位对列入建设工程概算的安全作业环境及安全施工措施所需费用，应当用于施工安全防护用具及设施的采购和更新、安全施工措施的落实、安全生产条件的改善，不得挪作他用。

第二十三条　施工单位应当设立安全生产管理机构，配备专职安全生产管理人员。

专职安全生产管理人员负责对安全生产进行现场监督检查。发现安全事故隐患，应当及时向项目负责人和安全生产管理机构报告；对违章指挥、违章操作的，应当立即制止。

专职安全生产管理人员的配备办法由国务院建设行政主管部门会同国务院其他有关部门制定。

第二十四条　建设工程实行施工总承包的，由总承包单位对施工现场的安全生产负总责。

总承包单位应当自行完成建设工程主体结构的施工。总承包单位依法将建设工程分包给其他单位的，分包合同中应当明确各自的安全生产方面的权利、义务。总承包单位和分包单位对分包工程的安全生产承担连带责任。分包单位应当服从总承包单位的安全生产管理，分包单位不服从管理导致生产安全事故的，由分包单位承担主要责任。

第二十五条　垂直运输机械作业人员、安装拆卸工、爆破作业人员、起重信号工、登高架设作业人员等特种作业人员，必须按照国家有关规定经过专门的安全作业培训，并取得特种作业操作资格证书后，方可上岗作业。

第二十六条　施工单位应当在施工组织设计中编制安全技术措施和施工现场临时用电方案，对下列达到一定规模的危险性较大的分部分项工程编制专项施工方案，并附具安全验算结果，经施工单位技术负责人、总监理工程师签字后实施，由专职安全生产管理人员进行现场监督：

（一）基坑支护与降水工程；（二）土方开挖工程；（三）模板工程；（四）起重吊装工程；（五）脚手架工程；（六）拆除、爆破工程；（七）国务院建设行政主管部门或者其他有关部门规定的其他危险性较大的工程。

对前款所列工程中涉及深基坑、地下暗挖工程、高大模板工程的专项施工方案，施工单位还应当组织专家进行论证、审查。

本条第一款规定的达到一定规模的危险性较大工程的标准，由国务院建设行政主管部门会同国务院其他有关部门制定。

第二十七条　建设工程施工前，施工单位负责项目管理的技术人员应当对有关安全施工的技术要求向施工作业班组、作业人员作出详细说明，并由双方签字确认。

第二十八条　施工单位应当在施工现场入口处、施工起重机械、临时用电设施、脚手架、出入通道口、楼梯口、电梯井口、孔洞口、桥梁口、隧道口、基坑边沿、爆破物及有害危险气体和液体存放处等危险部位，设置明显的安全警示标志。安全警示标志必须符合国家标准。施工单位应当根据不同施工阶段和周围环境及季节、气候的变化，在施工现场采取相应的安全施工措施。施工现场暂时停止施工的，施工单位应当做好现场防护，所需费用由责任方承担，或者按照合同约定执行。

第二十九条　施工单位应当将施工现场的办公、生活区与作业区分开设置，并保持安全距离；办公、生活区的选址应当符合安全性要求。职工的膳食、饮水、休息场所等应当符合卫生标准。施工单位不得在尚未竣工的建筑物内设置员工集体宿舍。

施工现场临时搭建的建筑物应当符合安全使用要求。施工现场使用的装配式活动房屋应当具有产品合格证。

第三十条　施工单位对因建设工程施工可能造成损害的毗邻建筑物、构筑物和地下管线等，应当采取专项防护措施。施工单位应当遵守有关环境保护法律、法规的规定，在施工现场采取措施，防止或者减少粉尘、废气、废水、固体废物、噪声、振动和施工照明对人和环境的危害和污染。在城市市区内的建设工程，施工单位应当对施工现场实行封闭围挡。

第三十一条　施工单位应当在施工现场建立消防安全责任制度，确定消防安全责任人，制定用火、用电、使用易燃易爆材料等各项消防安全管理制度和操作规程，设置消防通道、消防水源，配备消防设施和灭火器材，并在施工现场入口处设置明显标志。

第三十二条　施工单位应当向作业人员提供安全防护用具和安全防护服装，并书面告知危险岗位的操作规程和违章操作的危害。作业人员有权对施工现场的作业条件、作业程序和作业方式中存在的安全问题提出批评、检举和控告，有权拒绝违章指挥和强令冒险作业。在施工中发生危及人身安全的紧急情况时，作业人员有权立即停止作业或者在采取必要的应急措施后撤离危险区域。

第三十三条　作业人员应当遵守安全施工的强制性标准、规章制度和操作规程，正确使用安全防护用具、机械设备等。

第三十四条　施工单位采购、租赁的安全防护用具、机械设备、施工机具及配件，应当具有生产（制造）许可证、产品合格证，并在进入施工现场前进行查验。施工现场的安全防护用具、机械设备、施工机具及配件必须由专人管理，定期进行检查、维修和保养，建立相应的资料档案，并按照国家有关规定及时报废。

第三十五条　施工单位在使用施工起重机械和整体提升脚手架、模板等自升式架设设施前，应当组织有关单位进行验收，也可以委托具有相应资质的检验检测机构进行验收；使用承租的机械设备和施工机具及配件的，由施工总承包单位、分包单位、出租单位和安装单位共同进行验收。验收合格的方可使用。《特种设备安全监察条例》规定的施工起重机械，在验收前应当经有相应资质的检验检测机构监督检验合格。施工单位应当自施工起重机械和整体提升脚手架、模板等自升式架设设施验收合格之日起30日内，向建设行政主管部门或者其他有关部门登记。登记标志应当置于或者附着于该设备的显著位置。

第三十六条　施工单位的主要负责人、项目负责人、专职安全生产管理人员应当经建设行政主管部门或者其他有关部门考核合格后方可任职。施工单位应当对管理人员和作业人员每年至少进行一次安全生产教育培训，其教育培训情况记入个人工作档案。安全生产教育培训考核不合格的人员，不得上岗。

第三十七条　作业人员进入新的岗位或者新的施工现场前，应当接受安全生产教育培训。未经教育培训或者教育培训考核不合格的人员，不得上岗作业。施工单位在采用新技术、新工艺、新设备、新材料时，应当对作业人员进行相应的安全生产教育培训。

第三十八条　施工单位应当为施工现场从事危险作业的人员办理意外伤害保险。意外伤害保险费由施工单位支付。实行施工总承包的，由总承包单位支付意外伤害保险费。意外伤害保险期限自建设工程开工之日起至竣工验收合格止。

第五章　监督管理

第三十九条　国务院负责安全生产监督管理的部门依照《中华人民共和国安全生产法》的规定，对全国建设工程安全生产工作实施综合监督管理。县级以上地方人民政府负责安全生产监督管理的部门依照《中华人民共和国安全生产法》的规定，对本行政区域内建设工程安全生产工作实施综合监督管理。

第四十条　国务院建设行政主管部门对全国的建设工程安全生产实施监督管理。国务院铁路、交通、水利等有关部门按照国务院规定的职责分工，负责有关专业建设工程安全生产的监督管理。县级以上地方人民政府建设行政主管部门对本行政区域内的建设工程安全生产实施监督管理。县级以上地方人民政府交通、水利等有关部门在各自的职责范围内，负责本行政区域内的专业建设工程安全生产的监督管理。

第四十一条　建设行政主管部门和其他有关部门应当将本条例第十条、第十一条规定的有关资料的主要内容抄送同级负责安全生产监督管理的部门。

第四十二条　建设行政主管部门在审核发放施工许可证时，应当对建设工程是否有安全施工措施进行审查，对没有安全施工措施的，不得颁发施工许可证。建设行政主管部门或者其他有关部门对建设工程是否有安全施工措施进行审查时，不得收取费用。

第四十三条　县级以上人民政府负有建设工程安全生产监督管理职责的部门在各自的职责范围内履行安全监督检查职责时，有权采取下列措施：

（一）要求被检查单位提供有关建设工程安全生产的文件和资料；

（二）进入被检查单位施工现场进行检查；

（三）纠正施工中违反安全生产要求的行为；

（四）对检查中发现的安全事故隐患，责令立即排除；重大安全事故隐患排除前或者排除过程中无法保证安全的，责令从危险区域内撤出作业人员或者暂时停止施工。

第四十四条　建设行政主管部门或者其他有关部门可以将施工现场的监督检查委托给建设工程安全监督机构具体实施。

第四十五条　国家对严重危及施工安全的工艺、设备、材料实行淘汰制度。具体目录由国务院建设行政主管部门会同国务院其他有关部门制定并公布。

第四十六条　县级以上人民政府建设行政主管部门和其他有关部门应当及时受理对建设工程生产安全事故及安全事故隐患的检举、控告和投诉。

第六章　生产安全事故的应急救援和调查处理

第四十七条　县级以上地方人民政府建设行政主管部门应当根据本级人民政府的要求，制定本行政区域内建设工程特大生产安全事故应急救援预案。

第四十八条　施工单位应当制定本单位生产安全事故应急救援预案，建立应急救援组织或者配备应急救援人员，配备必要的应急救援器材、设备，并定期组织演练。

第四十九条　施工单位应当根据建设工程施工的特点、范围，对施工现场易发生重大事故的部位、环节进行监控，制定施工现场生产安全事故应急救援预案。实行施工总承包的，由总承包单位统一组织编制建设工程生产安全事故应急救援预案，工程总承包单位和分包单位按照应急救援预案，各自建立应急救援组织或者配备应急救援人员，配备救援器材、设备，并定期组织演练。

第五十条　施工单位发生生产安全事故，应当按照国家有关伤亡事故报告和调查处理的规定，及时、如实地向负责安全生产监督管理的部门、建设行政主管部门或者其他有关部门报告；特种设备发生事故的，还应当同时向特种设备安全监督管理部门报告。接到报告的部门应当按照国家有关规定，如实上报。实行施工总承包的建设工程，由总承包单位负责上报事故。

第五十一条　发生生产安全事故后，施工单位应当采取措施防止事故扩大，保护事故现场。需要移动现场物品时，应当做出标记和书面记录，妥善保管有关证物。

第五十二条　建设工程生产安全事故的调查、对事故责任单位和责任人的处罚与处理，按照有关法律、法规的规定执行。

第五十四条　违反本条例的规定，建设单位未提供建设工程安全生产作业环境及安全施工措施所需费用的，责令限期改正；逾期未改正的，责令该建设工程停止施工。建设单位未将保证安全施工的措施或者拆除工程的有关资料报送有关部门备案的，责令限期改正，给予警告。

第五十五条　违反本条例的规定，建设单位有下列行为之一的，责令限期改正，处20万元以上50万元以下的罚款；造成重大安全事故，构成犯罪的，对直接责任人员，依照刑法有关规定追究刑事责任；造成损失的，依法承担赔偿责任：

（一）对勘察、设计、施工、工程监理等单位提出不符合安全生产法律、法规和强制性标准规定的要求的；

（二）要求施工单位压缩合同约定的工期的；

（三）将拆除工程发包给不具有相应资质等级的施工单位的。

第五十六条　违反本条例的规定，勘察单位、设计单位有下列行为之一的，责令限期改正，处10万元以上30万元以下的罚款；情节严重的，责令停业整顿，降低资质等级，直至吊销资质证书；造成重大安全事故，构成犯罪的，对直接责任人员，依照刑法有关规定追究刑事责任；造成损失的，依法承担赔偿责任：

（一）未按照法律、法规和工程建设强制性标准进行勘察、设计的；

（二）采用新结构、新材料、新工艺的建设工程和特殊结构的建设工程，设计单位未在设计中提出保障施工作业人员安全和预防生产安全事故的措施建议的。

第五十七条　违反本条例的规定，工程监理单位有下列行为之一的，责令限期改正；逾期未改正的，责令停业整顿，并处10万元以上30万元以下的罚款；情节严重的，降低资质等级，直至吊销资质证书；造成重大安全事故，构成犯罪的，对直接责任人员，依照刑法有关规定追究刑事责任；造成损失的，依法承担赔偿责任：

（一）未对施工组织设计中的安全技术措施或者专项施工方案进行审查的；

（二）发现安全事故隐患未及时要求施工单位整改或者暂时停止施工的；

（三）施工单位拒不整改或者不停止施工，未及时向有关主管部门报告的；

（四）未依照法律、法规和工程建设强制性标准实施监理的。

第五十八条　注册执业人员未执行法律、法规和工程建设强制性标准的，责令停止执业3个月以上1年以下；情节严重的，吊销执业资格证书，5年内不予注册；造成重大安全事故的，终身不予注册；构成犯罪的，依照刑法有关规定追究刑事责任。

第五十九条　违反本条例的规定，为建设工程提供机械设备和配件的单位，未按照安全施工的要求配备齐全有效的保险、限位等安全设施和装置的，责令限期改正，处合同价款1倍以上3倍以下的罚款；造成损失的，依法承担赔偿责任。

第六十条　违反本条例的规定，出租单位出租未经安全性能检测或者经检测不合格的机械设备和施工机具及配件的，责令停业整顿，并处5万元以上10万元以下的罚款；造成损失的，依法承担赔偿责任。

第六十一条　违反本条例的规定，施工起重机械和整体提升脚手架、模板等自升式架设设施安装、拆卸单位有下列行为之一的，责令限期改正，处5万元以上10万元以下的罚款；情节严重的，责令停业整顿，降低资质等级，直至吊销资质证书；造成损失的，依法承担赔偿责任：

（一）未编制拆装方案、制定安全施工措施的；

（二）未由专业技术人员现场监督的；

（三）未出具自检合格证明或者出具虚假证明的；

（四）未向施工单位进行安全使用说明，办理移交手续的。

施工起重机械和整体提升脚手架、模板等自升式架设设施安装、拆卸单位有前款规定的第（一）项、第（三）项行为，经有关部门或者单位职工提出后，对事故隐患仍不采取措施，因而发生重大伤亡事故或者造成其他严重后果，构成犯罪的，对直接责任人员，依照刑法有关规定追究刑事责任。

第六十二条　违反本条例的规定，施工单位有下列行为之一的，责令限期改正；逾期未改正的，责令停业整顿，依照《中华人民共和国安全生产法》的有关规定处以罚款；造成重大安全事故，构成犯罪的，对直接责任人员，依照刑法有关规定追究刑事责任：

（一）未设立安全生产管理机构、配备专职安全生产管理人员或者分部分项工程施工时无专职安全生产管理人员现场监督的；

（二）施工单位的主要负责人、项目负责人、专职安全生产管理人员、作业人员或者特种作业人员，未经安全教育培训或者经考核不合格即从事相关工作的；

（三）未在施工现场的危险部位设置明显的安全警示标志，或者未按照国家有关规定在施工现场设置消防通道、消防水源、配备消防设施和灭火器材的；

（四）未向作业人员提供安全防护用具和安全防护服装的；

（五）未按照规定在施工起重机械和整体提升脚手架、模板等自升式架设设施验收合格后登记的；

（六）使用国家明令淘汰、禁止使用的危及施工安全的工艺、设备、材料的。

第六十三条　违反本条例的规定，施工单位挪用列入建设工程概算的安全生产作业环境及安全施工措施所需费用的，责令限期改正，处挪用费用20%以上50%以下的罚款；造成损失的，依法承担赔偿责任。

第六十四条　违反本条例的规定，施工单位有下列行为之一的，责令限期改正；逾期未改正的，责令停业整顿，并处5万元以上10万元以下的罚款；造成重大安全事故，构成犯罪的，对直接责任人员，依照刑法有关规定追究刑事责任：

（一）施工前未对有关安全施工的技术要求作出详细说明的；

（二）未根据不同施工阶段和周围环境及季节、气候的变化，在施工现场采取相应的安全施工措施，或者在城市市区内的建设工程的施工现场未实行封闭围挡的；

（三）在尚未竣工的建筑物内设置员工集体宿舍的；

（四）施工现场临时搭建的建筑物不符合安全使用要求的；

（五）未对因建设工程施工可能造成损害的毗邻建筑物、构筑物和地下管线等采取专项防护措施的。

施工单位有前款规定第（四）项、第（五）项行为，造成损失的，依法承担赔偿责任。

第六十五条　违反本条例的规定，施工单位有下列行为之一的，责令限期改正；逾期未改正的，责令停业整顿，并处10万元以上30万元以下的罚款；情节严重的，降低资质等级，直至吊销资质证书；造成重大安全事故，构成犯罪的，对直接责任人员，依照刑法有关规定追究刑事责任；造成损失的，依法承担赔偿责任：

（一）安全防护用具、机械设备、施工机具及配件在进入施工现场前未经查验或者查验不合格即投入使用的；

（二）使用未经验收或者验收不合格的施工起重机械和整体提升脚手架、模板等自升式架设设施的；

（三）委托不具有相应资质的单位承担施工现场安装、拆卸施工起重机械和整体提升脚手架、模板等自升式架设设施的；

（四）在施工组织设计中未编制安全技术措施、施工现场临时用电方案或者专项施工方案的。

第六十六条　违反本条例的规定，施工单位的主要负责人、项目负责人未履行安全生产管理职责的，责令限期改正；逾期未改正的，责令施工单位停业整顿；造成重大安全事故、重大伤亡事故或者其他严重后果，构成犯罪的，依照刑法有关规定追究刑事责任。作业人员不服管理、违反规章制度和操作规程冒险作业造成重大伤亡事故或者其他严重后果，构成犯罪的，依照刑法有关规定追究刑事责任。施工单位的主要负责人、项目负责人有前款违法行为，尚不够刑事处罚的，处2万元以上20万元以下的罚款或者按照管理权限给予撤职处分；自刑罚执行完毕或者受处分之日起，5年内不得担任任何施工单位的主要负责人、项目负责人。

第六十七条　施工单位取得资质证书后，降低安全生产条件的，责令限期改正；经整改仍未达到与其资质等级相适应的安全生产条件的，责令停业整顿，降低其资质等级直至吊销资质证书。

第六十八条　本条例规定的行政处罚，由建设行政主管部门或者其他有关部门依照法定职权决定。违反消防安全管理规定的行为，由公安消防机构依法处罚。有关法律、行政法规对建设工程安全生产违法行为的行政处罚决定机关另有规定的，从其规定。

2.2.5　《安全生产许可证条例》相关规定

《安全生产许可证条例》已经2004年1月7日国务院第34次常务会议通过。

第六条　企业取得安全生产许可证，应当具备下列安全生产条件：

（一）建立、健全安全生产责任制，制定完备的安全生产规章制度和操作规程；

（二）安全投入符合安全生产要求；

（三）设置安全生产管理机构，配备专职安全生产管理人员；

（四）主要负责人和安全生产管理人员经考核合格；

（五）特种作业人员经有关业务主管部门考核合格，取得特种作业操作资格证书；

（六）从业人员经安全生产教育和培训合格；

（七）依法参加工伤保险，为从业人员缴纳保险费；

（八）厂房、作业场所和安全设施、设备、工艺符合有关安全生产法律、法规、标准和规程的要求；

（九）有职业危害防治措施，并为从业人员配备符合国家标准或者行业标准的劳动防护用品；

（十）依法进行安全评价；

（十一）有重大危险源检测、评估、监控措施和应急预案；

（十二）有生产安全事故应急救援预案、应急救援组织或者应急救援人员，配备必要的应急救援器材、设备；

（十三）法律、法规规定的其他条件。

第七条　企业进行生产前，应当依照本条例的规定向安全生产许可证颁发管理机关申请领取安全生产许可证，并提供本条例第六条规定的相关文件、资料。安全生产许可证颁发管理机关应当自收到申请之日起45日内审查完毕，经审查符合本条例规定的安全生产条件的，颁发安全生产许可证；不符合本条例规定的安全生产条件的，不予颁发安全生产许可证，书面通知企业并说明理由。煤矿企业应当以矿（井）为单位，在申请领取煤炭生产许可证前，依照本条例的规定取得安全生产许可证。

第八条　安全生产许可证由国务院安全生产监督管理部门规定统一的式样。

第九条　安全生产许可证的有效期为3年。安全生产许可证有效期满需要延期的，企业应当于期满前3个月向原安全生产许可证颁发管理机关办理延期手续。企业在安全生产许可证有效期内，严格遵守有关安全生产的法律法规，未发生死亡事故的，安全生产许可证有效期届满时，经原安全生产许可证颁发管理机关同意，不再审查，安全生产许可证有效期延期3年。

第十条　安全生产许可证颁发管理机关应当建立、健全安全生产许可证档案管理制度，并定期向社会公布企业取得安全生产许可证的情况。

第十一条　煤矿企业安全生产许可证颁发管理机关、建筑施工企业安全生产许可证颁发管理机关、民用爆破器材生产企业安全生产许可证颁发管理机关，应当每年向同级安全生产监督管理部门通报其安全生产许可证颁发和管理情况。

第十二条　国务院安全生产监督管理部门和省、自治区、直辖市人民政府安全生产监督管理部门对建筑施工企业、民用爆破器材生产企业、煤矿企业取得安全生产许可证的情况进行监督。

第十三条　企业不得转让、冒用安全生产许可证或者使用伪造的安全生产许可证。

第十四条　企业取得安全生产许可证后，不得降低安全生产条件，并应当加强日常安全生产管理，接受安全生产许可证颁发管理机关的监督检查。安全生产许可证颁发管理机关应当加强对取得安全生产许可证的企业的监督检查，发现其不再具备本条例规定的安全生产条件的，应当暂扣或者吊销安全生产许可证。

第十五条　安全生产许可证颁发管理机关工作人员在安全生产许可证颁发、管理和监督检查工作中，不得索取或者接受企业的财物，不得谋取其他利益。

2.2.6　国务院关于特大安全事故行政责任追究的规定

2001年4月21日中华人民共和国国务院令第302号公布，自公布之日起施行。

第一条　为了有效地防范特大安全事故的发生，严肃追究特大安全事故的行政责任，保障人民群众生命、财产安全，制定本规定。

第二条　地方人民政府主要领导人和政府有关部门正职负责人对下列特大安全事故的防范、发生，依照法律、行政法规和本规定的规定有失职、渎职情形或者负有领导责任的，依照本规定给予行政处分；构成玩忽职守罪或者其他罪的，依法追究刑事责任：

（一）特大火灾事故；

（二）特大交通安全事故；

（三）特大建筑质量安全事故；

（四）民用爆炸物品和化学危险品特大安全事故；

（五）煤矿和其他矿山特大安全事故；

（六）锅炉、压力容器、压力管道和特种设备特大安全事故；

（七）其他特大安全事故。

地方人民政府和政府有关部门对特大安全事故的防范、发生直接负责的主管人员和其他直接责任人员，比照本规定给予行政处分；构成玩忽职守罪或者其他罪的，依法追究刑事责任。

特大安全事故肇事单位和个人的刑事处罚、行政处罚和民事责任，依照有关法律、法规和规章的规定执行。

第三条　特大安全事故的具体标准，按照国家有关规定执行。

第四条　地方各级人民政府及政府有关部门应当依照有关法律、法规和规章的规定，采取行政措施，对本地区实施安全监督管理，保障本地区人民群众生命、财产安全，对本地区或者职责范围内防范特大安全事故的发生、特大安全事故发生后的迅速和妥善处理负责。

第五条　地方各级人民政府应当每个季度至少召开一次防范特大安全事故工作会议，由政府主要领导人或者政府主要领导人委托政府分管领导人召集有关部门正职负责人参加，分析、布置、督促、检查本地区防范特大安全事故的工作。会议应当作出决定并形成纪要，会议确定的各项防范措施必须严格实施。

第六条　市（地、州）、县（市、区）人民政府应当组织有关部门按照职责分工对本地区容易发生特大安全事故的单位、设施和场所安全事故的防范明确责任、采取措施，并组织有关部门对上述单位、设施和场所进行严格检查。

第七条　市（地、州）、县（市、区）人民政府必须制定本地区特大安全事故应急处理预案。本地区特大安全事故应急处理预案经政府主要领导人签署后，报上一级人民政府备案。

第八条　市（地、州）、县（市、区）人民政府应当组织有关部门对本规定第二条所列各类特大安全事故的隐患进行查处；发现特大安全事故隐患的，责令立即排除；特大安全事故隐患排除前或者排除过程中，无法保证安全的，责令暂时停产、停业或者停止使用。法律、行政法规对查处机关另有规定的，依照其规定。

第九条　市（地、州）、县（市、区）人民政府及其有关部门对本地区存在的特大安全事故隐患，超出其管辖或者职责范围的，应当立即向有管辖权或者负有职责的上级人民政府或者政府有关部门报告；情况紧急的，可以立即采取包括责令暂时停产、停业在内的紧急措施，同时报告；有关上级人民政府或者政府有关部门接到报告后，应当立即组织查处。

第十条　中小学校对学生进行劳动技能教育以及组织学生参加公益劳动等社会实践活动，必须确保学生安全。严禁以任何形式、名义组织学生从事接触易燃、易爆、有毒、有害等危险品的劳动或者其他危险性劳动。严禁将学校场地出租作为从事易燃、易爆、有毒、有害等危险品的生产、经营场所。

中小学校违反前款规定的，按照学校隶属关系，对县（市、区）、乡（镇）人民政府主要领导人和县（市、区）人民政府教育行政部门正职负责人，根据情节轻重，给予记过、降级直至撤职的行政处分；构成玩忽职守罪或者其他罪的，依法追究刑事责任。

中小学校违反本条第一款规定的，对校长给予撤职的行政处分，对直接组织者给予开除公职的行政处分；构成非法制造爆炸物罪或者其他罪的，依法追究刑事责任。

第十一条　依法对涉及安全生产事项负责行政审批（包括批准、核准、许可、注册、认证、颁发证照、竣工验收等，下同）的政府部门或者机构，必须严格依照法律、法规和规章规定的安全条件和程序进行审查；不符合法律、法规和规章规定的安全条件的，不得批准；不符合法律、法规和规章规定的安全条件，弄虚作假，骗取批准或者勾结串通行政审批工作人员取得批准的，负责行政审批的政府部门或者机构除必须立即撤销原批准外，应当对弄虚作假骗取批准或者勾结串通行政审批工作人员的当事人依法给予行政处罚；构成行贿罪或者其他罪的，依法追究刑事责任。

负责行政审批的政府部门或者机构违反前款规定，对不符合法律、法规和规章规定的安全条件予以批准的，对部门或者机构的正职负责人，根据情节轻重，给予降级、撤职直至开除公职的行政处分；与当事人勾结串通的，应当开除公职；构成受贿罪、玩忽职守罪或者其他罪的，依法追究刑事责任。

第十二条　对依照本规定第十一条第一款的规定取得批准的单位和个人，负责行政审批的政府部门或者机构必须对其实施严格监督检查；发现其不再具备安全条件的，必须立即撤销原批准。

负责行政审批的政府部门或者机构违反前款规定，不对取得批准的单位和个人实施严格监督检查，或者发现其不再具备安全条件而不立即撤销原批准的，对部门或者机构的正职负责人，根据情节轻重，给予降级或者撤职的行政处分；构成受贿罪、玩忽职守罪或者其他罪的，依法追究刑事责任。

第十三条　对未依法取得批准，擅自从事有关活动的，负责行政审批的政府部门或者机构发现或者接到举报后，应当立即予以查封、取缔，并依法给予行政处罚；属于经营单位的，由工商行政管理部门依法相应吊销营业执照。

负责行政审批的政府部门或者机构违反前款规定，对发现或者举报的未依法取得批准而擅自从事有关活动的，不予查封、取缔、不依法给予行政处罚，工商行政管理部门不予吊销营业执照的，对部门或者机构的正职负责人，根据情节轻重，给予降级或者撤职的行政处分；构成受贿罪、玩忽职守罪或者其他罪的，依法追究刑事责任。

第十四条　市（地、州）、县（市、区）人民政府依照本规定应当履行职责而未履行，或者未按照规定的职责和程序履行，本地区发生特大安全事故的，对政府主要领导人，根据情节轻重，给予降级或者撤职的行政处分；构成玩忽职守罪的，依法追究刑事责任。

负责行政审批的政府部门或者机构、负责安全监督管理的政府有关部门，未依照本规定履行职责，发生特大安全事故的，对部门或者机构的正职负责人，根据情节轻重，给予撤职或者开除公职的行政处分；构成玩忽职守罪或者其他罪的，依法追究刑事责任。

第十五条　发生特大安全事故，社会影响特别恶劣或者性质特别严重的，由国务院对负有领导责任的省长、自治区主席、直辖市市长和国务院有关部门正职负责人给予行政处分。

第十六条　特大安全事故发生后，有关县（市、区）、市（地、州）和省、自治区、直辖市人民政府及政府有关部门应当按照国家规定的程序和时限立即上报，不得隐瞒不报、谎报或者拖延报告，并应当配合、协助事故调查，不得以任何方式阻碍、干涉事故调查。

特大安全事故发生后，有关地方人民政府及政府有关部门违反前款规定的，对政府主要领导人和政府部门正职负责人给予降级的行政处分。

第十七条　特大安全事故发生后，有关地方人民政府应当迅速组织救助，有关部门应当服从指挥、调度，参加或者配合救助，将事故损失降到最低限度。

第十八条　特大安全事故发生后，省、自治区、直辖市人民政府应当按照国家有关规定迅速、如实发布事故消息。

第十九条　特大安全事故发生后，按照国家有关规定组织调查组对事故进行调查。事故调查工作应当自事故发生之日起60日内完成，并由调查组提出调查报告；遇有特殊情况的，经调查组提出并报国家安全生产监督管理机构批准后，可以适当延长时间。调查报告应当包括依照本规定对有关责任人员追究行政责任或者其他法律责任的意见。

省、自治区、直辖市人民政府应当自调查报告提交之日起30日内，对有关责任人员作出处理决定；必要时，国务院可以对特大安全事故的有关责任人员作出处理决定。

第二十条　地方人民政府或者政府部门阻挠、干涉对特大安全事故有关责任人员追究行政责任的，对该地方人民政府主要领导人或者政府部门正职负责人，根据情节轻重，给予降级或者撤职的行政处分。

第二十一条　任何单位和个人均有权向有关地方人民政府或者政府部门报告特大安全事故隐患，有权向上级人民政府或者政府部门举报地方人民政府或者政府部门不履行安全监督管理职责或者不按照规定履行职责的情况。接到报告或者举报的有关人民政府或者政府部门，应当立即组织对事故隐患进行查处，或者对举报的不履行、不按照规定履行安全监督管理职责的情况进行调查处理。

第二十二条　监察机关依照行政监察法的规定，对地方各级人民政府和政府部门及其工作人员履行安全监督管理职责实施监察。

第二十三条　对特大安全事故以外的其他安全事故的防范、发生追究行政责任的办法，由省、自治区、直辖市人民政府参照本规定制定。

2.2.7　《建设工程施工现场管理规定》相关规定

（中华人民共和国建设部令第15号）

第二十一条　施工现场必须设置明显的标牌，标明工程项目名称、建设单位、设计单位、施工单位、项目经理和施工现场总代表人的姓名、开、竣工日期、施工许可证批准文号等。施工单位负责施工现场标牌的保护工作。施工现场的主要管理人员在施工现场应当佩戴证明其身份的证卡。

第二十二条　施工现场的用电线路、用电设施的安装和使用必须符合安装规范和安全操作规程，并按照施工组织设计进行架设，严禁任意拉线接电。施工现场必须设有保证施工安全要求的夜间照明；危险潮湿场所的照明以及手持照明灯具，必须采用符合安全要求的电压。

第二十三条　施工机械应当按照施工总平面布置图规定的位置和线路设置，不得任意侵占场内道路。施工机械进场必须经过安全检查，经检查合格的方能使用。施工机械操作人员必须建立机组责任制，并依照有关规定持证上岗，禁止无证人员操作。

第二十五条　施工单位必须执行国家有关安全生产和劳动保护的法规，建立安全生产责任制，加强规范化管理，进行安全交底、安全教育和安全宣传，严格执行安全技术方案。施工现场的各种安全设施和劳动保护器具，必须定期进行检查和维护，及时消除隐患，保证其安全有效。

第二十六条　施工现场应当设置各类必要的职工生活设施，并符合卫生、通风、照明等要求。职工的膳食、饮水供应等应当符合卫生要求。

第二十七条　建设单位或者施工单位应当做好施工现场安全保卫工作，采取必要的防盗措施，在现场周边设立围护设施。施工现场在市区的，周围应当设置遮挡围栏，临街的脚手架也应当设置相应的围护设施。非施工人员不得擅自进入施工现场。

第二十九条　施工单位应当严格依照《中华人民共和国消防条例》的规定，在施工现场建立和执行防火管理制度，设置符合消防要求的消防设施，并保持完好的备用状态。在容易发生火灾的地区施工或者储存、使用易燃易爆器材时，施工单位应当采取特殊的消防安全措施。

2.2.8　《危险性较大工程安全专项施工方案编制及专家论证审查办法》相关规定

（建质［2004］213号）

第一条　为加强建设工程项目的安全技术管理，防止建筑施工安全事故，保障人身和财产安全，依据《建设工程安全生产管理条例》，制定本办法。

第二条　本办法适用于土木工程、建筑工程、线路管道和设备安装工程及装修工程的新建、改建、扩建和拆除等活动。

第三条　危险性较大工程是指依据《建设工程安全生产管理条例》第二十六条所指的七项分部分项工程，并应当在施工前单独编制安全专项施工方案。

（一）基坑支护与降水工程

基坑支护工程是指开挖深度超过5m（含5m）的基坑（槽）并采用支护结构施工的工程；或基坑虽未超过5m，但地质条件和周围环境复杂、地下水位在坑底以上等工程。

（二）土方开挖工程

土方开挖工程是指开挖深度超过5m（含5m）的基坑、槽的土方开挖。

（三）模板工程

各类工具式模板工程，包括滑模、爬模、大模板等；水平混凝土构件模板支撑系统及特殊结构模板工程。

（四）起重吊装工程

（五）脚手架工程

1. 高度超过24m的落地式钢管脚手架；
2. 附着式升降脚手架，包括整体提升与分片式提升；
3. 悬挑式脚手架；
4. 门式脚手架；
5. 挂脚手架；
6. 吊篮脚手架；
7. 卸料平台。

（六）拆除、爆破工程

采用人工、机械拆除或爆破拆除的工程。

（七）其他危险性较大的工程

1. 建筑幕墙的安装施工；
2. 预应力结构张拉施工；
3. 隧道工程施工；
4. 桥梁工程施工（含架桥）；
5. 特种设备施工；
6. 网架和索膜结构施工；
7. 6m以上的边坡施工；
8. 大江、大河的导流、截流施工；
9. 港口工程、航道工程；
10. 采用新技术、新工艺、新材料，可能影响建设工程质量安全，已经行政许可，尚无技术标准的施工。

第四条　安全专项施工方案编制审核

建筑施工企业专业工程技术人员编制的安全专项施工方案，由施工企业技术部门的专业技术人员及监理单位专业监理工程师进行审核，审核合格，由施工企业技术负责人、监理单位总监理工程师签字。

第五条　建筑施工企业应当组织专家组进行论证审查的工程

（一）深基坑工程

开挖深度超过5m（含5m）或地下室三层以上（含三层），或深度虽未超过5m（含5m），但地质条件和周围环境及地下管线极其复杂的工程。

（二）地下暗挖工程

地下暗挖及遇有溶洞、暗河、瓦斯、岩爆、涌泥、断层等地质复杂的隧道工程。

（三）高大模板工程

水平混凝土构件模板支撑系统高度超过 8m，或跨度超过 18m，施工总荷载大于 $10kN/m^2$，或集中线荷载大于 15kN/m 的模板支撑系统。

（四）30m 及以上高空作业的工程

（五）大江、大河中深水作业的工程

（六）城市房屋拆除爆破和其他土石大爆破工程

第六条　专家论证审查

（一）建筑施工企业应当组织不少于 5 人的专家组，对已编制的安全专项施工方案进行论证审查。

（二）安全专项施工方案专家组必须提出书面论证审查报告，施工企业应根据论证审查报告进行完善，施工企业技术负责人、总监理工程师签字后，方可实施。

（三）专家组书面论证审查报告应作为安全专项施工方案的附件，在实施过程中，施工企业应严格按照安全专项方案组织施工。

第七条　国务院铁路、交通、水利等有关部门和各地可依照本办法制定实施细则。

第八条　本办法由建设部负责解释。

2.2.9　《建筑施工特种作业人员管理规定》相关规定

（建质［2008］75 号）

第一章　总则

第一条　为加强对建筑施工特种作业人员的管理，防止和减少生产安全事故，根据《安全生产许可证条例》、《建筑起重机械安全监督管理规定》等法规规章，制定本规定。

第二条　建筑施工特种作业人员的考核、发证、从业和监督管理，适用本规定。

本规定所称建筑施工特种作业人员是指在房屋建筑和市政工程施工活动中，从事可能对本人、他人及周围设备设施的安全造成重大危害作业的人员。

第三条　建筑施工特种作业包括：

（一）建筑电工；

（二）建筑架子工；

（三）建筑起重信号司索工；

（四）建筑起重机械司机；

（五）建筑起重机械安装拆卸工；

（六）高处作业吊篮安装拆卸工；

（七）经省级以上人民政府建设主管部门认定的其他特种作业。

第四条　建筑施工特种作业人员必须经建设主管部门考核合格，取得建筑施工特种作业人员操作资格证书（以下简称“资格证书”），方可上岗从事相应作业。

第五条　国务院建设主管部门负责全国建筑施工特种作业人员的监督管理工作。

省、自治区、直辖市人民政府建设主管部门负责本行政区域内建筑施工特种作业人员的监督管理工作。

第二章　考核

第六条　建筑施工特种作业人员的考核发证工作，由省、自治区、直辖市人民政府建设主管部门或其委托的考核发证机构（以下简称“考核发证机关”）负责组织实施。

第七条　考核发证机关应当在办公场所公布建筑施工特种作业人员申请条件、申请程序、工作时限、收费依据和标准等事项。

考核发证机关应当在考核前在机关网站或新闻媒体上公布考核科目、考核地点、考核时间和监督电话等事项。

第八条　申请从事建筑施工特种作业的人员，应当具备下列基本条件：

（一）年满18周岁且符合相关工种规定的年龄要求；

（二）经医院体检合格且无妨碍从事相应特种作业的疾病和生理缺陷；

（三）初中及以上学历；

（四）符合相应特种作业需要的其他条件。

第九条　符合本规定第八条规定的人员应当向本人户籍所在地或者从业所在地考核发证机关提出申请，并提交相关证明材料。

第十条　考核发证机关应当自收到申请人提交的申请材料之日起5个工作日内依法作出受理或者不予受理决定。

对于受理的申请，考核发证机关应当及时向申请人核发准考证。

第十一条　建筑施工特种作业人员的考核内容应当包括安全技术理论和实际操作。

考核大纲由国务院建设主管部门制定。

第十二条　考核发证机关应当自考核结束之日起10个工作日内公布考核成绩。

第十三条　考核发证机关对于考核合格的，应当自考核结果公布之日起10个工作日内颁发资格证书；对于考核不合格的，应当通知申请人并说明理由。

第十四条　资格证书应当采用国务院建设主管部门规定的统一样式，由考核发证机关编号后签发。资格证书在全国通用。

第三章　从业

第十五条　持有资格证书的人员，应当受聘于建筑施工企业或者建筑起重机械出租单位（以下简称用人单位），方可从事相应的特种作业。

第十六条　用人单位对于首次取得资格证书的人员，应当在其正式上岗前安排不少于3个月的实习操作。

第十七条　建筑施工特种作业人员应当严格按照安全技术标准、规范和规程进行作业，正确佩戴和使用安全防护用品，并按规定对作业工具和设备进行维护保养。

建筑施工特种作业人员应当参加年度安全教育培训或者继续教育，每年不得少于24小时。

第十八条　在施工中发生危及人身安全的紧急情况时，建筑施工特种作业人员有权立即停止作业或者撤离危险区域，并向施工现场专职安全生产管理人员和项目负责人报告。

第十九条　用人单位应当履行下列职责：

（一）与持有效资格证书的特种作业人员订立劳动合同；

（二）制定并落实本单位特种作业安全操作规程和有关安全管理制度；

（三）书面告知特种作业人员违章操作的危害；

（四）向特种作业人员提供齐全、合格的安全防护用品和安全的作业条件；

（五）按规定组织特种作业人员参加年度安全教育培训或者继续教育，培训时间不少于24小时；

（六）建立本单位特种作业人员管理档案；

（七）查处特种作业人员违章行为并记录在档；

（八）法律法规及有关规定明确的其他职责。

第二十条　任何单位和个人不得非法涂改、倒卖、出租、出借或者以其他形式转让资格证书。

第二十一条　建筑施工特种作业人员变动工作单位，任何单位和个人不得以任何理由非法扣押其资格证书。

第四章　延期复核

第二十二条　资格证书有效期为两年。有效期满需要延期的，建筑施工特种作业人员应当于期满前3个月内向原考核发证机关申请办理延期复核手续。延期复核合格的，资格证书有效期延期2年。

第二十三条　建筑施工特种作业人员申请延期复核，应当提交下列材料：

（一）身份证（原件和复印件）；

（二）体检合格证明；

（三）年度安全教育培训证明或者继续教育证明；

（四）用人单位出具的特种作业人员管理档案记录；

（五）考核发证机关规定提交的其他资料。

第二十四条　建筑施工特种作业人员在资格证书有效期内，有下列情形之一的，延期复核结果为不合格：

（一）超过相关工种规定年龄要求的；

（二）身体健康状况不再适应相应特种作业岗位的；

（三）对生产安全事故负有责任的；

（四）2年内违章操作记录达3次（含3次）以上的；

（五）未按规定参加年度安全教育培训或者继续教育的；

（六）考核发证机关规定的其他情形。

第二十五条　考核发证机关在收到建筑施工特种作业人员提交的延期复核资料后，应当根据以下情况分别作出处理：

（一）对于属于本规定第二十四条情形之一的，自收到延期复核资料之日起5个工作日内作出不予延期决定，并说明理由；

（二）对于提交资料齐全且无本规定第二十四条情形的，自受理之日起10个工作日内办理准予延期复核手续，并在证书上注明延期复核合格，并加盖延期复核专用章。

第二十六条　考核发证机关应当在资格证书有效期满前按本规定第二十五条作出决定；逾期未作出决定的，视为延期复核合格。

第五章　监督管理

第二十七条　考核发证机关应当制定建筑施工特种作业人员考核发证管理制度，建立本地区建筑施工特种作业人员档案。

县级以上地方人民政府建设主管部门应当监督检查建筑施工特种作业人员从业活动，查处违章作业行为并记录在档。

第二十八条　考核发证机关应当在每年年底向国务院建设主管部门报送建筑施工特种作业人员考核发证和延期复核情况的年度统计信息资料。

第二十九条　有下列情形之一的，考核发证机关应当撤销资格证书：

（一）持证人弄虚作假骗取资格证书或者办理延期复核手续的；

（二）考核发证机关工作人员违法核发资格证书的；

（三）考核发证机关规定应当撤销资格证书的其他情形。

第三十条　有下列情形之一的，考核发证机关应当注销资格证书：

（一）依法不予延期的；

（二）持证人逾期未申请办理延期复核手续的；

（三）持证人死亡或者不具有完全民事行为能力的；

（四）考核发证机关规定应当注销的其他情形。

第六章　附则

第三十一条　省、自治区、直辖市人民政府建设主管部门可结合本地区实际情况制定实施细则，并报国务院建设主管部门备案。

第三十二条　本办法自2008年6月1日起施行。

3 安全管理保证体制

3.1 安全生产管理体系

3.1.1 安全生产管理体系的原则与规范

1993年，国务院《关于加强安全生产工作的通知》中指出，实行“企业负责，行业管理，国家监察，群众监督”的安全生产管理体制，也是市场经济国家的普遍做法，是符合国际惯例的。这一管理体制还将随着我国市场经济的发展，在实践中不断完善。

（1）安全生产管理体系应符合建筑业企业和本工程项目施工生产管理现状及特点，使之符合安全生产法规的要求。

（2）建立安全生产管理体系并形成文件。体系文件应包括安全计划，企业制定的各类安全管理标准，相关的国家、行业、地方法律和法规文件、各类记录、报表和台账。

3.1.2 安全生产管理体系的策划原则与基本内容

1. 安全策划的基本原则

（1）预防性。安全管理策划必须坚持“安全第一，预防为主”的原则，体现安全管理的预防和预控作用，针对施工项目的全过程制定预警机制。

（2）全过程性。安全策划应包括由可行性研究开始到设计施工，直到竣工验收的全过程策划，施工项目安全管理策划要覆盖施工生产的全过程和全部内容，使安全技术措施贯穿至钢结构施工的整个过程，确保系统安全。

（3）科学性。安全策划应能代表最先进的生产力和最先进的管理方法，遵守国家安全生产的规范和法律法规，遵照地方政府安全管理的规定，执行安全技术标准和安全技术规范，科学指导安全生产。

（4）可操作性。安全策划的目标和方案应坚持实事求是的原则，其方案应具有可操作性，安全技术措施具有针对性。

（5）实施的最优化。安全策划应遵循最优化的原则，即在确保安全的前提下，合理安排人力、物力和财力的投入。

2. 安全策划的基本依据

（1）设计策划依据

1）国家、地方政府和主管部门的有关规定。

2）采用的主要技术规范、规程、标准和其他依据。

（2）工程概述

1）本项目设计所承担的任务和范围。

2）工程性质、地理位置及特殊要求。

3）改建、扩建前的职业安全与卫生状况。

4）主要工艺、原料，半成品、成品、设备及主要危害情况。

（3）施工及场地布置

1）根据场地自然条件预测的主要危险因素及防范措施。

2）工程总体布置中的易燃易爆，有毒物品造成的影响及防范措施。

3）临时用电变压器周边环境。

4）对周边居民出行是否影响。

（4）生产过程中危险因素的分析

1）安全防护工作，如高空作业防护和起重吊装机械设备防护。

2）关键特殊工序，如防尘、防触电。

3）特殊工种，如电焊工，电工，机械工，起重工，机械司机等，除一般教育外，还要经过专业安全技能培训。

4）临时用电的安全管理系统的布设。

5）保卫消防工作的安全管理系统的布设。

（5）主要安全防范措施

1）根据全面分析各种危害因素确定的工艺路线、选用可靠的装置设备，按生产、火灾危险性分类设置的安全设施和必要的检测、检验设备。

2）按照爆炸和火灾危险场所的类别、等级、范围，选择电气设备的安全距离及防雷防静电及防止误操作等设施。

3）对可能发生的事故做出的预案、方案及抢救、疏散和应急措施。

4）危险场所和部位，危险期间所采取的防护设备，实施及其效果。

（6）预期效果评价

项目的安全检查包括安全生产责任制、安全保证计划、安全组织机构、安全保证措施、安全技术交底、安全教育、安全持证上岗、安全设施、安全标识、操作行为、违规管理、安全记录检查等各方面。

（7）安全措施经费

1）主要生产环节专项防范设施费用。

2）检测设备及设施费用。

3）安全教育设备和设施费用。

4）事故应急措施费用。

3.2 安全生产保证体系

1. 安全生产保证体系的概念

企业为了安全生产的目的，利用系统工程的理论，把有关人员和设备进行有机的结合，并使这种组合在生产中合理运作，在保证安全的各个环节上发挥最大作用，在完成生产任务的同时，确保生产的安全。这种组合称为安全生产的保证体系。

2. 安全生产保证体系规范的制定

（1）规范的由来

以上海市建筑施工现场安全保证体系编制为例。为了使施工现场的安全管理更加规范化、标准化，上海市建委曾于1998年组织编制了DBJ 08—903—98《施工现场安全生产保证体系》地方标准，经过5年的实践又进一步对标准进行了修编，并批准为上海市建设规范，编号改为DGJ 08—903—2003（以下简称“规范”），是我国目前以工程项目部为主体面向施工现场的唯一的施工现场安全生产保证体系企业标准，也即地方性建设规范。本章以该规范为基础，介绍施工现场安全生产保证体系的基本要求，以及建立运行模式的知识。

（2）规范的文本结构

规范与原标准一样共分正文三章、附录一个、条文说明三章。

1）正文

第一章为总则。

对规范的目的，适用范围，与适用法律法规、环境与职业健康安全管理国家标准的关系，项目经理部与建筑企业贯标的关系，工程项目总包单位与分包单位的关系作出说明。

第二章为术语。

共给出了危险源、环境因素、事故、险肇事故、隐患、风险、安全生产、项目经理部、施工现场安全生产保证体系、安全策划、施工现场安全生产保证计划、审核、不合格、相关方、业绩十五个常用术语的定义。

第三章为施工现场安全生产保证体系要求（习惯上称为“要素”）。

除第1节为总要求外，提出了16个要求，分布在3节中，每一要素单列为1条，每条又有若干个款。本规范共有71款，其中12款为强制性条文，用黑体字印刷，分布在8条（要素）中。它们规范和统一了施工现场安全管理的基本要求，体现了从传统管理方法向现代管理方法发展的特点，是规范正文的主要内容。要求的范围已从狭义的安全生产拓展到包括场容场貌、生活卫生和环境污染预防等文明施工在内的广义安全生产。与原标准的11个要素相比调整为16个要素，内容上作了较大的深化、完善和补充。

2）附录

对本规范用词的说明，包括规范条文执行严格程度的用词与执行其他有关标准规范要求的用词规定。

3）条文说明

条文说明的章节条款编号与规范正文完全对应，是对正文内容作进一步的说明，以防止对正文的错误理解，但不是规范正文条文的组成部分，施工现场安全生产保证体系的建立、实施和审核，只能以正文部分为依据。

（3）安保体系要素的运行结构

规范规定的安全生产保证体系要求，提供了一个系统化的管理过程。它是通过对成功的施工现场安全生产、文明施工与各项管理活动的内在联系和运行规律的总结提炼，归纳出一系列体系要素，并将离散无序的活动置于一个统一有序的整体中来考虑，使得安保体系更便于操作和评价。

16个安保体系要素描述了施工现场安全生产保证体系建立、实施并保持的过程，即通过合理的资源配置、职责分工及对各个体系要素有计划、不间断地检查审核、评估和持续改进，有序地、协调一致地处理施工现场的安全和环境事务，从而螺旋上升循环，保持体系不断完善提高的过程。

该规范规定的体系要素是建立在一个由“计划、实施、检查、改进”诸环节构成的PDCA动态循环过程的基础上。上述各环节，以危险源和不利环境因素为核心，连同对体系运行起主导作用的安全目标，是安全生产保证体系运行体制和机制的基本模式，而每一环节又涉及若干个要素。

1）安全目标。表达了施工现场安全和环境管理上的总体目标和意向，是安全生产保证体系运行的主导。

2）安全策划。项目经理部根据行业和现场实际，在识别、评价危险源和不利环境因素、识别适用法律法规和标准规范要求的前提下，制定项目安全目标和建立本项目文件化的安全生产保证体系，包括对其安全管理活动的规划与编制安全生产保证计划等工作。

3）实施与运行。是施工现场的安全生产保证计划付诸实施并予以实现的过程，其中包括一系列为开展安全和环境管理活动所需的资源、支持、控制、应急措施。

4）检查和改进。项目经理部在实施安全生产保证体系文件的过程中，须经常地对其体系的运行情况和安全状况进行检查、审核、评估，以确定体系是否得到了正确有效的实施，安全目标和法律法规的要求是否得到了满足，安全职责的落实程度，重大危险源和重大不利环境因素的受控状态，如发现不合格，应考虑采取适当的纠正措施和预防措施予以改进。

应当说明的是，安全生产保证体系不是一系列功能模块的顺序搭接，体系的运行也不是简单地对各个要素的依次运作。安全和环境管理是一种复杂的活动，所涉及的因素性质各异，彼此错综关联。16个要素虽然大致上具有逻辑上的先后关系，但并不意味着它们严格的按照上述次序。

3.3 施工安全生产许可制度

《安全生产许可证条例》已经2004年1月7日国务院第34次常务会议通过，自2004年1月13日起施行。

第六条　企业取得安全生产许可证，应当具备下列安全生产条件：

（一）建立、健全安全生产责任制，制定完备的安全生产规章制度和操作规程；

（二）安全投入符合安全生产要求；

（三）设置安全生产管理机构，配备专职安全生产管理人员；

（四）主要负责人和安全生产管理人员经考核合格；

（五）特种作业人员经有关业务主管部门考核合格，取得特种作业操作资格证书；

（六）从业人员经安全生产教育和培训合格；

（七）依法参加工伤保险，为从业人员缴纳保险费；

（八）厂房、作业场所和安全设施、设备、工艺符合有关安全生产法律、法规、标准和规程的要求；

（九）有职业危害防治措施，并为从业人员配备符合国家标准或者行业标准的劳动防护用品；

（十）依法进行安全评价；

（十一）有重大危险源检测、评估、监控措施和应急预案；

（十二）有生产安全事故应急救援预案、应急救援组织或者应急救援人员，配备必要的应急救援器材、设备；

（十三）法律、法规规定的其他条件。

第七条　企业进行生产前，应当依照本条例的规定向安全生产许可证颁发管理机关申请领取安全生产许可证，并提供本条例第六条规定的相关文件、资料。安全生产许可证颁发管理机关应当自收到申请之日起45日内审查完毕，经审查符合本条例规定的安全生产条件的，颁发安全生产许可证；不符合本条例规定的安全生产条件的，不予颁发安全生产许可证，书面通知企业并说明理由。

煤矿企业应当以矿（井）为单位，在申请领取煤炭生产许可证前，依照本条例的规定取得安全生产许可证。

第八条　安全生产许可证由国务院安全生产监督管理部门规定统一的式样。

第九条　安全生产许可证的有效期为3年。安全生产许可证有效期满需要延期的，企业应当于期满前3个月向原安全生产许可证颁发管理机关办理延期手续。

企业在安全生产许可证有效期内，严格遵守有关安全生产的法律法规，未发生死亡事故的，安全生产许可证有效期届满时，经原安全生产许可证颁发管理机关同意，不再审查，安全生产许可证有效期延期3年。

第十三条　企业不得转让、冒用安全生产许可证或者使用伪造的安全生产许可证。

第十四条　企业取得安全生产许可证后，不得降低安全生产条件，并应当加强日常安全生产管理，接受安全生产许可证颁发管理机关的监督检查。

安全生产许可证颁发管理机关应当加强对取得安全生产许可证的企业的监督检查，发现其不再具备本条例规定的安全生产条件的，应当暂扣或者吊销安全生产许可证。

第十五条　安全生产许可证颁发管理机关工作人员在安全生产许可证颁发、管理和监督检查工作中，不得索取或者接受企业的财物，不得谋取其他利益。

第十六条　监察机关依照《中华人民共和国行政监察法》的规定，对安全生产许可证颁发管理机关及其工作人员履行本条例规定的职责实施监察。

第十七条　任何单位或者个人对违反本条例规定的行为，有权向安全生产许可证颁发管理机关或者监察机关等有关部门举报。

第十八条　安全生产许可证颁发管理机关工作人员有下列行为之一的，给予降级或者撤职的行政处分；构成犯罪的，依法追究刑事责任：

（一）向不符合本条例规定的安全生产条件的企业颁发安全生产许可证的；

（二）发现企业未依法取得安全生产许可证擅自从事生产活动，不依法处理的；

（三）发现取得安全生产许可证的企业不再具备本条例规定的安全生产条件，不依法处理的；

（四）接到对违反本条例规定行为的举报后，不及时处理的；

（五）在安全生产许可证颁发、管理和监督检查工作中，索取或者接受企业的财物，或者谋取其他利益的。

第十九条　违反本条例规定，未取得安全生产许可证擅自进行生产的，责令停止生产，没收违法所得，并处10万元以上50万元以下的罚款；造成重大事故或者其他严重后果，构成犯罪的，依法追究刑事责任。

第二十条　违反本条例规定，安全生产许可证有效期满未办理延期手续，继续进行生产的，责令停止生产，限期补办延期手续，没收违法所得，并处5万元以上10万元以下的罚款；逾期仍不办理延期手续，继续进行生产的，依照本条例第十九条的规定处罚。

第二十一条　违反本条例规定，转让安全生产许可证的，没收违法所得，处10万元以上50万元以下的罚款，并吊销其安全生产许可证；构成犯罪的，依法追究刑事责任；接受转让的，依照本条例第十九条的规定处罚。

冒用安全生产许可证或者使用伪造的安全生产许可证的，依照本条例第十九条的规定处罚。

第二十二条　本条例施行前已经进行生产的企业，应当自本条例施行之日起1年内，依照本条例的规定向安全生产许可证颁发管理机关申请办理安全生产许可证；逾期不办理安全生产许可证，或者经审查不符合本条例规定的安全生产条件，未取得安全生产许可证，继续进行生产的，依照本条例第十九条的规定处罚。

第二十三条　本条例规定的行政处罚，由安全生产许可证颁发管理机关决定。

3.4　施工安全生产组织制度

安全生产的组织管理是设计并建立一种责任和权力机制，以形成安全的工作环境的过程。所谓安全生产组织管理制度是生产经营单位为了有效实施安全生产的组织管理所建立的，用以规范、指导、协调各部门和各岗位人员管理和工作行为的规章体系。

1. 安全组织机构和安全保证体系

施工企业应当建立由总经理任主任，主管生产、安全副总经理、总工程师任副主任、各职能部门负责人和所属项目经理任组员的安全生产委员会（按照“接触危险者最有发言权”的理论，安委会应该吸纳危险岗位作业人员参加），用以规划和决策全公司的安全生产工作。

项目经理部要建立由项目经理任组长，主管生产、安全副经理任副组长，各职能部门负责人和所属工区主任或工班长任组员的安全领导小组，用以计划和决策本项目的安全生产工作，并在本项目内专门设立专职安全管理机构或专职安全管理人员，牵头组织落实安全规章制度。

按照目前施工企业的一般情况，专职安全管理人员数量应保证每个合同额5000万元以下施工项目至少1名，合同额5000万元至1.5亿元的施工项目至少2名，合同额1.5亿元以上的大型施工项目应分专业配置专职安全管理人员。

2. 建立职业健康安全管理体系

职业健康安全管理体系是一个国家推荐标准，充分体现了管理的系统性、先进性、持续改进性、预防性以及全过程控制，可以说是企业提高职业健康安全工作水平，预防事故和职业危害的最科学的方法之一。

在确定职业健康安全管理体系模式时，强调按系统理论管理职业健康安全及其相关事务，以达到预防和减少生产事故和劳动疾病的目的。具体采用了系统化的戴明模型，即通过策划（Plan）、行动（Do）、检查（Check）、改进（Act）4个环节构成一个动态循环并螺旋上升的系统化管理模式。

职业健康安全管理体系的内容由 5 大功能块组成，即职业健康安全方针、策划（规划）、实施与运行、检查与纠正措施和管理评审。而每一功能块又是由若干要素组成，这些要素不是孤立的，而是相互联系的。

建立和运行职业健康安全管理体系的基本步骤：

（1）进行危险源辨识，并评出重大危险源。

（2）搜集相关法律、法规，使组织明确自己所必须要遵守的规定。

（3）制定职业健康安全方针，阐明组织在职业健康安全方面的宗旨。

（4）编制管理手册、程序文件、管理方案、作业指导书等。

（5）体系运行。

3.5 施工安全生产责任制度

建立安全生产责任制是国家法律法规的要求。

安全生产责任制是生产经营单位岗位责任制的重要组成部分，是安全生产管理制度中的核心制度。

安全生产责任制是责任追究的依据。只有实行安全生产责任制度才能做到“层层有分工、事事有人管、人人有专责”，在发生事故后，才能根据安全生产职责来认定和处理有关责任人员。

安全生产责任制度就是对各级负责人、各职能部门以及各类施工人员在管理和施工过程中应当承担的责任作出明确规定，即将安全生产责任分解到施工单位主要负责人、项目负责人、班组长以及每个岗位的作业人员身上。

建立安全责任制的方法：

（1）企业主要负责人要亲自组织、审核。安全生产责任制是根据“管生产必须管安全”的原则，紧密围绕生产经营活动。

（2）根据企业机构设置和岗位设置的情况制定各部门和各岗位人员的安全职责。

（3）设置专门机构负责，自下而上、自上而下地制定。

3.6 施工安全生产技术交底制度

1. 安全技术交底的基本要求

（1）安全技术交底必须逐级进行，纵向要延伸到全体作业人员，从企业到项目到班组最后到人。

（2）安全技术交底必须具体、明确，有针对性。

（3）技术交底的内容主要针对施工中可能给作业人员带来潜在危险和存在的问题进行。

（4）将施工程序、施工方法、安全技术措施向工长、班组长进行详细交底。

（5）应向两个以上作业队和多个工种进行交叉施工的作业队进行书面交底。

（6）应优先采用新的安全技术措施。

（7）安全技术交底必须有书面的签字记录。

2. 安全技术交底的主要内容

（1）工程项目的施工作业特点和危险源、危险点。

（2）对危险源、危险点的具体预防措施。

（3）应遵循的安全操作规程和标准。

（4）应该注意的安全事项。

（5）发生事故后应该采取的避难和紧急救援措施。

3.7 施工安全资金保障制度

按照《中华人民共和国安全生产法》规定，生产经营单位应当具备安全生产条件所必需的资金投入，生产经营单位应当安排用于配备劳动保护用品、进行安全生产培训的经费，并对由于安全生产所必需的资金投入不足导致的后果承担责任。

安全资金保障制度的主要内容：

（1）企业安全资金投入或者安全费用的来源保障，按照国家和行业的有关要求比例提取。

（2）企业安全资金投入或者安全费用，应当专项用于下列安全生产事项，不得挪作他用：

1）安全技术措施工程建设；

2）安全设备、设施的更新和维护；

3）安全生产宣传、教育和培训；

4）劳动防护用品配备；

5）其他保障安全生产的事项。

（3）企业安全资金投入或者安全费用的计划、支取、使用、效果验证以及投入资金数量的统计等的审批或操作流程。

（4）企业的主要负责人必须保证本单位安全生产条件所需资金的投入。同时要根据企业安全资金投入或者安全费用的计划、支取、使用、效果验证以及投入资金数量统计等的审批或操作流程，规定一系列相关人员在安全资金保障、落实等各环节上的权力和责任。

3.8 安全技术资料的建立与电子文档软件

3.8.1 安全资料的内容列表

（1）安全生产管理规章制度：

1）安全生产责任制。

2）安全教育制度。

3）安全检查制度。

4）文明施工管理规定。

5）消防安全管理制度。

6）施工临时用电管理规定。

7）特种作业人员持证上岗制度。
8）班组安全活动制度。
9）工伤事故报告调查处理制度。
10）安全及文明施工管理奖罚规定。
（2）安全保证体系、机构、人员名单。
（3）各工种安全技术操作规程。
（4）经济承包中安全生产指标（工程项目经营管理责任书）。
（5）专职安全员、安全主任任命书。
（6）施工组织设计及专项安全施工组织设计。
（7）安全管理目标。
（8）安全责任目标的分解。
（9）安全责任目标考核制度、考核记录。
（10）分部（分项）工程安全技术交底。
（11）定期安全检查记录、安全隐患“三定”记录。
（12）持证上岗人员名册及证件复印件。
（13）现场安全标志、标语统计表。
（14）违章处罚情况记录。
（15）工伤事故档案。
（16）安全日常教育、新工人入场三级教育记录。
（17）新工人入场三级登记表。
（18）新工人入场三级教育考试卷。
（19）班前活动记录。
（20）其他资料。

3.8.2 脚手架安全管理资料与文档

（1）脚手架搭设方案。
（2）脚手架计算书。
（3）脚手架搭设安全交底记录。
（4）高处作业安全防护设施（临边、洞口等）验收记录。
（5）“三宝”及安全网、扣件等的合格证。
（6）其他资料。

3.8.3 施工环境安全资料与文档

（1）噪声排放指标。
（2）施工现场扬尘指标。
（3）生产及生活污水指标。
（4）施工现场夜间有无光污染。
（5）灭火器的使用情况。
（6）油品、化学品使用的管理资料。

（7）水、电能源使用情况。

（8）固体废弃物的处理情况。

3.8.4 机械设备、吊装机具管理资料

（1）机械设备管理人员及操作人员名单。

（2）现场机械设备一览表。

（3）大型设备安装、拆卸方案及安装队伍资格证。

（4）机械设备安装、操作交底记录。

（5）中、小型机械安装验收记录。

（6）机械设备管理制度。

（7）各种机械安全操作规程。

（8）设备运转记录。

（9）其他资料。

3.8.5 钢结构构件运输、拼装、吊装管理资料

（1）钢构件的尺寸、数量、重量汇总。

（2）施工图和设计变更文件。

（3）主要构件检验记录。

（4）钢材、连接材料、涂装材料的质量证明或试验报告。

（5）焊接工艺评定报告。

（6）高强度螺栓摩擦面抗滑移系数试验报告。

（7）焊缝无损检验报告及涂层检测资料。

（8）预拼装记录。

3.8.6 现场用电管理资料

（1）临时用电施工组织设计或安全用电技术措施和电气防火措施。

（2）临时用电安全技术交底。

（3）临时用电工程检查验收表。

（4）接地（重复接地、防雷）电阻值测定记录（每月测一次）。

（5）电工工作日记。

（6）定期检（复）查表。

（7）总配电箱、配电箱、开关箱管理责任分工表。

（8）施工用电管理规定。

（9）其他资料。

3.8.7 现场消防管理资料

（1）消防领导小组名单。

（2）三级防火责任人名单（公司、项目、班组）。

（3）三级防火防火责任书。

(4) 消防年度计划、年终总结。
(5) 各种防火制度、措施。
(6) 工地重点防火部位及消防器材放置平面图。
(7) 消防器材登记表。
(8) 义务消防队人员名单。
(9) 工地动火申请表。
(10) 工地消防教育和演习记录。
(11) 工地消防检查、整改记录。
(12) 消防器材月检记录卡。
(13) 其他资料。

3.8.8 文明施工管理资料

(1) 文明施工领导小组人员名单。
(2) 治安保卫制度、措施、责任分解。
(3) 现场门前“五牌一图”设置内容及位置。
(4) 现场卫生责任制。
(5) 现场急救措施。
(6) 现场急救药品和急救器材登记表。
(7) 经培训的急救人员名单及证件。
(8) 防粉尘、防噪声措施。
(9) 防止泥浆、污水、废水外流或堵塞下水管道和排水管道措施。
(10) 宿舍消暑和除蚊虫叮咬措施。
(11) 施工不扰民措施。
(12) 炊事员名册及体检合格证。
(13) 食堂卫生许可证。
(14) 其他资料。

4 安全管理的教育培训与检查制度

4.1 安全教育培训

4.1.1 安全教育的内容

安全是生产得以正常进行的前提，安全教育又是安全管理工作的重要环节，是提高全员安全素质，安全管理的水平和防止事故，从而实现安全生产的重要手段。

安全教育，主要包括安全生产思想、安全知识、安全技能和法制教育四个方面的内容。

详见第1.3.2条第1款。

4.1.2 安全教育的对象

国家法律规定：生产经营单位应当对从业人员进行安全生产教育和培训，保证从业人员具备必要的安全生产知识，熟悉有关的安全生产规章制度和安全生产规程，掌握本岗位的安全操作技能。未经安全生产教育和培训不合格的从业人员，不得上岗。

地方政府及行业管理部门对施工项目各级管理人员的安全教育培训做出了明确的具体规定，要求钢结构施工项目的安全教育培训的通过率达到100%。

施工项目安全教育培训的对象包括以下五类人员。

（1）工程项目经理，项目执行经理，项目技术负责人。工程项目主要管理人员必须经过当地政府组织的或者上级主管部门组织的安全生产专项培训，培训时间不得少于24h，考核合格后，持《安全生产资质证书》上岗。

（2）工程项目基层管理人员。工程项目基层管理人员每年必须接受公司生产年审，考试合格后持证上岗。

（3）分包负责人，分包队伍管理人员。必须接受政府主管部门或总包单位安全培训，考试合格后持证上岗。

（4）特种作业人员。必须经过专门的安全理论培训和安全技能实际培训，理论和实际操作的双项考核合格后持证上岗。

（5）操作工人。新入场工人必须接受三级安全教育，考试合格后持“上岗证”上岗作业。

4.1.3 安全教育的形式

详见第1.3.2条第3款内容。

4.2 安全检查制度

4.2.1 安全检查制度的类型与内容

1. 安全检查的类型

安全检查的形式多样，主要有上级检查、定期检查、专业性检查、经常性检查、季节性检查以及自行检查等。

(1) 上级检查：指主管部门对下属单位进行的安全检查。这种检查，能发现本行业安全施工存在的共性和主要问题，具有针对性、调查性，也有批评性。同时通过检查总结，积累安全施工经验，对基层推动作用较大。

(2) 定期检查：公司级定期安全检查可每季度组织一次，工程处可每月或每半月组织一次检查，施工队要每周检查一次。每次检查都由主管安全的领导带队，同工会、安全、动力设备、保卫等部门一起，按照事先计划的检查方式和内容进行检查。定期检查属全面性和考核性的检查。

(3) 专业性检查：专业安全检查应由公司有关业务分管部门单独组织，有关人员针对安全工作存在的突出问题，对某项专业（如施工机械、脚手架、电气、塔吊、锅炉、防尘防毒等）存在的普遍性安全问题进行单项检查。这类检查针对性强，能有的放矢，对帮助提高某项专业安全技术水平有很大作用。

(4) 经常性检查：经常性的安全检查主要是要提高大家的安全意识，督促员工时刻牢记，在施工中安全操作，及时发现安全隐患，消除隐患，保证施工的正常进行。经常性安全检查有：班组进行班前、班后岗位安全检查；各级安全员及安全值班人员日常巡回安全检查；各级管理人员在检查施工同时检查安全等。

(5) 季节性检查：季节性和节假日前后的安全检查。季节性安全检查是针对气候特点（如夏季、冬季、风季、雨季等）可能给施工安全和施工人员健康带来危害而组织的安全检查。节假日（如元旦、劳动节、国庆节等）前后的安全检查，主要是防止施工人员在这一段时间思想放松，纪律松懈而容易发生事故。检查应由单位领导组织有关部门人员进行。

(6) 自行检查：施工人员在施工过程中还要经常进行自检、互检和交接检查。自检是施工人员工作前、后对自身所处的环境和工作程序进行安全检查，以随时消除安全隐患。互检是指班组之间、员工之间开展的安全检查，以便互相帮助，共同防事故。交接检查是指上道工序完毕，交给下道工序使用前，在工地负责人组织工长、安全员、班组及其他有关人员参加情况下，由上道工序施工人员进行安全交底并一起进行安全检查和验收，认为合格后，才能交给下道工序使用。

2. 安全检查的内容

(1) 安全检查工作

安全检查工作应包括以下两大方面：

1) 各级管理人员对安全施工规章制度的建立与落实。规章制度的内容包括：安全施工责任制，岗位责任制，安全教育制度，安全检查制度。

2) 施工现场安全措施的落实和有关安全规定的执行情况。主要包括以下内容：

① 安全技术措施。根据工程特点、施工方法、施工机械，编制了完善的安全技术措施并在施工过程中得到贯彻。

② 施工现场安全组织。工地上是否有专、兼职安全员并组成安全活动小组，工作开展情况，完整的施工安全记录。

③ 安全技术交底，操作规章的学习贯彻情况。

④ 安全设防情况。

⑤ 个人防护情况。

⑥ 安全用电情况。

⑦ 施工现场防火设备。

⑧ 安全标志牌等。

（2）安全检查重点内容

1）临时用电系统和设施：

① 临时用电是否采用 TN-S 接零保护系统。

a. TN-S 系统就是五线制，保护零线和工作零线分开。在一级配电柜设立两个端子板，即工作零线和保护零线端子板，此时入线是一根中性线，出线就是两根线，也就是工作零线和保护零线分别由各自端子板引出。

b. 现场塔吊等设备要求电源从一级配电柜直接引入，引到塔吊专用箱，不允许与其他设备共用。

c. 现场一级配电柜要做重复接地。

② 施工中临时用电的负荷匹配和电箱合理配置、配设问题。

负荷匹配和电箱合理配置、配设要达到“三级配电、两级保护”要求，符合《施工现场临时用电安全技术规范》(JGJ 46—2005）和《建筑施工安全检查标准》(JGJ 59—1999)等规范和标准。

③ 临电器材和用电设备是否具备安全防护装置和有安全措施。

a. 对室外及固定的配电箱要有防雨防砸棚、围栏，如果是金属的，还要接保护零线、箱子下方砌台、箱门配锁、有警告标志和责任人。

b. 木工机械等设备的使用环境和防护设施齐全有效。

c. 手持电动工具达标。

④ 生活和施工照明的特殊要求。

a. 灯具（碘钨灯、镝灯、探照灯、手持灯等）高度、防护、接线、材料符合规范要求。

b. 走线要符合规范和必要的保护措施。

c. 在需要使用安全电压场所要采用低压照明，低压变压器配置符合要求。

⑤ 消防泵、大型机械的特殊用电要求。

对塔吊、消防泵、外用电梯等配置专用电箱，做好防雷接地，对塔吊、外用电梯电缆要做合适处理等。

⑥ 雨期施工中，对绝缘和接地电阻的及时摇测和记录情况。

2）施工准备阶段：

① 如施工区域内有地下电缆、水管或防空洞等，要指令专人进行妥善处理。

② 现场内或施工区域附近有高压架空线时，要在施工组织设计中采取相应的技术措施，确保施工安全。

③ 施工现场的周围如临近居民住宅或交通要道，要充分考虑施工扰民、妨碍交通、发生安全事故的各种可能因素，以确保人员安全。对有可能发生的危险隐患，要有相应的防护措施，如搭设过街、民房防护棚，施工中作业层的全封闭措施等。

④ 在现场内设金属加工、混凝土搅拌站时，要尽量远离居民区及交通要道，防止施工中噪声干扰居民正常生活。

3）基础施工阶段：

① 土方施工前，检查是否有针对性的安全技术交底并督促执行。

② 在雨期或地下水位较高的区域施工时，是否有排水、挡水和降水措施。

③ 根据组织设计放坡比例是否合理，有没有支护措施或打护坡桩。

④ 深基础施工，作业人员工作环境和通风是否良好。

⑤ 工作位置距基础 2m 以下是否有基础周边防护措施。

4）结构施工阶段：

① 做好对外脚手架的安全检查与验收，预防高处坠落和防物体打击。

a. 搭设材料和安全网合格与检测。

b. 水平 6m 支网和 3m 悬挑网。

c. 出入口的护头棚。

d. 脚手架搭设基础、间距、拉结点、扣件连接。

e. 卸荷措施。

f. 结构施工层和距地 2m 以上操作部位的外防护等。

② 做好“三宝”等安全防护用品（安全帽、安全带、安全网、绝缘手套、防护鞋等）的使用检查与验收。

③ 做好孔、洞口（楼梯口、预留洞口、电梯井口、管道井口、首层出入口等）的安全检查与验收。

④ 做好临边（阳台边、屋面周边、结构楼层周边、雨篷与挑檐边、水箱与水塔周边、斜道两侧边、卸料平台外侧边、梯段边）的安全检查与验收。

⑤ 做好机械设备人员教育和持证上岗情况，对所有设备进行检查与验收。

⑥ 对材料，特别是大模板的存放和吊装使用。

⑦ 施工人员上下通道。

⑧ 对一些特殊结构工程，如钢结构吊装、大型梁架吊装以及特殊危险作业要对施工方案和安全措施、技术交底进行检查与验收。

5）竣工收尾阶段：

① 外装修脚手架的拆除。

② 现场清理工作。

4.2.2 安全检查制度的方法与流程

见第 1.3.3 条第 2 款。

5 钢结构工程安全技术要求

5.1 施工安全一般要求

（1）各级施工管理单位的干部和工程技术人员，必须掌握和认真执行《建筑安装工程安全技术规程》的各项规定；各工种的工人，必须熟悉本工种的安全技术操作规程。凡是不了解建筑安全规程的技术人员和未经过安全技术培训的工人、民工，都不能参加施工。

（2）为了做到安全生产、文明生产，必须在施工前编制施工组织设计，做好施工平面布置。一切附属设施的搭设、机械安装、运输道路、上下水道、电力网、蒸汽管道和其他临时工程的位置，都需在施工组织设计场区规划中仔细合理安排，做到既安全文明，又合理使用平面和空间。

（3）施工现场周围应设栅栏，有悬崖、陡坡等危险的地区设栅栏和警戒标志，夜间要设红灯示警。施工现场地面应平整，沟、坑应填平或设置盖板。

（4）按规定使用安全“三宝”（安全帽、安全带、安全网）。任何人员进入施工现场必须戴好安全帽。

（5）施工现场的一切机械、电气设备，安全防护装置要齐全可靠。

（6）塔吊等起重设备必须有限位保险装置，不准“带病”运转，不准超负荷作业，不准在运转中维修保养。

（7）施工现场内一般不准架设高压线路。如必须架设时，应与建筑物、工作地点保持足够的安全距离。工地内架设电气线路，必须符合有关规定。电气设备必须全部接零、接地。

（8）电动机械和手持电动工具（电钻、电刨等），要安装漏电保护装置。

（9）脚手架材料及脚手架的搭设，必须符合规程要求。

（10）各种缆风绳及楼梯口、电梯口、预留洞口、通道口、上料口，必须有防护措施。

（11）严禁赤脚、穿高跟鞋或拖鞋进入施工现场，高空作业不准穿硬底鞋与带钉易滑的鞋靴。

（12）施工中必备的炸药、雷管、油漆、氧气等危险品，应按国家规定妥善保管。

（13）自然光线不足的工作地点或夜间施工，应设置足够的照明设备；在坑、井、隧道和沉箱中施工，除应有常用电灯，还要备有独立电源的照明灯。

（14）寒冷地区冬期施工，应在施工地区附近设置有取暖设备休息室。施工现场和职工休息处的一切取暖、保暖措施，都应符合防火和安全卫生的要求。

5.2 施工安全技术准备

（1）施工企业应组织项目经理部工程负责人和施工、技术、安全等管理人员，学习合同文件和设计文件，审查设计图纸、掌握现场情况。

（2）根据合同文件、设计文件、现场情况和设施现况，组织项目经理部工程负责人和施工技术人员研究并确定合理的施工部署、适宜的施工方法和相应的安全技术措施，编制施工组织设计。

（3）编制施工组织设计必须对施工过程中可能出现的安全行为、安全状态进行分析，识别重要危险因素，评价其危害程度，并制定中、高度危险因素的安全技术措施（含控制措施和一旦发生事故、事件的应急预案）。编制安全技术措施应遵守下列规定：

1）大型、群体、综合性工程，在施工组织设计中应编制安全技术总体措施。

2）单位工程的施工组织设计必须编制各分部、分项工程安全技术措施。

3）安全技术措施应切合实际，简明具体，应防范危险，消除隐患。

4）凡承载结构构件，必须对不同施工阶段的最不利荷载组合条件下的强度、刚度、稳定性进行验算，确认符合施工安全要求。

5）对工艺复杂，施工安全难以控制的工程项目（大型机电设备安装调试、大型吊装，大型脚手架，爆破，特殊工程等）应遵照国家现行有关安全技术规定，制定专项安全技术措施。

6）安全技术复杂的工程其安全技术措施应经专家论证确定。

7）冬、雨期施工的工程项目，必须制定冬雨期施工安全技术措施。冬期施工，必须采取以防冻、防滑、防火、防煤气中毒为重点的安全技术措施；雨期施工必须采取以防汛、防坍塌、防触电为重点的安全技术措施。

5.3 施工安全物质要求

施工物资应为具有生产资质的企业生产的合格产品，其技术性能应符合产品标准的要求。

施工物资在进场前应按规定对其进行质量检验，确认合格，并形成文件。

采购的安全防护用具，机械设备及其配件，必须由具有生产资质的企业生产，具有合格证，并在进场前进行验收，确认合格，形成文件。

施工用仪表，计量器具，使用前应由有资质的检测机构进行检测，标定。

给水工程中使用的原材料不得污染水质，不得含有损害人体健康的物质。

租赁机械设备、安全防护用具必须明确租赁双方的安全责任，签订安全协议，进场前应经检验，确认其安全技术性能符合要求，并形成文件。

5.4 施工安全临时设施的要求

1. 搭建临时建筑

（1）搭建临时建筑应根据现行国家标准《钢结构设计规范》(GB 50017—2003)、《木结构设计规范》(GB 50005—2003）等进行施工设计。设计应经工程项目经理部总工程师审核后方能施工，竣工后应由项目经理部负责人组织验收，确认合格并形成文件方可使用。

（2）使用装配式房屋应由有资质的企业生产，并持有合格证；搭设后应经检查、验收，确认合格后方可使用。

（3）使用既有建筑应在使用前对其结构进行技术鉴定，确认符合安全要求并形成文件后方可使用。

（4）临时建筑位置应避开架空线路、陡坡、低洼积水等危险地区，选择地址、水文条件良好的地方，并不得占压各种地下管线。

（5）临时建筑应按施工组织设计中确定的位置、规模搭设，不得随意改动。

（6）临时建筑搭设必须符合安全、防汛、防火、防风、防雨（雪）、防雷、防寒、环保、卫生、文明施工的要求。

（7）施工区、生活区、材料库房等应分开设置，并保持消防部门规定的防火安全距离。

（8）模板与钢筋加工场、临时搅拌站、厨房、锅炉房和存放易燃、易爆物的仓库等应分别独立设置，且必须满足防火安全距离等消防规定。

（9）临时搭建的防护屏蔽及骨架应使用阻燃材料搭建。

（10）支搭和拆除作业必须纳入现场施工安全管理范畴，符合安全技术要求。支、拆临时建筑应编制方案；作业中必须设专人指挥，执行安全技术交底制度，由安全技术人员监控，保持安全作业。在不承重的轻型屋面上作业时，必须先搭设临时走道板，并在屋架下弦设水平安全网。严禁直接踩踏轻型屋面。

（11）临时建筑使用过程中，应由主管人员经常检查、维护，发现损坏必须及时修理，保持完好，有效。

2. 铺设临时道路

（1）道路应平整、坚实，能满足运输安全要求。

（2）道路宽度应根据现场交通量和运输车辆或行驶机械的宽度确定：汽车运输时宽度不宜小于3.5m；机动翻斗车运输时，宽度不宜小于2.5m；手推车运输不宜小于1.5m。

（3）机动车道路的路面宜进行硬化处理。

（4）沿沟槽铺设道路，路边与槽边的距离应依施工荷载、土质、槽深、槽壁支护情况经验确定，且不得小于1.5m，并设防护栏杆和安全标志，夜间和阴暗天气时还须加设警示灯。

（5）道路纵坡应根据运输车辆情况而定，手推车不宜陡于5%，机动车辆不宜陡于10%。

（6）道路的圆曲线半径：机动翻斗车运输时不宜小于8m；汽车运输时不宜小于15m，平板拖车运输时不宜小于20m。

（7）道路临时河岸、陡峭的一侧必须设置安全标志，夜间和阴暗时还须加设警示灯。

（8）运输道路与社会道路、公路交叉时宜正交。在距社会道路、公路边20m处应设交通标志，并满足相应的视距要求。

（9）现场应根据交通量、路况和环境状况确定车辆行驶速度，并于道路明显处设限速标示。

3. 现场模板和钢筋加工场搭设

（1）加工场应单独设置，不得与材料、库生活区混合设置，场区四周围应设围挡。

（2）加工场不得设在电力架空线路下方。

（3）现场应按施工组织设计要求布置加工机具、料场与废料场，并形成运输、消防通道。

（4）加工机具应设工作棚，工作棚应具备防雨（雪）、防风功能。

（5）加工机具应完好，防护设置应齐全有效，电气接线应符合《施工现场临时用电安全技术规范》(JGJ 46—2005）的要求。

（6）操作台应坚固，安装稳固并置于坚实的地基上。

（7）加工场必须配置有效的消防器材，不得存放油、油脂和棉丝等易燃品。

（8）含有木材等易燃物的模板加工场，必须设置严禁吸烟和防火标志。

（9）各机械旁应设置机械操作序牌。

（10）加工场搭设完成，应经检查、验收、确认合格并形成文件后方可使用。

4. 现场搅拌棚搭设

（1）施工前，应对搅拌站进行施工设计。平台、支架、储料仓的强度、刚度、稳定性应满足搅拌站在拌合水泥混凝土过程中荷载的要求。

（2）搅拌站不得搭设在架空线的下方。

（3）现场应按施工组织设计的规定布置混凝土搅拌机、各种料仓和原材料运送、计量装置，并形成运输、消防通道。

（4）现场混凝土搅拌站应单独设置，具有良好的供电、供水、排水、通风等条件与环保措施，周围应设围挡。

（5）搅拌机等机电设备应设工作棚，工作棚应具有防雨（雪）、防风功能。

（6）搅拌机、输送装置等应完好，防护装置应齐全有效，电气接线应符合《施工现场临时用电安全技术规范》(JGJ 46—2005）的要求。

（7）搅拌站的作业平台应坚固，安装稳固并置于坚实的地基之上。

（8）搅拌站搭设完成，应经检查、验收、确认合格并形成文件后方可使用。

5. 施工现场冬期生活供暖

（1）现场宜选用常压锅炉采取集中式热水系统供暖。

（2）采用电热供暖应符合产品使用说明书上的要求，严禁使用电炉供暖。

（3）现场不宜采用铁质火炉供暖，由于条件限制须采用时应符合下列要求：

1）供暖系统应完好无损。炉子的炉身、炉盖、炉门和烟道应完整无破损、无锈蚀；炉盖、炉门和炉身的连接应吻合紧密，不得设烟道舌门。

2）炉子应安装在坚实的地基上。

3）炉子必须安装烟筒。烟筒必须顺接安装，接口严密，不得倒坡。烟筒必须通畅，严禁堵塞。烟筒距地面高度宜为2m。烟筒必须延伸至房外，与墙距离宜为50cm，出口必须安设防止逆风装置。烟筒与房顶、电缆的距离不得小于70cm，受条件限制不能满足时，必须采取隔热措施；烟筒穿窗户处必须以薄钢板固定。

4）房间必须安装风斗，风斗应安装在房屋的东南方向。

5）火炉及其供暖系统安装完成后，必须经主管人员检查、验收，确认合格并颁发合格证后方可使用。

6）火炉应设专人添煤、管理。

7）供暖材料应采用低污染清洁煤。

8）火炉周围应设阻燃材质的围挡，其距床铺等生活用具不得小于1.5m，严禁使用油、油毡引火。

9）添煤时，添煤高度不得超过排烟口底部，且严禁堵塞。

10）人员在房屋内睡眠前，必须检查炉子、烟筒、风斗，确认安全。

11）供暖期间主管人员应定期检查炉子、烟筒、风斗，发现破损、裂缝、烟筒堵塞等隐患，必须及时处理并确认安全。

12）供暖期间应定期疏通烟筒，保持通畅。

13）严禁敞口烧煤、木料等可燃物取暖。

5.5 拆迁与加固的施工安全要求

1. 工程拆迁

（1）拆迁施工必须由具有专业资质的施工企业承担。

（2）拆除施工必须纳入施工管理范畴。拆除前必须编制拆除方案，规定拆除方法、程序，使用的机械设备、安全技术措施。拆除前必须执行方案的规定，并由安全技术管理人员现场检查、监控，严禁违规作业。拆除后应检查、验收，确认符合要求。

（3）房屋拆除，必须依据竣工图纸与现况，分析结构受力状态，确定拆除方法与程序，经建设（监理）、房屋产权管理单位签认后，方可实施，严禁违规拆除。

（4）现场各种架空线拆除，应符合工程需要，征得有关管理单位意见，确定拆除方案，经建设（监理）、管理单位签认后方可实施。

（5）现场各种地下管线拆移必须向规划和管线管理单位咨询，查阅相关专业技术档案，掌握管线的施工年限、使用状况、位置、埋深等，并请相关管理单位到现场交底，必要时应在管理单位现场监护下做坑探。在明了情况的基础上，与管理单位确定拆移方案，经规划、建设、管理单位确认后，方可实施。实施中应请管理单位派人做好现场指导。

（6）道路、公路、人防、河道、树木等以及相关设施的拆移，应根据工程需要征求管理部门对拆迁设施的意见，商定拆移方案，经建设、管理部门批准确认后，方可实施。

（7）采用非爆破方法拆除时，应自上而下，先外后里，严禁上下、里外同时拆除。

（8）拆除砖石混凝土建筑物时，必须采取防止残渣飞溅，危及人员和附近建筑物、设备等安全的保护措施，并随时洒水减少扬尘。

（9）使用液压振动锤、挖掘机拆除临时建筑物时，应使机械与被拆除建筑物之间保持安全距离。使用推土机拆除房屋、围墙时，被拆除建筑物高度不大于2m。施工中作业人员必须位于安全区域。

（10）切割拆除内有易燃、易爆和有毒介质的管道或容器时，必须首先切断介质供给源，管道或容器内残留的介质应根据其性质采取相应的方法清除，并确认安全后，方可拆除。遇带压管道或容器时，必须先泄出压力，确认安全后，方可拆除。

（11）采用爆破方法拆除时，必须明确对爆破效果的要求，选择有相应爆破设计资质的企业，依据现行《爆破安全规程》（GB 6722—2003）等有关规定，进行爆破设计，编制爆破说明书，并制定爆破专项施工方案，规定相应的安全技术措施，报主管和有关管理单位审批，并按批准要求由具有相应爆破施工资质的企业进行爆破。

（12）各项施工的范围，均应设围栏或护栏或安全标志。

2. 各类管线、杆线等建筑物的加固

（1）施工前应根据被加固对象的特征，结合现场的地质水文条件、施工环境与有关管理单位协商确定方案，进行加固设计，经批准后方可实施。

（2）加固设计应满足被加固对象的结构安全与施工安全的要求。

（3）加固施工必须按批准的加固设计进行，严禁擅自变更。

（4）加固施工完成后应经验收，确认符合加固设计的要求，形成文件。

（5）在工程施工过程中，应随时检查、维护加固设施，保持完好。必要时，应进行沉降和变形的观测并记录，确认安全；遇异常情况，必须立即采取相应的安全技术措施。

5.6 安全防护措施的要求

1. 一般规定

（1）现场设置的安全防护措施必须坚固、醒目、整齐，安设牢固，具有抗风能力。

（2）施工现场的安全防护措施必须设专人管理，随时检查，保持其完整和有效性。

（3）在夜间和阴暗天气时，施工现场设置安全防护措施的地方必须有警示灯。

2. 临边作业安全防护

（1）防护栏应由上下两道栏杆组成，上杆离地高度应为1.2m，下杆离地高度应为50~60cm。栏杆柱间距应经计算确定，且不大于2m。

（2）栏杆的规格与连接应符合下列要求：

1）木质栏杆上杆梢径不小于7cm，下杆梢径不小于6cm，栏杆柱梢径不小于7.5cm，并以不小于12号的镀锌钢丝捆绑牢固，绑丝头应顺平向下。

2）钢筋横杆上杆直径不小于16mm，下杆直径不小于14mm，栏杆柱直径不小于18mm，采用焊接或者镀锌钢丝捆绑牢固，绑丝头应顺平向下。

3）钢管横杆、栏杆柱均应采用$\phi48 \times 3.5$的管材，以扣件固定或者焊接牢固。

（3）栏杆柱的固定应符合下列要求：

1）在基坑、沟槽四周固定时，可采用钢管并锤击入地下不小于50cm深。钢管距离基坑、沟槽边沿的距离不小于50cm。

2）在混凝土结构上固定，采用钢质材料时可用预埋件与钢管或钢筋焊牢；采用木栏杆时可在预埋件上焊接30cm长的∟50×5的角钢，其上下各设一孔，以直径10mm的螺栓与木杆拴牢。

3）在砌体上固定时，可预先砌入规格相适应的设有预埋件的预埋块。

4）栏杆的整体构造和栏杆柱的固定，应使防护栏在任何处都能承受任何方向的1000N外力。

5）防护栏的底部必须设置牢固的、高度不低于18cm的挡脚板。挡脚板下的空隙不得大于10cm。挡脚板上有孔眼时，孔径不得大于2.5cm。

6）高处临街的防护栏必须加挂防护网，或采取其他全封闭措施。

3. 悬空作业安全防护

（1）作业处，一般应设置平台。作业平台必须坚固，支搭牢固，临边设防护栏杆。上下平台必须设置攀爬设施。

（2）单人作业，高度较小，且不移位时，可在作业处设安全梯等攀登设施。作业人员应使用安全带。

（3）电工登杆作业必须戴安全帽，系安全带，穿绝缘鞋，并佩戴脚扣。

（4）使用专用升降机械时，应遵循机械使用说明书的规定，并制定相应的安全操作规程。

4. 上下高处和沟槽安全防护

（1）采购的安全梯应符合现行国家标准。

（2）现场自制的安全梯必须符合下列要求：

1）梯子结构必须坚固，梯梁与踏板的连接必须牢固。梯子应根据材料性能进行受力验算，其强度、刚度、稳定性应符合相关结构设计要求。

2）攀登高度不宜超过8m；梯子踏板间距宜为30cm，不得缺档；梯子净宽宜为40～50cm；梯子工作角度宜为75°±5°。

3）梯脚应置于坚实基面上，放置牢固，不得垫高使用。梯子上端应有固定措施。

4）梯子需接长使用时，必须有可靠的连接措施，且接头不得超过一处。连接后的梯梁强度、刚度，不得低于单梯梯梁的强度、刚度。

（3）采用固定式直爬梯时，爬梯应由金属材料制成。梯宽宜为50cm，埋设与焊接必须牢固。梯子顶端应设1.0～1.5m高的扶手。攀登高度超过7m以上的部分宜加设护笼；超过13m时，必须设梯间平台。

（4）人员上下梯子时，必须面向梯子，双手扶梯；梯子上有人行走时，他人不宜上梯。

（5）沟槽、基坑施工现场可根据环境状况修筑人行土坡道供施工人员使用。土坡的修建应符合如下标准：

1）坡道土体应稳定、坚实，以设阶梯，表面宜硬化处理，无障碍物。

2）宽度不宜小于1m，纵坡不宜陡于1∶3。

3）两侧应设边坡，沟槽两侧无条件设边坡时，应根据现场情况设防护栏杆。

4）施工中应采取防扬尘措施，并经常维护，保持完好。

（6）采用斜道（马道）时，脚手架必须置于坚固的地基上，斜道宽度不小于1m，纵坡不得陡于1∶3，支架必须牢固。

5. 上下交叉作业安全防护

（1）防护棚应坚固，其结构应经施工设计确定，能承受风荷载。采用木板时，其厚度不得小于5cm。

（2）防护棚的长度与宽度应依下层作业面的上方可能坠落物的高度情况而定：上方高度为2～5m时，不得小于3m；上方高度5～15m时，不得小于4m；上方高度15～30m时，不得小于5m；上方高度大于30m时，不得小于6m。

（3）防护棚应支搭牢固、严密。

5.7 施工与吊装机具的要求

（1）操作人员在工作中不得擅离岗位，不得操作与操作证规定不相符合的机械，不得将机械设备交给无本机种操作许可证的人员操作。

（2）操作人员必须按照本机说明书规定，严格执行工作前的检查制度、工作中注意观察和工作后的检查保养制度。

1）工作前应检查：

① 工作场地周围有无妨碍工作的障碍物；

② 油、水、电及其他保证机械设备正常运转的条件是否完备；

③ 安全装置、操作机构是否灵活可靠；

④ 指示仪表、指示灯显示是否正常可靠；

⑤ 油温、水温是否达到正常使用温度。

2）工作中应观察：

① 指示灯和仪表、工作和操作机构有无异常；

② 工作场地有无异常变化。

3）工作后应进行检查保养：

① 工作机构有无过热、松动或者其他故障；

② 参照例行保养规定进行例保作业；

③ 做好下一班的准备工作；

④ 填好机械操作履历表。

（3）驾驶室或操作室应保持整洁，严禁存放易燃易爆物品，严禁酒后操作机械，严禁机械带故障或者超负荷运转。

（4）机械设备在施工现场停放时，应选择安全的停放地点，关闭好驾驶室（操作室），要拉上驻车制动闸。坡道上停车时，要用三角木或石块抵住车轮。夜间应有专人看管。

（5）用手柄启动的机械应注意手柄倒转伤人，向机械内加油时附近应严禁烟火。

（6）柴、汽油机的正常工作温度应保持在60～90℃之间，温度在40℃以下时不得带负荷工作。

（7）对用水冷却的机械，当气温低于0℃时，工作后应及时放水，或采取其他防冻措施，以防冻裂机体。

（8）放置电动机的地点必须保持干燥，周围不得堆放杂物和易燃品。启动高压电开关以及高压电动机时，应戴绝缘手套，穿绝缘胶鞋。

5.8 施工用电的要求

5.8.1 临时用电

1. 临时用电组织设计

施工现场临时用电设备在5台及以上或设备总容量在50kW及以上者，应编制用电组织设计。

（1）施工现场临时用电组织设计应包括下列内容：

1）现场勘测。

2）确定电源进线、变电所或配电室、配电装置、用电设备位置及线路走向。

3）进行负荷计算。

4）选择变压器。

5）设计配电系统：

① 设计配电线路，选择导线或电缆；

② 设计配电装置，选择电器；

③ 设计接地装置；

④ 绘制临时用电工程图纸，主要包括用电工程总平面图、配电装置布置图、配电系统接线图、接地装置设计图；

⑤ 设计防雷装置；

⑥ 确定防护措施；

⑦ 制定安全用电措施和电气防火措施。

（2）临时用电工程图纸应单独绘制，临时用电工程应按图施工。

（3）临时用电组织设计及变更时，必须履行“编制、审核、批准”程序，由电气工程技术人员组织编制，经相关部门审核及具有法人资格企业的技术负责人批准后实施。变更用电组织设计时应补充有关图纸资料。

（4）临时用电工程必须经编制、审核、批准部门和使用单位共同验收，合格后方可投入使用。

（5）施工现场临时用电设备在5台以下和设备总容量在50kW以下者，应制定安全用电和电气防火措施，并应符合第（3）、（4）条规定。

2. 电工及用电人员

（1）电工必须经过按国家现行标准考核合格后，持证上岗工作；其他用电人员必须通过相关安全教育培训和技术交底，考核合格后方可上岗工作。

（2）安装、巡检、维修或拆除临时用电设备和线路，必须由电工完成，并应有人监护。电工等级应同工程的难易程度和技术复杂性相适应。

（3）各类用电人员应掌握安全用电基本知识和所用设备的性能，并应符合下列规定：

1）使用电气设备前必须按规定穿戴和配备好相应的劳动防护用品，并应检查电气装置和保护设施，严禁设备带“病”运转；

2）保管和维护所用设备，发现问题及时报告解决；

3）暂时停用设备的开关箱必须分断电源隔离开关，并应关门上锁；

4）移动电气设备时，必须经电工切断电源并做妥善处理后进行。

3. 安全技术档案

（1）施工现场临时用电必须建立安全技术档案，并应包括下列内容：

1）用电组织设计的全部资料；

2）修改用电组织设计的资料：

3）用电技术交底资料；

4）用电工程检查验收表；

5）电气设备的试、检验凭单和调试记录；

6）接地电阻、绝缘电阻和漏电保护器漏电动作参数测定记录；

7）定期检（复）查表；

8）电工安装、巡检、维修、拆除工作记录。

（2）安全技术档案应由主管该现场的电气技术人员负责建立与管理。其中“电工安装、巡检、维修、拆除工作记录”可指定电工代管，每周由项目经理审核认可，并应在临时用电工程拆除后统一归档。

（3）临时用电工程应定期检查。定期检查时，应复查接地电阻值和绝缘电阻值。

（4）临时用电工程定期检查应按分部、分项工程进行，有安全隐患必须及时处理，并应履行复查验收手续。

5.8.2 电气设备

1. 一般规定

（1）在施工现场专用变压器供电的TN-S接零保护系统中，电气设备的金属外壳必须与保护零线连接。保护零线应由工作接地线、配电室（总配电箱）电源侧零线或总漏电保护器电源侧零线处引出，如图5-1所示。

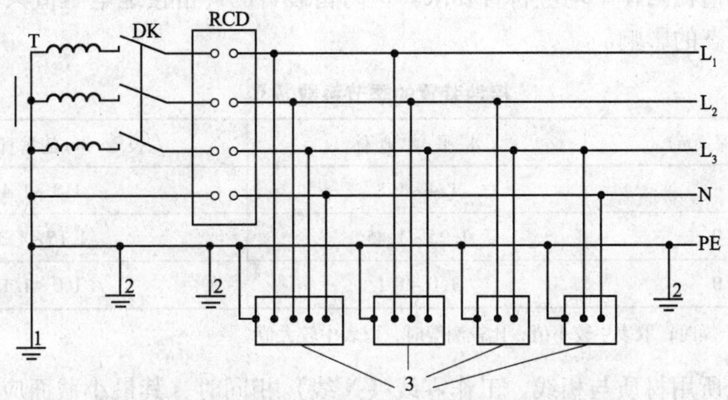

图5-1 专用变压器供电时TN-S接零保护示意图

（2）当施工现场与外电线路共用同一供电系统时，电气设备的接地、接零保护应与原系统保持一致。不得一部分设备做保护接零，另一部分设备做保护接地。

（3）采用TN系统做保护接零时，工作零线（N线）必须通过总漏电保护器，保护零线（PE线）必须由电源进线零线重复接地处或总漏电保护器电源侧零线处，引出形成局部TN-S接零保护系统，如图5-2所示。

（4）在TN接零保护系统中，通过总漏电保护器的工作零线与保护零线之间不得再做电气连接。

（5）在TN接零保护系统中，PE零线应单独敷设。重复接地线必须与PE线相连接，严禁与N线相连接。

（6）使用一次侧由50V以上电压的接零保护系统供电，二次侧为50V及以下电压的安全隔离变压器时，二次侧不得接地，并应将二次线路用绝缘管保护或采用橡皮护套软线。

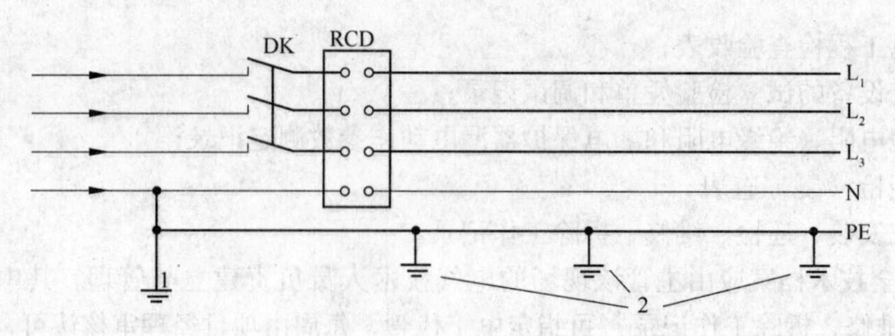

图 5-2 三相四线时局部 TN-S 接零保护系统保护零线引出示意图

（7）当采用普通隔离变压器时，其二次侧一端应接地，且变压器正常不带电的外露可导电部分应与一次回路保护零线相连接。

（8）变压器应采取防直接接触带电体的保护措施。

（9）施工现场的临时用电电力系统严禁利用大地作为相线或零线。

（10）TN 系统中的保护零线除必须在配电室或总配电箱处做重复接地外，还必须在配电系统的中间处和末端处做重复接地。

（11）在 TN 系统中，严禁将单独敷设的工作零线再做重复接地。

（12）接地装置的设置应考虑土壤干燥或冻结及季节变化的影响，并应符合表 5-1 的规定，接地电阻值在四季中均应符合要求。但防雷装置的冲击接地电阻值只考虑在雷雨季节中土壤干燥状态的影响。

接地装置的季节系数 ψ 值 **表 5-1**

埋　深（m）	水平接地体	长 2～3m 的垂直接地体
0.5	1.4～1.8	1.2～1.4
0.8～1.0	1.25～1.45	1.15～1.3
2.5～3.0	1.0～1.1	1.0～1.1

注：大地比较干燥时，取表中较小值；比较潮湿时，取表中较大值。

（13）PE 线所用材质与相线、工作零线（N 线）相同时，其最小截面应符合表 5-2 的规定。

PE 线截面与相线截面的关系 **表 5-2**

相线芯线截面 S（mm^2）	PE 线最小截面（mm^2）	相线芯线截面 S（mm^2）	PE 线最小截面（mm^2）
$S \leqslant 16$	S	$S > 35$	$S/2$
$16 < S \leqslant 35$	16		

（14）保护零线必须采用绝缘导线。

（15）配电装置和电动机械相连接的 PE 线应为截面不小于 $2.5mm^2$ 的绝缘多股铜线。手持式电动工具的 PE 线应为截面不小于 $1.5mm^2$ 的绝缘多股铜线。

（16）PE 线上严禁装设开关或熔断器，严禁通过工作电流，且严禁断线。

（17）相线、N 线、PE 线的颜色标记必须符合以下规定：相线 L1（A）、L2（B）、L3（C）相序的绝缘颜色依次为黄、绿、红色；N 线的绝缘颜色为淡蓝色；PE 线的绝缘颜色为绿/黄双色。任何情况下上述颜色标记严禁混用和互相代用。

（18）移动式发电机系统接地应符合电力变压器系统接地的要求。下列情况可不另做保护接零：

1）移动式发电机和用电设备固定在同一金属支架上，且不供给其他设备用电时。

2）不超过2台的用电设备由专用的移动式发电机供电，供电、用电设备间距不超过50m，且供电、用电设备的金属外壳之间有可靠的电气连接时。

2. 安全检查要点

（1）保护接零

1）在TN系统中，下列电气设备不带电的外露可导电部分应做保护接零：

① 电机、变压器、电器、照明器具、手持式电动工具的金属外壳。

② 电气设备传动装置的金属部件。

③ 配电柜与控制柜的金属框架。

④ 配电装置的金属箱体、框架及靠近带电部分的金属围栏和金属门。

⑤ 电力线路的金属保护管、敷线的钢索、起重机的底座和轨道、滑升模板金属操作平台等。

⑥ 安装在电力线路杆（塔）上的开关、电熔器等电气装置的金属外壳及支架。

2）城防、人防、隧道等潮湿或条件特别恶劣施工现场的电气设备必须采用保护接零。

3）在TN系统中，下列电气设备不带电的外露可导电部分，可不做保护接零：

① 在木质、沥青等不良导电地坪的干燥房间内，交流电压380V及以下的电气装置金属外壳（当维修人员可能同时触及电气设备金属外壳和接地金属物件时除外）。

② 安装在配电柜、控制柜金属框架和配电箱的金属箱体上，且与其可靠电气连接的电气测量仪表、电流互感器、电器的金属外壳。

（2）接地与接地电阻

1）单台容量超过100kVA或使用同一接地装置并联运行且总容量超过100kVA的电力变压器或发电机的工作接地电阻值不得大于4Ω。

2）单台容量不超过100kVA或使用同一接地装置并联运行且总容量不超过100kVA的电力变压器或发电机的工作接地电阻值不得大于10Ω。

3）在土壤电阻率大于1000Ω·m的地区，当接地电阻值达到10Ω有困难时，工作接地电阻值可提高到30Ω。

4）在TN系统中，保护零线每一处重复接地装置的接地电阻值不应大于10Ω。在工作接地电阻值允许达到10Ω的电力系统中，所有重复接地的等效电阻值不应大于10Ω。

5）每一接地装置的接地线应采用2根及以上导体，在不同点与接地体做电气连接。

6）不得采用铝导体做接地体或地下接地线。垂直接地体宜采用角钢、钢管或光面圆钢，不得采用螺纹钢。

7）接地可利用自然接地体，但应保证其电气连接和热稳定。

8）移动式发电机供电的用电设备，其金属外壳或底座应与发电机电源的接地装置有可靠的电气连接。

5.8.3 配电室

1. 一般规定

（1）配电室应靠近电源，并应设在灰尘少、潮气少、振动小、无腐蚀介质、无易燃易爆物及道路畅通的地方。

（2）成列的配电柜和控制柜两端应与重复接地线及保护零线做电气连接。

（3）配电室和控制室应能自然通风，并应采取防止雨雪侵入和动物进入的措施。

（4）配电室内的母线涂刷有色油漆，以标志相序；以柜正面方向为基准，其涂色应符合表5-3中的规定。

母线涂色 **表5-3**

相　别	颜　色	垂直排列	水平排列	引下排列
L1（A）	黄	上	后	左
L2（B）	绿	中	中	中
L3（C）	红	下	前	右
N	淡蓝			

（5）配电室的建筑物和构筑物的耐火等级不低于3级，室内配置沙箱和可用于扑灭电气火灾的灭火器。

（6）配电室的门向外开，并配锁。

（7）配电室的照明分别设置正常照明和事故照明。

（8）配电柜应编号，并应有用途标记。

（9）配电柜或配电线路停电维修时，应挂接地线，并应悬挂“禁止合闸、有人工作”停电标志牌。停、送电必须由专人负责。

（10）配电室应保持整洁，不得堆放任何妨碍操作、维修的杂物。

2. 安全检查要点

（1）配电柜正面的操作通道宽度，单列布置或双列背对背布置不小于1.5m，双列面对面布置不小于2m。

（2）配电柜后面的维护通道宽度，单列布置或双列面对面布置不小于0.8m，双列背对背布置不小于1.5m，个别地点有建筑物结构凸出的地方，则此点通道宽度可减少0.2m。

（3）配电柜侧面的维护通道宽度不小于1m。

（4）配电室的顶棚与地面的距离不低于3m。

（5）配电室内设置值班或检修室时，该室边缘距配电柜的水平距离大于1m，并采取屏障隔离。

（6）配电室内的裸母线与地面垂直距离小于2.5m时，采用遮栏隔离，遮栏下面通道的高度不小于1.9m。

（7）配电室围栏上端与其正上方带电部分的净距不小于0.075m。

（8）配电装置的上端距顶棚不小于0.5m。

（9）配电柜应装设电度表，并应装设电流、电压表。电流表与计费电度表不得共用一组电流互感器。

（10）配电柜应装设电源隔离开关及短路、过载、漏电保护电器。电源隔离开关分断时应有明显可见分断点。

5.8.4 配电室及配电开关箱

1. 一般规定

（1）配电箱、开关箱应装设在干燥、通风及常温场所，不得装设在有严重损伤作用的瓦斯、烟气、潮气及其他有害介质中，亦不得装设在易受外来固体物撞击、强烈振动、液体浸渍及热源烘烤场所。否则，应予清除或做防护处理。

（2）配电箱、开关箱周围应有足够2人同时工作的空间和通道，不得堆放任何妨碍操作、维修的物品，不得有灌木、杂草。

（3）总配电箱应设在靠近电源的区域，分配电箱应设在用电设备或负荷相对集中的区域。

（4）动力配电箱与照明配电箱若合并设置为同一配电箱时，动力和照明应分路配电；动力开关箱与照明开关箱必须分设。

（5）配电箱、开关箱应采用冷轧钢板或阻燃绝缘材料制作，钢板厚度应为1.2～2.0mm，其中开关箱箱体钢板厚度不得小于1.2mm，配电箱箱体钢板厚度不得小于1.5mm，箱体表面应做防腐处理。

（6）配电箱、开关箱内的连接线必须采用铜芯绝缘导线。导线绝缘的颜色标志应按要求配置并排列整齐；导线分支接头不得采用螺栓压接，应采用焊接并做绝缘包扎，不得有外露带电部分。

（7）配电箱、开关箱的金属箱体、电器安装板以及电器正常不带电的金属底座、外壳等必须通过PE线端子板与PE线做电气连接，金属箱门与箱体必须通过采用编织软铜线做电气连接。

（8）配电箱、开关箱中导线的进线口和出线口应设在箱体的下底面。

（9）配电箱、开关箱的进、出线口应配置固定线卡，进出线应加绝缘护套并成束卡固在箱体上，不得与箱体直接接触。移动式配电箱、开关箱的进、出线应采用橡皮护套绝缘电缆，不得有接头。

（10）配电箱、开关箱外形结构应能防雨、防尘。

2. 安全检查要点

（1）每台用电设备必须有各自专用的开关箱，严禁用同一个开关箱直接控制2台及2台以上用电设备（含插座）。

（2）配电箱、开关箱应装设端正、牢固。固定式配电箱、开关箱的中心点与地面的垂直距离应为1.4～1.6m。移动式配电箱、开关箱应装设在坚固、稳定的支架上。其中心点与地面的垂直距离应为0.8～1.6m。

（3）配电箱、开关箱内的电器（含插座）应先安装在金属或非木质阻燃绝缘电器安装板上，然后方可整体紧固在配电箱、开关箱箱体内。金属电器安装板与金属箱体应做电气连接。

（4）配电箱、开关箱内的电器（含插座）应按其规定位置紧固在电器安装板上，不得歪斜和松动。

(5) 配电箱的电器安装板上必须分设N线端子板和PE线端子板。N线端子板必须与金属电器安装板绝缘；PE线端子板必须与金属电器安装板做电气连接。进出线中的N线必须通过N线端子板连接；PE线必须通过PE线端子板连接。

(6) 配电箱、开关箱的箱体尺寸应与箱内电器的数量和尺寸相适应，箱内电器安装板板面电器安装尺寸可按照表5-4确定。

配电箱、开关箱内电器安装尺寸选择值 表5-4

间距名称	最小净距(mm)
并列电器(含单极熔断器)间	30
电器进、出线瓷管(塑胶管)孔与电器边沿间	15A，30 20~30A，50 >60A，80
上、下排电器进出线瓷管(塑胶管)孔间	25
电器进、出线瓷管(塑胶管)孔至板边	40
电器至板边	40

5.8.5 现场用电线路

1. 一般规定

(1) 架空线和室内配线必须采用绝缘导线或电缆。

(2) 架空线导线截面的选择应符合下列要求：

1) 导线中的计算负荷电流不大于其长期连续负荷允许载流量。

2) 线路末端电压偏移不大于其额定电压的5%。

3) 三相四线制线路的N线和PE线截面不小于相线截面的50%，单相线路的零线截面与相线截面相同。

4) 按机械强度要求，绝缘铜线截面不小于$10mm^2$，绝缘铝线截面不小于$16mm^2$。

5) 在跨越铁路、公路、河流、电力线路档距内，绝缘铜线截面不小于$16mm^2$，绝缘铝线截面不小于$25mm^2$。

(3) 架空线路相序排列应符合下列规定：

1) 动力、照明线在同一横担上架设时，导线相序排列是：面向负荷从左侧起依次为L1、N、L2、L3、PE。

2) 动力、照明线在二层横担上分别架设时，导线相序排列是：上层横担面向负荷从左侧起依次为L1、L2、L3；下层横担面向负荷从左侧起依次为L1(L2，L3)、N、PE。

(4) 架空线路宜采用钢筋混凝土杆或木杆。钢筋混凝土杆不得有露筋、宽度大于0.4mm的裂纹和扭曲；木杆不得腐朽，其梢径不应小于140mm。

(5) 电杆埋设深度宜为杆长的1/10加0.6m，回填土应分层夯实。在松软土质处宜加大埋入深度或采用卡盘等加固。

(6) 电缆中必须包含全部工作芯线和用作保护零线或保护线的芯线。需要三相四线制配电的电缆线路必须采用五芯电缆。五芯电缆必须包含淡蓝、绿/黄两种颜色绝缘芯线。

淡蓝色芯线必须用做 N 线；绿/黄双色芯线必须用做 PE 线，严禁混用。

(7) 电缆线路应采用埋地或架空敷设，严禁沿地面明设，并应避免机械损伤和介质腐蚀。埋地电缆路径应设方位标志。

(8) 电缆埋地敷设宜选用铠装电缆，当选用无铠装电缆时，应能防水、防腐。架空敷设宜选用无铠装电缆。

(9) 埋地电缆在穿越建筑物、构筑物、道路、易受机械损伤、介质腐蚀场所及引出地面从 2.0m 高到地下 0.2m 处，必须加设防护套管，防护套管内径不应小于电缆外径的 1.5 倍。

(10) 在建工程内的电缆线路必须采用电缆埋地引入，严禁穿越脚手架引入。电缆垂直敷设应充分利用在建工程的竖井、垂直孔洞等，并宜靠近用电负荷中心，固定点每楼层不得少于 1 处。电缆水平敷设宜沿墙或门口刚性固定，最大弧垂距地不得小于 2.0m。

(11) 装饰装修工程或其他特殊阶段，应补充编制单项施工用电方案。电源线可沿墙角、地面敷设，但应采取防机械损伤和电火措施，可采用穿阻燃绝缘管或线槽等遮护的办法。

(12) 室内配线应根据配线类型采用瓷瓶、瓷（塑料）夹、嵌绝缘槽、穿管或钢索敷设。

(13) 潮湿场所或埋地非电缆配线必须穿管敷设，管口和管接头应密封；当采用金属管敷设时，金属管必须做等电位连接，且必须与 PE 线相连接。

(14) 架空线路、电缆线路和室内配线必须有短路保护和过载保护：

1) 采用熔断器做短路保护时，其熔体额定电流不应大于明敷绝缘导线长期连续负荷允许载流量的 1.5 倍。

2) 采用断路器做短路保护时，其瞬动过流脱扣器脱扣电流整定值应小于线路末端单相短路电流。

3) 采用熔断器或断路器做过载保护时，绝缘导线长期连续负荷允许载流量不应小于熔断器熔体额定电流或断路器长延时过流脱扣器脱扣电流整定值的 1.25 倍。

4) 对穿管敷设的绝缘导线线路，其短路保护熔断器的熔体额定电流不应大于穿管绝缘导线长期连续负荷允许载流量的 2.5 倍。

2. 安全检查要点

(1) 架空线路

1) 架空线必须架设在专用电杆上，严禁架设在树木、脚手架及其他设施上。

2) 架空线在一个档距内，每层导线的接头数不得超过该层导线条数的 50%，且一条导线应只有一个接头。在跨越铁路、公路、河流、电力线路档距内，架空线不得有接头。

3) 架空线路的档距不得大于 35m。

4) 架空线路的线间距不得小于 0.3m，靠近电杆的两导线的间距不得小于 0.5m。

5) 架空线路横担间的最小垂直距离不得小于表 5-5 所列数值；横担宜采用角钢或方木，低压铁横担角钢应按表 5-6 选用，方木横担截面应按 80mm × 80mm 选用；横担长度应按表 5-7 选用。

横担间的最小垂直距离　表5-5

排列方式	直线杆（m）	分支或转角杆（m）
高压与低压	1.2	1.0
低压与低压	0.6	0.3

低压铁横担角钢选用　表5-6

导线截面（mm^2）	直线杆	分支或转角杆	
		二线及三线	四线及以上
16 25 35 50	∟50×5	2×∟50×5	2×∟63×5
70 95 120	∟63×5	2×∟63×5	2×∟70×6

横担长度（单位：m）　表5-7

二线	三线，四线	五线
0.7	1.5	1.8

6）架空线路与邻近线路或固定物的距离应符合表5-8的规定。

架空线路与邻近线路或固定物的距离（单位：m）　表5-8

<table>
<tr><th>项目</th><th colspan="7">距离类别</th></tr>
<tr><td rowspan="2">最小净空距离</td><td>架空线路的过引线、接下线与邻线</td><td colspan="3">架空线与架空线电杆外缘</td><td colspan="3">架空线与摆动最大时树梢</td></tr>
<tr><td>0.13</td><td colspan="3">0.05</td><td colspan="3">0.05</td></tr>
<tr><td rowspan="3">最小垂直距离</td><td rowspan="2">架空线同杆架设下方的通信、广播线路</td><td colspan="3">架空线最大弧垂与地面</td><td rowspan="2">架空线最大弧垂与暂设工程顶端</td><td colspan="2">架空线与邻近电力线路交叉</td></tr>
<tr><td>施工现场</td><td>机动车道</td><td>铁路轨道</td><td>1kV 以下</td><td>1～10kV</td></tr>
<tr><td>1.0</td><td>4.0</td><td>6.0</td><td>7.5</td><td>2.5</td><td>1.2</td><td>2.5</td></tr>
<tr><td rowspan="2">最小水平距离</td><td>架空线与路基边缘</td><td colspan="3">架空线电杆与电路轨道边缘</td><td colspan="3">架空线与建筑物凸出部分</td></tr>
<tr><td>1.0</td><td colspan="3">杆高（m）+3.0</td><td colspan="3">1.0</td></tr>
</table>

7）直线杆和15°以下的转角杆，可采用单横担单绝缘子，但跨越机动车道时应采用单横担双绝缘子；15°～45°的转角杆应采用双横担双绝缘子；45°以上的转角杆，应采用十字横担。

8）电杆的拉线宜采用不少于3根ϕ4.0的镀锌钢丝。拉线与电杆的夹角应在30°～45°之间。拉线埋设深度不得小于1m。电杆拉线如从导线之间穿过，应在高于地面2.5m处装设拉线绝缘子。

9）因受地形环境限制不能装设拉线时，可采用撑杆代替拉线，撑杆埋设深度不得小于0.8m，其底部应垫底盘或石块。撑杆与电杆夹角宜为30°。

10）接户线在档距内不得有接头，进线处离地高度不得小于2.5m。接户线最小截面应符合表5-9的规定。接户线线路间及与邻近线路间的距离应符合表5-10的要求。

接户线的最小截面 表5-9

接户线架设方式	接户线长度（m）	接户线截面（mm^2）	
		铜　线	铝　线
架空或沿墙敷设	10～25	6	10
	≤10	4	6

接户线线路间及与邻近线路间的距离 表5-10

接户线架设方式	接户线长度（m）	接户线线间距离（mm）
架空或沿墙敷设	≤25	150
	>25	200
沿墙敷设	≤6	100
	>6	150
架空接户线与广播电话线交叉时的距离（mm）		接户线在上部，600 接户线在下部，300
架空或沿墙敷设的接户线零线和相线交叉时的距离（mm）		100

（2）电缆线路

1）电缆直接埋地敷设的深度不应小于0.7m，并应在电缆紧邻上、下、左、右侧均匀敷设不小于50mm厚的细砂，然后覆盖砖或混凝土板等硬质保护层。

2）埋地电缆与其附近外电电缆和管沟的平行间距不得小于2m，交叉间距不得小于1m。

3）埋地电缆的接头应设在地面上的接线盒内，接线盒应能防水、防尘、防机械损伤，并应远离易燃、易爆、易腐蚀场所。

4）架空电缆应沿电杆、支架或墙壁敷设，并采用绝缘子固定，绑扎线必须采用绝缘线，固定点间距应保证电缆能承受自重所带来的荷载，敷设高度应符合《施工现场临时用电安全技术规范》（JGJ 46—2005）架空线路敷设高度的要求，但沿墙壁敷设时最大弧垂距地不得小于2.0m。

5）架空电缆严禁沿脚手架、树木或其他设施敷设。

（3）室内配线

1）室内非埋地明敷主干线距地面高度不得小于2.5m。

2）架空进户线的室外端应采用绝缘子固定，过墙处应穿管保护，距地面高度不得小于2.5m，并应采取防雨措施。

3）室内配线所用导线或电缆的截面应根据用电设备或线路的计算负荷确定，但铜线截面不应小于1.5mm，铝线截面不应小于2.5mm。

4）钢索配线的吊架间距不宜大于12m。采用瓷夹固定导线时，导线间距不应小于35mm，瓷夹间距不应大于800mm；采用瓷瓶固定导线时，导线间距不应小于100mm，瓷瓶间距不应大于1.5m；采用护套绝缘导线或电缆时，可直接敷设于钢索上。

5.8.6 照明用电

1. 一般规定

(1) 现场照明宜选用额定电压为220V的照明器，应采用高光效、长寿命的照明光源。对需大面积照明的场所，应采用高压汞灯、高压钠灯或混光用的卤钨灯等。

(2) 照明变压器必须使用双绕组型安全隔离变压器，严禁使用自耦变压器。

(3) 照明系统宜使三相负荷平衡，其中每一单相回路上，灯具和插座数量不宜超过25个，负荷电流不宜超过15A。

(4) 路灯的每个灯具应单独装设熔断器保护。灯头线应做防水弯。

(5) 荧光灯管应采用管座固定或用吊链悬挂。荧光灯的镇流器不得安装在易燃的结构物上。

(6) 投光灯的底座应安装牢固，应按需要的光轴方向将枢轴拧紧固定。

(7) 灯具内的接线必须牢固，灯具外的接线必须做可靠的防水绝缘包扎。

(8) 灯具的相线必须经开关控制，不得将相线直接引入灯具。

(9) 对夜间影响飞机或车辆通行的在建工程及机械设备，必须设置醒目的红色信号灯，其电源应设在施工现场总电源开关的前侧，并应设置外电线路停止供电时的应急自备电源。

(10) 无自然采光的地下大空间施工场所，应编制单项照明用电方案。

2. 安全检查要点

(1) 室外220V灯具距地面不得低于3m，室内220V灯具距地面不得低于2.5m。

(2) 普通灯具与易燃物距离不宜小于300mm；聚光灯、碘钨灯等高热灯具与易燃物距离不宜小于500mm，且不得直接照射易燃物。达不到规定安全距离时，应采取隔热措施。

(3) 碘钨灯及钠、铊、铟等金属卤化物灯具距地面应在3m以上，灯线应固定在接线柱上，不得靠近灯具表面。

(4) 螺口灯头及其接线应符合下列要求：

1) 灯头的绝缘外壳无损伤、无漏电。

2) 相线接在与中心触头相连的一端，零线接在与螺纹口相连的一端。

(5) 暂设工程的照明灯具宜采用拉线开关控制，开关安装位置宜符合下列要求：

1) 拉线开关距地面高度为2~3m，与出入口的水平距离为0.15~0.2m，拉线的出口向下。

2) 其他开关距地面高度为1.3m，与出入口的水平距离为0.15~0.2m。

(6) 携带式变压器的一次侧电源线应采用橡皮护套或塑料护套铜芯软电缆，中间不得有接头，长度不宜超过3m，其中绿/黄双色线只可作PE线使用，电源插销应有保护触头。

(7) 下列特殊场所应使用安全特低电压照明器：

1) 隧道、人防工程、高温、有导电灰尘、比较潮湿或灯具离地面高度低于2.5m等场所的照明，电源电压不应大于36V。

2) 潮湿和易触及带电体场所的照明，电源电压不得大于24V。

3) 特别潮湿场所、导电良好的地面、锅炉或金属容器内的照明，电源电压不得大于12V。

（8）使用行灯应符合下列要求：

1）电源电压不大于36V；

2）灯体与手柄应坚固、绝缘良好并耐热耐潮湿；

3）灯头与灯体结合牢固，灯头无开关；

4）灯泡外部有金属保护网；

5）金属网、反光罩、悬吊挂钩固定在灯具的绝缘部位上。

5.9 消防安全要求

1. 一般规定

（1）施工现场应按照国家和地方消防工作的方针、政策和消防法规的规定，根据工程特点、规模和现场环境状况确定消防管理机构并配备专（兼）职消防管理人员，制定消防管理制度，对施工人员进行消防知识的教育，对现场进行检查、防控，做好消防安全工作。

（2）施工组织设计中应根据施工中使用的机具、材料、气候和现场环境状况，分析施工过程中可能出现的消防隐患与可能出现的火灾事故（事件），制定相应的防火措施。

（3）施工现场应实行区域管理，作业区与生活区、库区应分开设置，并按规定配置相应的消防器材。

（4）施工现场使用的电气设备必须符合防火要求。临时用电必须安装过载保护装置，配电箱、开关箱不得使用易燃、可燃材料制作。

（5）现场一旦发生火灾事故（事件），必须立即组织人员扑救，及时准确地拨打火警电话，并保护现场，配合公安消防部门开展火灾原因调查，吸取教训，采取预防措施。

2. 临时建筑

（1）临时建筑应采用阻燃材料。

（2）电力架空线路下方不得支搭临时建筑，若需在其一侧搭建时，其水平距离不得小于6m。

（3）临时建筑与铁路、火灾危险区，易燃易爆物品、仓库边缘的距离，不得小于30m。

（4）施工现场厨房、锅炉房、汽车库、变电室之间的距离不得小于15m。

（5）临时建筑应搭建在厨房、锅炉房等动火部位区域的上风方向。

（6）生活区临时建筑应分组布置，组与组间应保持防火安全距离；门窗应向外开，室内净高不得小于2.5m。

（7）冬期施工由于条件限制，需采用铁制火炉供暖时，烟囱与房顶、电缆的距离不得小于70cm；火炉周围应设阻燃材质的围挡，其距床铺等生活用具不得小于1.5m；严禁使用柴油、汽油等引火。

（8）材料库设置应遵守下列规定：

1）各种材料应分类存放，易燃易爆和压缩可燃气容器等物品必须按其性质设置专用库房存放。

2）施工需用的易燃、易爆物品应据施工计划限量进入现场。

3）现场需设油库时，库房应有良好的自然通风；库房内净高不得小于3.5m，地面应具有耐火、防静电性能，坡度应为1%（向内）；门净高不得小于2m；门口应设内斜坡式门槛。照明必须采用外布线，灯具必须嵌入墙内；存放汽油时应采用防爆型灯具；油桶应按规定直立放置。

4）现场存放易燃材料的库房、木工加工场所、油漆配料房、防水和防腐作业场所，不得使用明露高热强光灯具。

3. 防火要求

（1）电焊工、气焊工

1）从事电焊、气割操作的人员，必须进行专门培训，掌握焊割的安全技术、操作规程，经过考试合格，取得操作合格证后方准操作。操作时应持证上岗。徒工学习期间，不能单独操作，必须在师傅的监护下进行操作。

2）严格执行用火审批程序和制度。操作前必须办理用火申请手续，经本单位领导同意和消防保卫或安全技术部门检查批准，领取用火许可证后方可进行操作。

3）用火审批人员要认真负责，严格把关。审批前要深入用火地点查看，确认无火险隐患后再行审批。批准用火应采取定时（时间）、定位（层、段、档）、定人（操作人、看火人）、定措施（应采取的具体防火措施），部位变动或仍需继续操作，应事先更换用火证。用火证只限当日本人使用，并要随身携带，以备消防保卫人员检查。

4）进行电焊、气割前，应由施工员或班组长向操作、看火人员进行消防安全技术措施交底，任何领导不能以任何借口纵容电、气焊工人进行冒险操作。

5）装过或有易燃、可燃液体、气体及化学危险物品的容器、管道和设备，在未彻底清洗干净前，不得进行焊割。

6）严禁在有可燃气体、粉尘或禁止明火的危险性场所焊割。在这些场所附近进行焊割时，应按有关规定，保持一定的防火距离。

7）遇有五级以上大风气候时，施工现场的高空和露天焊割作业应停止。

8）领导及生产技术人员，要合理安排工艺和编排施进度程序，在有可燃材料保温的部位，不准进行焊割作业。必要时，应在工艺安排和施工方法上采取严格的防火措施。焊割作业不准与油漆、喷漆、脱漆、木工等易燃操作同时间、同部位上下交叉作业。

9）焊割结束或离开操作现场时，必须切断电源、气源。赤热的焊嘴、焊钳以及焊条头等，禁止放在易燃、易爆物品和可燃物上。

10）禁止使用不合格的焊割工具和设备。电焊的导线不能与装有气体的气瓶接触，也不能与气焊的软管或气体的导管放在一起。焊把线和气焊的软管不得从生产、使用、储存易燃、易爆物品的场所或部位穿过。

11）焊割现场必须配备灭火器材，危险性较大的应有专人现场监护。

（2）油漆工

1）喷漆、涂漆的场所应有良好的通风，防止形成爆炸极限浓度，引起火灾或爆炸。

2）喷漆、涂漆的场所内禁止一切火源，应采用防爆的电气设备。

3）禁止与焊工同时间、同部位的上下交叉作业。

4）油漆工不能穿易产生静电的工作服。接触涂料、稀释剂的工具应采用防火花型的。

5）浸有涂料、稀释剂的破布、纱团、手套和工作服等，应及时清理，不能随意堆放，防止因化学反应而生热，发生自燃。

6）对使用中能分解、发热自燃的物料，要妥善管理。

（3）木工

1）操作间只能存放当班的用料，成品及半成品要及时运走。木工应做到活完场地清，刨花、锯末每班都打扫干净，倒在指定地点。

2）严格遵守操作规程，对旧木料一定要经过检查，起出铁钉等金属后，方可上锯锯料。

3）配电盘、刀闸下方不能堆放成品、半成品及废料。

4）工作完毕应拉闸断电，并经检查确无火险后方可离开。

（4）电工

1）电工应经过专门培训，掌握安装与维修的安全技术，并经过考试合格后，方准独立操作。

2）施工现场暂设线路、电气设备的安装与维修应执行《施工现场临时用电安全技术规范》。

3）新设、增设的电气设备，必须由主管部门或人员检查合格后，方可通电使用。

4）各种电气设备或线路，不应超过安全负荷，并要牢靠、绝缘良好和安装合格的保险设备，严禁用铜丝、钢丝等代替保险丝。

5）放置及使用易燃液体、气体的场所，应采用防爆型电气设备及照明灯具。

6）定期检查电气设备的绝缘电阻是否符合"不低于1kΩ/V（如对地220V绝缘电阻应不低于0.22mΩ）"的规定，发现隐患，应及时排除。

7）不可用纸、布或其他可燃材料做无骨架的灯罩，灯泡与可燃物应保持一定距离。

8）变（配）电室应保持清洁、干燥。变电室要有良好的通风。配电室内禁止吸烟、生火及保存与配电无关的物品（如食物等）。

9）当电线穿过墙壁、苇席或与其他物体接触时，应当在电线上套有磁管等绝燃材料加以隔绝。

10）电气设备和线路应经常检查，发现可能引起火花、短路、发热和绝缘损坏等情况时，必须立即修理。

11）各种机械设备的电闸箱内，必须保持清洁，不得存放其他物品，电闸箱应配销栓。

12）电气设备应安装在干燥处，各种电气设备应有妥善的防雨、防潮设施。

（5）仓库保管员

1）仓库保管员要牢记《仓库防火安全管理规则》。

2）熟悉存放物品的性质、储存中的防火要求及灭火方法，要严格按照其性质、包装、灭火方法、储存防火要求和密封条件等分别存放。性质相抵触的物品不得混存在一起。

3）严格按照"五距"储存物资。即垛与垛间距不小于1m；垛与墙间距不小于0.5m；垛与梁、柱的间距不小于0.3m；垛与散热器、供暖管道的间距不小于0.3m；照明灯具垂直下方与垛的水平间距不得小于0.5m。

4）库存物品应分类、分垛储存，主要通道的宽度不小于2m。

5）露天存放物品应当分类、分堆、分组和分垛，并留出必要的防火间距。甲、乙类桶装液体，不宜露天存放。

6）物品入库前应当进行检查，确定无火种等隐患后，方准入库。

7）库房门窗等应当严密，物资不能储存在预留孔洞的下方。

8）库房内照明灯具不准超过60W，并做到人走断电、锁门。

9）库房内严禁吸烟和使用明火。

10）库房管理人员在每日下班前，应对经管的库房巡查一遍，确认无火灾隐患后，关好门窗，切断电源后方准离开。

11）随时清扫库房内的可燃材料，保持地面清洁。

12）严禁在仓库内兼设办公室、休息室或更衣室、值班室以及进行各种加工作业等。

（6）喷灯操作工

1）喷灯加油时，要选择好安全地点，并认真检查喷灯是否有漏油或渗油的地方，发现漏油或渗油，应禁止使用。因为汽油的渗透性和流散性极好，一旦加油不慎倒出油或喷灯渗油，点火时极易引起着火。

2）喷灯加油时，应将加油防爆盖旋开，用漏斗灌入汽油。如加油不慎，油洒在灯体上，则应将油擦干净，同时放置在通风良好的地方，使汽油挥发掉再点火使用。加油不能过满，加到灯体容积的3/4即可。

3）喷灯在使用过程中需要添油时，应首先把灯的火焰熄灭，然后慢慢地旋松加油防爆盖放气，待放尽气和灯体冷却以后再添油。严禁带火加油。

4）喷灯点火后先要预热喷嘴。预热喷嘴应利用喷灯上的贮油杯，不能图省事采取喷灯对喷的方法或用炉火烘烤的方法进行预热，防止造成灯内的油类蒸汽膨胀，使灯体爆破伤人或引起火灾。放气点火时，要慢慢地旋开手轮，防止放气太急将油带出起火。

5）喷灯作业时，火焰与加工件应注意保持适当的距离，防止高热反射造成灯体内气体膨胀而发生事故。

6）高空作业使用喷灯时，应在地面上点燃喷灯后，将火焰调至最小，用绳子吊去，不应携带点燃的喷灯攀高。作业点下面及周围不允许堆放可燃物，防止金属熔渣及火花掉落在可燃物上发生火灾。

7）在地下人井或地沟内使用喷灯时，应先进行通风，排除该场所内的易燃、可燃气体。严禁在地下人井或地沟内进行点火，应在距离人井或地沟1.5～2m以外的地面点火，然后用绳子将喷灯吊下去使用。

8）使用喷灯，禁止与喷漆、木工等工序同时间、同部位、上下交叉作业。

9）喷灯连续使用时间不宜过长，发现灯体发烫时，应停止使用，进行冷却，防止气体膨胀，发生爆炸引起火灾。

10）使用喷灯的操作人员，应经过专门训练，其他人员不应随便使用喷灯。

11）喷灯使用一段时间后应进行检查和保养。手动泵应保持清洁，不应有污物进入泵体内，手动泵内的活塞应经常加少量机油，保持润滑，防止活塞干燥碎裂，加油防爆盖上装有安全防爆器，在压力600～800Pa范围内能自动开启关闭，在一般情况下不应拆开，以防失效。

12）煤油和汽油喷灯，应有明显的标志，煤油喷灯严禁使用汽油燃料。

13）使用后的喷灯，应冷却后，将余气放掉，才能存放在安全地点，不应与废棉纱、手套、绳子等可燃物混放在一起。

4. 消防器具与措施

(1) 施工现场应设置消防通道，其宽度不得小于3.5m。消防通道不能环行时，应在适当地点修建回转车辆场地。

(2) 施工现场必须配备足够的消防器材、设施，合理布局，并设标志，经常维护保养，按规定期限检查、更换，保持灵敏、有效。

(3) 施工现场设置的消防进水管直径不得小于100mm。消火栓应设置在消防通道附近。

(4) 设置灭火器应遵守下列规定：

1）灭火器应设置在明显和便于取用的地点，且不得影响安全疏散。

2）灭火器应设置稳固，其铭牌必须朝外。

3）手提式灭火器应设置在挂钩、托架或灭火器箱内，其顶部距地面高度不得大于1.5m，底部距地面高度不得小于15cm。

4）灭火器不得设置在潮湿和有腐蚀性的地点，若必须设置时，应有保护措施。设置在室外的灭火器，应设防雨淋、暴晒的设施。

5）灭火器不得设置在超出其使用温度范围的地点。

6）施工现场一个灭火器配置场所内的灭火器不得少于2具，要害部位配备的灭火器不得少于4具。

(5) 高度超过24m的建（构）筑物，应安装临时消防竖管，其直径不得小于75mm，每结构层应设消火栓口，并配备相应的水龙带。

(6) 选择灭火器应符合现行《建筑灭火器配置设计规范》的要求，并应遵守下列规定：

1）扑救含碳固体可燃物，如：木材、棉、麻、毛、纸张等A类火灾应选用水型、泡沫、磷酸铵盐干粉（ABC）、卤代烷型灭火器。

2）扑救甲、乙、丙类液体，如：汽油、煤油、柴油等燃烧的B类火灾应选用干粉、泡沫、卤代烷、二氧化碳型灭火器；扑救极性溶剂B类火灾不得选用化学泡沫灭火器。

3）扑救可燃气体，如：煤气、天然气、甲烷、乙炔气等燃烧的C类火灾应选用干粉、卤代烷、二氧化碳型灭火器。

4）扑救可燃金属，如：钾、钠、镁、钛、锆、铝镁合金等燃烧的D类火灾应选用专用灭火器。

5）扑救带电物体燃烧的火灾应选用卤代烷、二氧化碳、干粉型灭火器。

5.10 钢结构工程安全技术措施与交底内容

(1) 施工人员应熟知本工种的安全技术操作规程及作业技能，作业前进行安全交底教育，不适应高空作业的人员禁止进场作业，施工人员必须正确使用个人防护用品，戴好安全帽，系好下额带，锁好带扣。登高（2m以上）作业时必须系挂合格的安全带，系挂牢固，高挂底用。禁止穿拖鞋或塑料底鞋高空作业，严禁穿拖鞋或塑料底鞋高空作业，禁止酒后作业。

（2）电气焊作业，要持有操作证、用火证并清理周围易燃易爆物品，氧气、乙炔两瓶间距工作点距离应符合规范，焊机双线应到位，配置合格有效的消防器材，设专人看火。焊机拆装由专业电工完成，禁止操作与自己无关的机械设备。

（3）禁止带电操作，线路禁止带负荷接断电。

（4）登高作业必须佩带工具袋，穿防滑鞋，工具应放在工具袋内，不得随意放在钢梁上或易失落的地方，如有手工工具（如手锤，扳手，撬棍等）须穿上安全绳，防止失落伤人。

（5）现场作业人员禁止吸烟，追逐打闹，特殊工种必须持证上岗。

（6）非专职人员不得从事电工作业，临时用电线路架空铺设，并做好绝缘措施，严防刮、砸、碰线缆。

（7）吊索具在使用前必须检查，不符合安全要求禁止使用。

（8）吊装作业由专职信号工指挥，超高吊装要有清晰可视的旗语或笛声及对讲机指挥，在视线盲区要设两人指挥起重作业。

（9）吊物在起吊离地 0.3m 时检查索具，确定安全后方可起吊，并严禁起重机超负荷作业。

（10）构件起吊时，构件上严禁站人或放零散未装容器的构件。

（11）在构件下方和起重大臂扭转区域内，不得有人员停留走动。

（12）在构件就位时应拉住缆绳，协助就位，此时人员应站在构件两侧。

（13）构件就位后，应采用安装焊柱或焊接方式固定，不可采用临时码放、搁置的方式，防止高空坠落及意外，必须在就位后立刻焊接牢固。

（14）钢结构作业使用电气设备，要做到人走机停拉闸断电，方能不留隐患。

（15）安装时，施工荷载严禁超过桁架、檩条、墙架等的承载能力。

（16）在安装构件时，应在人员高空作业处挂安全网，在施工区或地面应设围栏或者警示标志，并有专门人员负责监视。

（17）安装柱子或屋架构件时应设临时支撑或缆风绳，保证结构的整体稳定性，凡设计有支撑的，应随吊装进度安装牢固。

（18）施工用电动机械的设备应接地，采用三相五线制和三级漏电保护装置。

（19）高空吊装作业，应沿着执行其中信号指挥的信号，当风力达到 7 级以上标准时，应停止所有吊装工作。

（20）施工准备材料及机具。

1）钢结构构件应符合设计要求和《钢结构工程施工质量验收规范》(GB 50205）的规定，有质量合格证明和验收报告。

2）连接材料应符合设计要求和国家现行有关标准的规定，有质量合格证明文件和检验报告。

3）机具：电焊机，把线，焊钳，大锤，千斤顶，撬棍，扳手，捯链，吊车，钢丝绳，卡环，经纬仪，钢尺，线坠，墨线，垫木，梯子等。

4）作业条件：

① 钢结构主要构件的中心线基准点等标记应齐全。

② 钢结构的安装顺序，应确保结构的稳定性和不导致永久变形。

③ 安装前，应核对进场的构件，查验质量证明书和设计变更文件。

④ 构件在工地组装，焊接和涂层等的质量要求，均应符合《钢结构工程施工质量验收规范》(GB 50205) 的有关规定

⑤ 构件在运输和初装过程中，被破坏的涂层部分以及安装连接处，应及时补涂和修整。

(21) 操作工艺流程：基础和支承面——安装和校正——连接和固定。

(22) 基础和支撑面，应取得基础验收的合格资料，复核各项数据，并标注基础表面。

5.11 钢结构现场脚手架要求

5.11.1 一般规定

(1) 钢管采用外径为 48 ~ 51mm，壁厚 3 ~ 3.5mm 的管材。

(2) 钢管应平直光滑，无裂缝、结疤、分层、错位、硬弯、毛刺、压痕和深的划道。

(3) 钢管应有产品质量合格证，钢管必须涂有防锈漆并严禁打孔。

(4) 钢管两端截面应平直，切斜偏差不大于 1.7mm，严禁有毛口、卷口和斜口等现象。

(5) 脚手架钢管的尺寸按规范采用，每根钢管的最大重量不应大于 25kg。

5.11.2 扣件式钢管脚手架

1. 一般规定

(1) 脚手架应由立杆（冲天）、纵向水平杆（大横杆、顺水杆）、横向水平杆（小横杆）、剪刀撑（十字盖）、抛撑（压栏子）、纵、横扫地杆和拉结点等组成，脚手架必须有足够的强度、刚度和稳定性，在允许施工荷载作用下，确保不变形、不倾斜、不摇晃。

(2) 脚手架搭设前应清除障碍物、平整场地、夯实基土、做好排水，根据脚手架专项安全施工组织设计（施工方案）和安全技术措施交底的要求，基础验收合格后，放线定位。

(3) 垫板宜采用长度不少于 2 跨，厚度不小于 5cm 的木板也可采用槽钢，底座应准确放在定位位置上。

(4) 扣件安装应符合下列规定：

1）扣件规格必须与钢管外径（48mm 或 51mm）相同。

2）螺栓拧紧扭力矩不应小于 40N·m，且不应大于 65N·m。

3）在主节点处固定横向水平杆、纵向水平杆、剪刀撑、横向斜撑等用的直角扣件、旋转扣件的中心点的相互距离不应大于 150mm。

4）对接扣件开口应朝上或超内。

5）各杆件端头伸出扣件盖板边缘的长度不应小于 100mm。

(5) 脚手板德铺设应符合下列规定：

1）脚手板应铺满、铺稳，离开墙面 120 ~ 150mm。

2）采用对接或搭接时均应符合《建筑施工扣件式钢管脚手架安全技术规范》规定，脚手板探头应用直径3.2mm的镀锌钢丝固定在支撑杆件上。

3）在拐角、斜道平台口处的脚手板，应与横向水平杆可靠连接，防止活动。

4）自顶层作业层的脚手板往下计，宜每隔12m满铺一层脚手板。

（6）脚手架必须配合施工进度搭设，一次搭设高度不宜超过相邻连墙件以上两步。

（7）每搭完一步脚手架后，应按规定校正步距、纵距、横距及立杆的垂直度。

2. 搭设要求

（1）立杆搭设

1）严禁将外径48mm与51mm的钢管混合使用。

2）相邻立杆的对接扣件不得在同一高度内。

3）开始搭设立杆时，应每隔6跨设置一根抛撑，直至连墙件安装稳定后，方可根据情况拆除。

4）当搭至有连墙件的构造点时，在搭设完该处的立杆、纵向水平杆、横向水平杆后，应立即设置连墙件。

5）立杆接长除顶层顶步外，其余各层各步接头不许采用对接扣件连接。

6）立杆顶端宜高出女儿墙顶端1m，高出檐口顶端1.5m。

（2）纵向水平杆搭设

1）纵向水平杆宜设置在立杆内侧，其长度不宜小于3跨。

2）纵向水平杆接长宜采用对接扣件连接，也可采用搭接。

3）纵向水平杆的对接扣件应交错布置，两根相邻纵向水平杆的接头不宜设置在同步或同跨内。

4）不同步或不同跨两个相邻接头在水平方向错开的距离不应小于500mm；各接头中心至最近主节点的距离不宜大于纵距的1/3。

5）搭接长度不宜小于1m，应等间距设置3个旋转扣件固定，端部扣件盖板边缘至搭接纵向水平杆杆端的距离不应小于100mm。

6）当使用冲压钢脚手板、木脚手板、竹串片脚手板时，纵向水平杆应为横向水平杆的支座，用直角扣件固定在立杆上。

7）当使用竹笆脚手板时，纵向水平杆应采用直角扣件固定在横向水平杆上，并应等间距设置，间距不应大于400mm。

8）在封闭型脚手架的同一步中，纵向水平杆应四周交圈，用直角扣件与内外角部立杆固定。

（3）横向水平杆搭设

1）主节点处必须设置一根横向水平杆，用直角扣件扣接且严禁拆除。

2）作业层上非主节点处的横向水平杆，宜根据支承脚手板的需要等间距设置，最大间距不应大于纵距的1/2。

3）当使用冲压钢脚手板、木脚手板、竹串片脚手板时，双排脚手架的横向水平杆两端均应采用直角扣件固定在纵向水平杆上；单排脚手架的横向水平杆的一端，应用直角扣件固定在纵向水平杆上，另一端应插入墙内，插入长度不应小于180mm。

4）使用竹笆脚手板时，双排脚手架的横向水平杆两端应用直角扣件固定在立杆上；

单排脚手架的横向水平杆的一端应用直角扣件固定在立杆上，另一端应插入墙内，插入长度不应小于180mm。

5）双排脚手架横向水平杆的靠墙一端至墙装饰面的距离不宜大于100mm。

6）单排脚手架的横向水平杆不应设置在下列部位：

① 设计上不允许留脚手眼的部位。

② 过梁上与过梁两端成60°角的三角形范围内及过梁净跨度1/2的高度范围内。

③ 宽度小于1m的窗间墙。

④ 梁或梁垫下及其两侧各200mm的范围内。

⑤ 砖砌体的门窗洞口两侧200mm和转角处450mm的范围内；其他砌体的门窗洞口两侧300mm和转角处600mm的范围内。

⑥ 独立或附墙砖柱。

（4）纵向、横向扫地杆搭设

1）脚手架必须设置纵、横向扫地杆。

2）纵向扫地杆应采用直角扣件固定在距底座顶部不大于200mm处的立杆上。

3）横向扫地杆也应采用直角扣件固定在紧靠纵向扫地杆下方的立杆上。

4）当立杆基础不在同一高度上时，必须将高处的纵向扫地杆向低处延长两跨与立杆固定，高低差不应大于1m。

5）紧靠坡上方的立杆轴线到边坡的距离不应小于500mm。

（5）连墙件搭设

1）连墙件宜靠近主节点的位置，偏离主节点的距离不应大于300mm。

2）应从底层第一步纵向水平杆处开始设置，当该处设置有困难时，应采用其他可靠措施固定。

3）宜优先采用菱形布置，也可采用方形、矩形布置。

4）一字型、开口型脚手架的两端必须设置连墙件，连墙件的垂直间距不应大于建筑物的层高，并不应大于4m（两步）。

5）对高度在24m以下的单、双排脚手架，宜采用刚性连墙件与建筑物可靠连接，亦可采用拉筋和顶撑配合使用的附墙连接方式。严禁使用仅有拉筋的柔性连墙件。

6）对高度在24m以上的双排脚手架，必须采用刚性连墙件与建筑物可靠连接。

7）连墙件中的连墙杆或拉筋宜呈水平设置，当不能水平设置时，与脚手架连接的一端应下斜连接，不宜采用上斜连接。

8）当脚手架下部暂不能设连墙件时可搭设抛撑。抛撑应采用通长杆件与脚手架可靠连接，与地面的倾角应在45°~60°之间；连接点中心至主节点的距离不应大于300mm。抛撑应在连墙件搭设后方可拆除。

9）当脚手架施工操作层高出连墙件两步时，应采用临时稳定措施，直到上一层连墙件搭设完后方可根据情况拆除。

（6）门洞搭设

1）单、双排脚手架门洞宜采用上升斜杆、平行杆桁架结构形式，斜杆与地面的倾角应在45°~60°之间。

2）单排脚手架门洞外，应在平面桁架的每一节设置一根斜腹杆；双排脚手架门洞外的空间桁架，除下平面外，应在其余5个平面内设置一根斜腹杆。

3）斜腹杆宜采用旋转扣件固定在与之相交的横向水平杆的伸出墙上，旋转中心线至主节点的距离不宜大于150mm。

4）当斜腹杆在1跨内跨越2个步距时，宜在相交的纵向水平杆处，增设一根横向水平杆，将斜腹杆固定在其伸出端上。

5）斜腹杆宜采用通长杆件，当必须接长使用时，宜采用对接扣件连接，也可采用搭接。

6）单排脚手架过窗洞时应增设立杆或增设一根纵向水平杆。

7）门洞桁架下的两侧立杆应为双管立杆，副立杆高度应高于门洞口1～2步。

8）门洞桁架中伸出上下杆的杆件端头，均应设一个防滑扣件，该扣件宜紧靠主节点处的扣件。

（7）剪刀撑与横向斜撑搭设

1）双排脚手架应设剪刀撑与横向斜撑，单排脚手架应设剪刀撑。

2）每道剪刀撑跨越立杆的根数宜按规定确定。

3）每道剪刀撑宽度不应小于4跨，且不应小于6m，斜杆与地面的倾角宜在45°～60°之间。

4）高度在24m以下的单、双排脚手架，均必须在外侧立面的两端各设置一道剪刀撑，并应由底至顶连续设置。

5）高度在24m以上的双排脚手架应在外侧立面整个长度和高度上连续设置剪刀撑。

6）剪刀撑斜杆的接长宜用搭接。

7）剪刀撑斜杆应用旋转扣件固定在与之相交的横向水平杆的伸出端或立杆上，旋转扣件中心线至主节点的距离不宜大于150mm。

8）横向斜撑的设置应符合下列规定：

① 横向斜撑应在同一节间，由底至顶层呈之字形连续布置。

② 一字形、开口形双排脚手架的两端均必须设置横向斜撑。

③ 高度在24m以下的封闭型双排脚手架可不设横向斜撑，高度在24m以上的封闭型脚手架，除拐角应设横向斜撑外，中间应每隔6跨设置一道。

9）剪刀撑、横向斜撑搭设应随立杆、纵向和横向水平杆等同步搭设。

（8）斜道搭设

1）人行并兼作材料运输的斜道的形式宜按下列要求确定：

① 高度不大于6的脚手架，宜采用“一”字形斜道。

② 高度大于6的脚手架，宜采用“之”字形斜道。

2）斜道宜附着外脚手架或建筑物设置。

3）运料斜道宽度不宜小于1.5m，坡度宜采用1∶6；人行斜道宽度不宜小于1m，坡度宜采用1∶3。

4）拐弯处应设置平台，其宽度不宜小于斜道宽度。

5）斜道两侧及平台外围均应设置栏杆及挡脚板。栏杆高度应为1.2m，挡脚板高度不应小于180mm。

6）运料斜道两侧、平台外围和端部均应按规定设置连墙件；每两步应加设水平斜杆；

并按规范规定设置剪刀撑和横向斜撑。

7）斜道脚手板构造应符合下列规定：

① 脚手板横铺时，应在横向水平杆下增设纵向支托杆，纵向支托杆间距不应大于500mm。

② 脚手板顺铺时，接头宜采用搭接；下面的板头应压住上面的板头，板头的凸棱处宜采用三角木填顺。

③ 人行斜道和运料斜道的脚手板上应每隔250～30mm设置一根防滑木条，木条厚度宜为20～30mm。

（9）栏杆和挡脚板搭设

1）栏杆和挡脚板应搭设在外立杆的内侧。

2）上栏杆顶端高度应为1.2m。

3）挡脚板高度不应小于180mm。

4）中栏杆应居中设置。

3. 拆除要求

1）拆除脚手架前应全面检查脚手架的扣件连接、连墙体、支撑体系等是否符合构造要求。

2）应根据检查结果补充完善施工组织设计中的拆除顺序和措施，经主管部门批准后方可实施拆除。

3）拆除脚手架前应由单位工程负责人进行拆除安全技术交底。

4）拆除脚手架前应清除脚手架上杂物及地面障碍物。

5）拆除作业必须由上而下逐层进行，严禁上下同时作业。

6）连墙件必须随脚手架逐层拆除，严禁先将连墙件整层或数层拆除后再拆脚手架；分段拆除高差不应大于两步，如高差大于两步，应增设连墙件加固。

7）当脚手架拆至最后一根长立杆的高度（约6.5m）时，应先在设档位置搭设临时抛撑加固后，再拆除连墙件。

8）当脚手架采取分段、分立面拆除时，对不拆除的脚手架两端，应先设置连墙件和横向斜撑加固定。

9）拆除的各构配件严禁抛掷至地面。

10）运至地面的构配件应按规定及时检查、整修与保养，应按品种、规格随时码堆存放。

4. 检查与验收

（1）构配件检查与验收

构配件的偏差应符合规范的规定。

（2）脚手架检查与验收

1）脚手架及其他地基基础应在下列阶段进行检查与验收：

① 基础完工后及脚手架搭设前。

② 作业层上施加荷载前。

③ 每搭设完10～13m高度后。

④ 达到设计高度后。

⑤ 遇有六级大风与大雨后；寒冷地区开冻后。

⑥ 停用超过一个月。

2）进行脚手架检查、验收时应根据下列技术文件：

①《建筑施工扣件式钢管脚手架安全技术规范》(JGJ 130—2001）相关规定。

② 施工组织设计及变更文件。

③ 技术交底文件。

3）脚手架使用中，应定期检查下列项目：

① 杆件的设置和连接，连墙件、支撑、门洞桁架等的构造是否符合要求。

② 地基是否积水，底座是否松动，立杆是否悬空。

③ 扣件螺栓是否松动。

④ 高度在24m以上的脚手架，其立杆的沉降与垂直度的偏差是否符合规范中的规定。

⑤ 安全防护措施是否符合要求。

⑥ 是否超载。

4）脚手架搭设的技术要求、允许偏差与检验方法，应符合规范的规定。

5）安装后的扣件螺栓拧紧扭力矩应采用扭力扳手检查，抽样方法应按随机分布原则进行。抽样检查数目与质量判定标准，应按规范的规定确定。不符合的必须重新拧紧，直至合格为止。

5. 安全管理

1）脚手架搭设人员必须是经过《特种作业人员安全技术考核管理原则》(QJ 1423—1988）考核合格的专业架子工。上岗人员应定期体检，合格者方可持证上岗。

2）搭设脚手架人员必须戴安全帽、系安全带、穿防滑鞋。

3）脚手架的构配件质量与搭设质量，应按规定进行检查验收，合格后方准使用。

4）作业层上的施工荷载应符合设计要求，不得超载。不得将模板支架、缆风绳、泵送混凝土和砂浆的输送管等固定在脚手架上；严禁悬挂起重设备。

5）当有六级及六级以上大风和雾、雨、雪天气时停止脚手架搭设与拆除作业。雨、雪后上架作业应有防滑措施，应扫除积雪。

6）脚手架的安全检查与维护应定期进行。安全网应按有关规定搭设或拆除。

7）在脚手架使用期间，严禁拆除下列杆件：

① 主节点处的纵、横向水平杆，纵、横向扫地杆。

② 连墙件。

③ 加固杆件，如剪刀撑。

8）不得在脚手架基础及其邻近处进行挖掘作业，如须进行挖掘作业的应采取安全措施，并报主管部门批准。

9）临街搭设脚手架时，外侧应有防止坠物伤人的防护措施。

10）在脚手架上进行电、气焊作业时，必须有防火措施和专人看守。

11）工地临时用电线路的架设及脚手架接地、避雷措施等，应按现行行业标准《施工现场临时用电安全技术规范》(JGJ 46—2005）的有关规定执行。

12）搭拆脚手架时，地面应设围栏和警戒标志，并派专人看守，严禁非操作人员入内。

5.11.3 门式钢管脚手架

1. 搭设要求

（1）门架及配件搭设

1）门架跨距应符合现行行业标准《建筑施工门式钢管脚手架安全技术规范》（JGJ 128—2000）的规定，并与交叉支撑规格配合。

2）门架立杆离墙面净距不宜大于150mm；大于150mm时应采取内挑架板或其他防护的安全措施。

3）门架的内外两侧均应设置交叉支撑并应与门架立杆上的锁销锁牢。

4）上下榀门架的组装必须设置连接棒及锁臂，连接棒直径应小于立杆内径的1～2mm。

5）在脚手架的操作层上应连续满铺与门架配套的挂扣式脚手板，并扣紧挡板，防止脚手板脱落和松动。

6）水平架设置应符合下列规定：

① 在脚手架的顶层门架上部、连墙体设置层、防护棚设置处必须设置。

② 当脚手架搭设高度 $H \leqslant 45$m 时，沿脚手架高度，水平架应至少两步一设；当脚手架搭设高度 $H < 45$m 时，水平架应每步一设；无论脚手架多高，均应在脚手架的转角处、端部及间断处的一个跨距范围内每步一设。

③ 水平架在其设置层面内连续设置。

④ 当因施工需要，临时局部拆除脚手架内侧交叉支撑时，应在拆除交叉支撑的门架上方及下方设置水平架。

⑤ 水平架可由挂扣式脚手板或门架两侧设置的水平加固杆代替。

7）底步门架的立杆下端应设置固定底座或可调底座。

8）门架安装应自一端向另一端延伸，并逐层改变搭设方向，不得相对进行。搭完一步架后，应按要求检查并调整其水平度与垂直度。

9）交叉支撑、水平架或脚手板应紧随门架的安装及时设置。

10）连接门架与配件的锁臂、搭钩必须处于锁住状态。

11）水平架或脚手板应在同一步内连续设置，脚手板应满铺。

12）底层钢梯的底部应加设钢管并用扣件紧在门架的立杆上，钢梯的两侧均应设置扶手，每段梯可跨越两步或三步门架再行转折。

13）栏板（杆）、挡脚板应设置在脚手架操作层外侧、门架立杆的内侧。

（2）加固件搭设

1）剪刀撑设置应符合下列规定：

① 脚手架高度超过20m时，应在脚手架外侧连续设置。

② 剪刀撑斜杆与地面倾角宜为45°～60°，剪刀撑宽度宜为4～8m。

③ 剪刀撑应采用扣件与门架立杆扣紧。

④ 剪刀撑斜杆若采用搭接接长，搭接长度不宜小于600mm，搭接处应采用两个扣件扣紧。

2）水平加固杆设置应符合以下规定：

① 当脚手架高度超过20m时，应在脚手架外侧每隔4步设置一道，并应在有连墙件

的水平层设置。

② 设置纵向水平加固杆应连续，并形成水平闭合圈。

③ 在脚手架的底步门架下端应加封口杆，门架的内外两侧应设通长扫地杆。

④ 水平加固杆应采用扣件与门架立杆扣牢。

3）加固杆、剪刀撑必须与脚手架同步搭设。

4）水平加固杆应设于门架杆内侧，剪刀撑应设于门架立杆外侧并连接牢固。

（3）连墙件搭设

1）脚手架必须采用连墙件，与建筑物做到可靠连接。

2）在脚手架的转角处、不闭合（一字形、槽形）脚手架的两端应增设连墙件，其竖向间距不应大于4.0m。

3）在脚手架外侧因设置防护棚或安全网而承受偏心荷载的部位，应增设连墙件，其水平间距不应大于4.0m。

4）连墙件应能承受拉力与压力，其承载力标准值不应小于10kN；连墙件与门架、建筑物的连接也应具有相应的连接强度。

5）连墙件的搭设必须随脚手架搭设同步进行，严禁滞后设置或搭设完毕后补做。

6）当脚手架操作层高出相邻连墙件以上两步时，应采用确保脚手架稳定的临时拉结措施，直到连墙件搭设完毕后方可拆除。

7）连墙件宜垂直于墙面，不得向上倾斜，连墙件埋入墙身的部分必须锚固可靠。

8）连墙件应连于上、下两榀门架的接头附近。

（4）通道洞口

1）通道洞口高不宜大于2个门架，宽不宜大于1个门架跨距。

2）当洞口宽度为一个跨距时，应在脚手架洞口上方的内外侧设置水平加固杆，在洞口两上角加斜撑杆。

3）当洞口宽为两个及两个以上跨距时，应在洞口上方设置经专门设计和制作的托架，并加强洞口两侧的门架立杆。

（5）扣件连接

1）扣件规格应与所连钢管外径相匹配。

2）扣件螺栓拧紧扭力矩宜为50~60N·m，并不得小于40N·m。

3）各杆件端头伸出扣件盖板边缘长度不应小于100mm。

（6）脚手架搭设的垂直度与水平度允许偏差应符合规范的要求。

2. 拆除要求

（1）脚手架经单位工程负责人检查验证并确认不再需要时，方可拆除。

（2）拆除脚手架前，应清除脚手架上的材料、工具和杂物。

（3）拆除脚手架时，应设置警戒区和警戒标志，并由专职人员负责警戒。

（4）脚手架的拆除应在统一指挥下，按后装先拆、先装后拆的顺序及下列安全作业的要求进行：

1）脚手架的拆除应从一端走向令一端，自上而下逐层地进行。

2）同一层的构配件和加固件应按先上后下、先外后里的顺序进行，最后拆除连墙件。

3）在拆除过程中，脚手架的自由悬臂高度不得超过两步，当必须超过两步时，应加设临时拉结。

4）连墙杆、通长水平杆和剪刀撑等，必须在脚手架拆卸到相关的门架时方可拆除。

5）工人必须站在临时设置的脚手板上进行拆卸作业，并按规定使用安全防护用品。

6）拆除工作中，严禁使用榔头等硬物击打、撬挖，拆下的连接棒应放入袋内，锁臂应先传递至地面并放室内堆存。

7）拆卸连接部件时，应先将锁座上的锁板与卡钩上的锁片旋转至开启位置，然后开始拆除，不得硬拉，严禁敲击。

8）拆下的门架、钢管与配件，应成捆用机械吊运或由井架传送至地面，防止碰撞，严禁抛掷。

（5）施工期间不得拆除下列杆件：

1）交叉支撑，水平架；

2）连墙件；

3）加固杆件，如剪刀撑、水平加固件、扫地杆、封口杆等；

4）栏杆。

（6）作业需要时，临时拆除交叉支撑或连墙件应经主管部门批准，并应符合下列规定：

1）交叉支撑只能在门架一侧局部拆除，临时拆除后，在拆除交叉支撑的门架上、下层面应满铺水平架或脚手板。

2）作业完成后，应立即恢复拆除的交叉支撑；拆除时间较长时，还应加设扶手或安全网。

3）只能拆除个别连墙件，在拆除前、后应采取安全措施，并应在作业完成后立即恢复；不得在竖向或水平向同时拆除两个及两个以上连墙件。

（7）对脚手架应设专人负责进行经常检查和保修工作。对高层脚手架应定期作门架立杆基础沉降检查，发现问题应立即采取措施。

（8）拆下的门架及配件应清除杆件及螺纹上的污物，并按规定分类检验和维修，按品种、规格分类整理存放，妥善保管。

5.11.4 满堂红钢管脚手架

（1）承重的满堂红脚手架，立杆的纵、横向间距不得大于1.5m。纵向水平杆（顺水杆）每步间距离不得大于1.4m。横杆间距不得超过750mm。脚手板应铺平、铺齐。立杆底部必须夯实，垫通板。

（2）装修用的满堂红脚手架，立杆纵、横向间距不得超过2m。靠墙的立杆应距墙面500~600mm，纵向水平杆每步间隔不得大于1.7m，横杆间距不得大于1.0m。搭设高度在6m以内的，可花铺脚手板，两块板之间间距应小于200mm，板头必须用12号钢丝绑牢。搭设高度超过6m时，必须满铺脚手板。

（3）满堂红脚手架四角必须设抱角撑，撑杆与地面夹角应为45°~60°。中间每4排立杆应搭设1个剪刀撑，一直到顶。每隔两步，横向相隔4根立杆必须设一道拉杆。

（4）封顶架子立杆，封顶处应设双扣件，不得露出杆头。运料应预留井口，井口四周应设两道护身栏杆，并加固定盖板，下方搭设防护棚，上人孔洞口处应设爬梯。爬梯步距不得大于300mm。

5.11.5 吊篮架

(1) 吊篮的负荷量（包括人体重）不准超过1176N/m^2（120kg/m^2），人员和材料要对称分布，保证吊篮两端荷载平衡。

(2) 严禁在吊篮的防护以外和护头棚上作业，任何人不得擅自拆改吊篮。

(3) 吊篮里皮距建筑物以10cm为宜，两吊篮之间间距不得大于20cm，不准将两个或几个吊篮边连在一起同时升降。

(4) 以手扳葫芦为吊具的吊篮，钢丝绳穿好后，必须将保险扳把拆掉，系牢保险绳，并将吊篮与建筑物拉牢。

(5) 吊篮长度一般不得超过8m，吊篮宽度以0.8~1m为宜。单层吊篮高度以2m为宜，双层吊篮高度以3.8m为宜。

(6) 用钢管组装的吊篮，立杆间距不准大于2m。采用焊接边框的吊篮，立杆间距不准超过2.5m，长度超过3m的大面要打戗。

(7) 单层吊篮至少设3道横杆，双层吊篮至少设5道横杆。双层吊篮要设爬梯，留出活动盖板，以便人员上下。

(8) 承重受力的预埋吊环，应用直径不小于16mm的圆钢制作。吊环埋入混凝土内的长度应大于36cm，并与墙体主筋焊接牢固。预埋吊环距支点的距离不得小于3m。

(9) 安装挑梁探出建筑物一端应稍高于另一端，挑梁之间用木钢管连接牢固，挑梁应用不小于14号工字钢材料制作。

(10) 挑梁挑出的长度与吊篮的吊点必须保持垂直。阳台部位挑梁的挑出部分的顶端要加斜撑，斜撑下要加垫板，且应将受力的阳台板及以下的两层阳台板设置立柱加固。

(11) 吊篮升降使用的手扳葫芦应用3t以上的专用配套的钢丝绳。捯链应用2t以上承重的钢丝绳，直径应不小于12.5mm。

(12) 钢丝绳不得接头使用，与挑梁连接处要有防剪措施，至少用3个卡子进行卡接。

(13) 吊篮长度在8m以下、3m以上的要设3个吊点，长度在3m以下的可设两个吊点，但篮内人员必须挂好安全带。

(14) 吊篮搭设构造必须遵照专项安全施工组织设计（施工方案）规定，组装或拆除时，应3人配合操作，严格按搭设程序作业，任何人不允许改变方案。

(15) 吊篮的脚手板必须铺平、铺严，并与横向水平杆固定牢，横向水平杆的间距可根据脚手板厚度而定，一般以0.5~1m为宜。吊篮作业层外排和两端小面均应设两道护身栏，并挂密目安全网封严，锁死下角，里侧应设防身栏。

(16) 不得将两个或几个吊篮连在一起同时升降，两个吊篮接头处应与窗口、阳台作业面错开。

(17) 吊篮使用期间，应经常检查吊篮防护、保险、挑梁、手扳葫芦、捯链和吊索等，发现隐患，立即解决。

(18) 吊篮组装、升降、拆除、维修必须由专业架子工进行。

5.11.6 悬挑架

（1）悬挑式脚手架的高度不超过20m。

（2）脚手架结构应根据搭设高度进行施工设计，经计算确定。

（3）采用斜架作支撑结构时，斜立杆的构造应符合下列规定：

1）斜立杆必须与构筑物连接牢固，其底部必须支承在有足够强度的构筑物结构部位上，并有可靠的固定措施；

2）斜立杆与墙面的夹角不得大于30°，挑出墙外宽度不得大于1.2m；

3）斜立杆间距不得大于1.5m，底部应设扫地杆，底部以上应设纵向水平杆和相应的横向水平杆，其间距不得大于1.5m。

（4）采用型钢作支撑结构时，其节点必须用焊接或螺栓连接，严禁采用扣件或碗口连接。

（5）支承结构以上的脚手架应符合落地式脚手架的规定。脚手架立杆纵距不得大于1.5m，底部不许与支承结构连接牢固。

5.11.7 特殊形式脚手架

1. 碗扣式钢管脚手架

（1）优点

1）多功能：能根据具体施工要求，组成不同组架尺寸、形状和承载能力的单、双排脚手架，支撑架，支撑柱，物料提升架，爬升脚手架，悬挑架等多种功能的施工装备。也可用于搭设施工棚、料棚、灯塔等构筑物。特别适合于搭设曲面脚手架和重载支撑架。

2）高功效：常用杆件中最长为3130mm，重17.07kg。整架拼拆速度比常规快3～5倍，拼拆快速省力，工人用一把铁锤即可完成全部作业，避免了螺栓操作带来的诸多不便。

3）通用性强：主构件均采用普通的扣件式钢管脚手架之钢管，可用扣件同普通钢管连接，通用性强。

4）承载力大：立杆连接是同轴心承插，横杆同立杆靠碗扣接头连接，接头具有可靠的抗弯、抗剪、抗扭力学性能。而且各杆件轴心线交于一点，节点在框架平面内，因此，结构稳固可靠，承载力大。（整架承载力提高，约比同等情况的扣件式钢管脚手架提高15%以上）

5）安全可靠：接头设计时，考虑到上碗扣螺旋摩擦力和自重力作用，使接头具有可靠的自锁能力。作用于横杆上的荷载通过下碗扣传递给立杆，下碗扣具有很强的抗剪能力（最大为199kN）。上碗扣即使没被压紧，横杆接头也不致脱出而造成事故。同时配备有安全网支架，横杆，脚手板，挡脚板，架梯，挑梁，连墙撑等杆配件，使用安全可靠。

6）易于加工：主构件用$\phi48\times3.5$、Q235焊接钢管，制造工艺简单，成本适中，可直接对现有扣件式脚手架进行加工改造，不需要复杂的加工设备。

7）不易丢失：该脚手架无零散易丢失扣件，把构件丢失减少到最低程度。

8）维修少：该脚手架构件消除了螺栓连接，构件经碰耐磕，一般锈蚀不影响拼拆作业，不需特殊养护、维修。

9）便于管理：构件系列标准化，构件外表涂以橘黄色。美观大方，构件堆放整齐，便于现场材料管理，满足文明施工要求。

10）易于运输：该脚手架最长构件3130mm，最重构件40.53kg，便于搬运和运输。

（2）缺点

1）横杆为几种尺寸的定型杆，立杆上碗扣节点按0.6m间距设置，使构架尺寸受到限制。

2）U形连接销易丢。

3）价格较贵。

（3）适应性

1）构筑各种形式的脚手架、模板和其他支撑架。

2）组装井字架。

3）搭设坡道、工棚、看台及其他临时构筑物。

4）构造强力组合支撑柱。

5）构筑承受横向力作用的支撑架。

2. 法国安德固（ADG）脚手架

法国ENTREPOSE公司的ADG系列脚手架，有两个系列60系列和48系列，60系列规格$\phi 60.3 \times 3.2$，48系列$\phi 48.3 \times 2.7$，此钢管尺寸为国际标准，均为Q345钢材质。此脚手架在国内奥运工程中应用在水立方R3区顶板卸荷。优点是质量轻、易于安装拆卸、承载力高，缺点是杆件尺寸固定，搭设尺寸受到限制。

使用低碳合金结构强度高于传统脚手架普遍采用的普碳钢管，使架体重量降低约1/3，安装工效提高，劳动强度降低。配件全部采用低碳合金结构钢冲压成型，在保证强度的同时，提高了韧性，增强了整架支撑能力和整体性。ADG脚手架支撑系统的杆件焊成一体，横杆用C形自锁锲形扣件装置与立杆的U形卡钩搭接，当受到重力时，锲形铁就会自动旋转并与U形卡钩锁定，施工便捷、安全。

3. 扣盘式脚手架

扣盘式脚手架具有以下几个特点:1）轻松快捷：搭建轻松快速，并具有很强的机动性，可满足大范围的作业要求;2）灵活安全可靠：可根据不同的实际需要，搭建多种规格、多排移动的脚手架，各种完善安全配件，在作业中提供牢固、安全的支持;3）储运方便：拆卸储存占地小，并可推动方便转移，部件能通过各种窄小通道。

4. 铝合金快装脚手架

ASTower铝合金脚手架特点：

（1）铝合金脚手架所有部件采用特制铝合金材质，比传统钢架轻75%。

（2）部件连接强度高：采用内胀外压式新型冷作工艺，脚手架接头的破坏拉脱力达到4100～4400kg，远大于2100kg的许用拉脱力。

（3）安装简便快捷：配有高强度脚轮，可移动。

（4）整体结构采用“积木式”组合设计，不需任何安装工具。

（5）质量保证：满足国家建设部技术和安全标准，生产质量标准符合ISO9001。

铝合金快装脚手架解决企业高空作业难题，它可根据实际需要的高度搭接，有2.32m/1.856m/1.392m三种高度规格。有宽式和窄式两种宽度规格。窄式架可以在狭窄地面搭接，方便灵活。它可以满足墙边角，楼梯等狭窄空间处的高空作业要求，是企业高空作业的好帮手。

ASTower铝合金移动式脚手架按HD1004最高级别国际安全及品质标准设计及制造。安全负重：每层工作平台板平均可承托272kg；每组塔架的最大负载是900kg。ASTower铝合金脚手架可全面提供各种不同需要的铝合金塔架组合。

所有塔架均适合于室外及室内应用。

5.12 钢结构现场吊装及运输要求

5.12.1 施工方案的安全性强度

（1）施工现场必须选派具有丰富吊装经验的信号指挥人员、司索人员，作业人员施工前必须检查身体，对患有不宜高空作业疾病的人员不得安排高空作业。作业人员必须持证上岗，吊装挂钩人员必须做到相对固定。吊索具的配备做到齐全、规范、有效，使用前和使用过程中必须经检查合格方可使用。吊装作业时必须统一号令，明确指挥，密切配合。构件吊装时，当构件脱离地面时，暂停起吊，全面检查吊索具、卡具等，确保各方面安全可靠后方能起吊。

（2）吊装的构件应尽可能在地面组装，做好组装平台并保证其强度，组装完的构件要采取可靠的防倾倒措施。电焊、高强螺栓等连接工序的高空作业时，必须设临边防护及可靠的安全措施。作业时必须系挂好安全带，穿防滑鞋，如需在构件上行走时则在构件上必须预先挂设钢丝缆绳，且钢丝绳用花篮螺栓拉紧以确保安全，并在操作行走时将安全带扣挂于安全缆绳上。作业人员应从规定的通道和走道通行，不得在非规定通道攀爬。

（3）禁止在高空抛掷任何物件，传递物件用绳拴牢。高处作业中的螺杆、螺母、手动工具、焊条、切割块等必须放在完好的工具袋内，并将工具袋系好固定，不得随意放置，以免物件发生坠落打击伤害。

（4）现场焊接时，要制作专用挡风斗，对火花采取接火器接取等严密的处理措施，以防火灾、烫伤等，下雨天不得露天进行焊接作业。

（5）焊接操作时，施工场地周围应清除易燃易爆物品或进行覆盖、隔离，下雨时应停止露天焊接作业。电焊机外壳必须接地良好，其电源的拆装应由专业电工进行，并应设单独的开关，开关放在防雨的闸箱内。焊钳与把线必须绝缘良好，连接牢固，更换焊条应戴手套。在潮湿地点工作应站在绝缘板或木板上。更换场地或移动把线时应切断电源，不得手持把线爬梯登高。划分动火区域，现场动火作业必须执行审批制度，并明确一、二、三级动火作业手续，落实好防火监护人员。电焊工在动用明火时必须随身带好“二证”（电焊工操作证、动火许可证）“一器”（消防灭火器）“一监护”（监护人职责交底书）。气割作业场所必须清除易燃易爆物品，乙炔气和氧气存放距离不得小于2m，使用时两者不得少于10m。

（6）施工时应尽量避免交叉作业，如不得不交叉作业时，亦应避开同一垂直方向作业，否则应设置安全防护层。

（7）施工现场应整齐、清洁，设备材料、配件按指定地点堆放，并按指定道路行走，不准从危险地区通行，不能从起吊物下通过，与运转中的机器保持距离。下班前或工作结束后要切断电源，检查操作地点，确认安全后，方可离开。

（8）现场使用的油料、油漆必须设置专人进行保管，防腐涂装施工所用的材料大多为易燃品，大部分溶剂有不同程度的毒性，为此，防火、防爆、防毒是至关重要的，应予以高度的重视和关注。防腐涂料施工中使用擦过溶剂和涂料的棉纱、棉布等物品应存放在带盖的铁桶内，并定期处理。

5.12.2 夜间施工

（1）在主要施工部位、作业点、危险区、都必须挂有安全警示牌。夜间施工配备足够的照明，电力线路必须由专业电工架设及管理，并按规定设红灯警示，并装设自备电源的应急照明。

（2）季节施工时，认真落实季节施工安全防护措施，做好与气象台的联系工作，雨季施工有专人负责发布天气预报，并及时通报全体施工人员。储备足够的水泵、铅丝、篷布、塑料薄膜等备用材料，做到防患于未然。汛期和台风暴雨来临期间要组织相关人员昼夜值班及时采取应急措施。风雨过后，要对现场的大型机具、临时设施、用电线路等进行全面地检查，当确认安全无误后方可继续施工。

（3）新进场的机械设备在投入使用前，必须按照机械设备技术试验规程和有关规定进行检查、鉴定和试运转，经验收合格后方可入场投入使用。大型起重机的行驶道路必须坚实可靠，其施工场地必须进行平整、加固，地基承载力满足要求。

（4）吊装作业应划定危险区域，挂设明显安全标志，并将吊装作业区封闭，设专人加强安全警戒，防止其他人员进入吊装危险区。吊装施工时要设专人定点收听天气预报，当风速达到15m/s（6级以上）时，吊装作业必须停止，并做好台风雷雨天气前后的防范检查工作。

5.12.3 复杂结构的施工

（1）复杂结构成型精度控制及调整技术措施。

可采用临时支撑调节系统、焊接变形控制技术予以调整：其中临时支撑调节重点控制安装到位后，实际坐标与图纸坐标的不一致问题以及因为焊接热输入导致的调整到位的构件的焊接变形问题。

（2）倾斜构件的安装。

为保证安装过程中的稳定性并确保工程斜钢柱的安装精度，在安装校正过程中可采用钢丝绳缆索、千斤顶和手拉葫芦分两步进行。同时增加连接处的耳板，并拧紧高强度螺栓，保证构件在焊接固定前的稳定安全。

（3）安装过程中结构的安全性及稳定状态的控制。

宜采用对称结构增加结构的整体受力性能，宜同时对对称结构进行吊装以保证荷载均衡，利于稳定状态的控制。

（4）焊接变形控制措施。

对整个施工进行详细的模拟，充分设计施工中各构件的吊装次序，并采取平面和立面上特殊的焊接顺序以满足工程要求。

5.12.4 钢构件的运输

（1）大型或重型构件的运输应根据行车路线和运输车辆性能编制运输方案。

（2）构件的运输顺序应满足构件吊装进度计划要求。

（3）运输构件时，应根据构件的长度、重量、断面形状选用车辆；构件在运输车辆上的支点、两端伸出的长度及绑扎方法均应保证构件不产生永久变形、不损伤涂层。

（4）构件装卸时，应按设计吊点起吊，并应有防止损伤构件的措施。

5.13 钢结构焊接工程安全技术要求与标准

1. 一般规定

钢结构焊接工程检验批的划分应符合钢结构施工检验批的检验要求。考虑不同的钢结构工程验收批其焊缝数量有较大差异，为了便于检验，可将焊接工程划分一个或几个检验批。

在焊接过程中、焊缝冷却过程及以后的相当长的一段时间可能产生裂纹。普通碳素钢产生延迟裂纹的可能性很小，因此规定在焊缝冷却到环境温度后即可进行外观检查。低合金结构钢焊缝的延迟时间较长，考虑到工厂存放条件、现场安装进度、工序衔接的限制以及随着时间延长，产生延迟裂纹的几率逐渐减小等因素，以焊接完成24h后外观检查的结果作为验收的论据。

本条规定的目的是为了加强焊工施焊质量的动态管理，同时使钢结构工程焊接质量的现场管理更加直观。

2. 钢构件焊接工程

焊接材料对钢结构焊接工程的质量有重大影响。其选用必须符合设计文件和国家现行标准的要求。对于进场时经验收合格的焊接材料，产品的生产日期、保存状态、使用烘焙等也直接影响焊接质量。本条即规定了焊条的选用和使用要求，尤其强调了烘焙状态，这是保证焊接质量的必要手段。

在国家经济建设中，特殊技能操作人员发挥着重要作用。在钢结构工程施工焊接中，焊工是特殊工种，焊工的操作技能和资格对工程质量起到保证作用，必须充分予以重视。本条所指的焊工包括手工操作焊工、机械操作焊工。从事钢结构工程焊接施工的焊工，应根据所从事钢结构焊接工程的具体类型，按国家现行行业标准《建筑钢结构焊接技术规程》(JGJ 81）等技术规程的要求对施焊焊工进行考试并取得相应该证书。

由于钢结构工程中的焊接节点和焊接接头不可能进行现场实物取样检验，而探伤仅能确定焊缝的几何缺陷，无法确定接头的理化性能。为保证工程焊接质量，施工单位应根据所承担钢结构的类型，按国家现行行业标准《建筑钢结构焊接技术规程》(JGJ 81）等技术规程中的具体规定进行相应的工艺评定。

根据结构的承载情况不同，现行国家标准《钢结构设计规范》(GB 50017）中将焊缝的质量为分三个质量等级。内部缺陷的检测一般可用超声波探伤和射线探伤。射线探伤具有直观性、一致性好的优点，过去人们觉得射线探伤可靠、客观。但是射线探伤成本高、操作程序复杂、检测周期长，尤其是钢结构中大多为T形接头和角接头，射线检测的效果差，且射线探伤对裂纹、未熔合等危害性缺陷的检出率低。超声波探伤则正好相反，操作程序简单、快速，对各种接头形式的适应性好，对裂纹、未熔合的检测灵敏度高，因此世界上很多国家对钢结构内部质量的控制采用超声波探伤，一般已不采用射线探伤。随着大型空间结构应用的不断增加，对于薄壁大曲率 T、K、Y 形相贯接头焊缝探伤，国家现行行业标准《建筑钢结构焊接技术规程》(JGJ 81) 中给出了相应的超声波探伤方法和缺陷分级。网架结构焊缝探伤应按现行国家标准《焊接球节点钢网架焊缝超声探伤方法及质量分级法》(JBJ/T 3034.1) 和《螺栓球节点钢网架焊缝超声波探伤方法及质量分级法》(JBJ/T 3034.2) 的规定执行。

本规范规定要求全焊透的一级焊缝 100% 检验，二级焊缝的局部检验定为抽样检验。钢结构制作一般较长，对每条焊缝按规定的百分比进行探伤，且每处不小于 200mm 的规定，对保证每条焊缝质量是有利的。但钢结构安装焊缝一般都不长，大部分焊缝为梁—柱连接焊缝，每条焊缝的长度大多在 250～300mm 之间，采用焊缝条数计数抽样检测是可行的。

对 T 形、十字形、角接接头等要求焊透的对接与角接组合焊缝，为减少应力集中，同时避免过大的焊脚尺寸，参照国内外相关规范的规定，确定了对静载结构和动载结构的不同焊脚尺寸的要求。

考虑不同质量等级的焊缝承载要求不同，凡是严重影响焊缝承载能力的缺陷都是严禁的。本条对严重影响焊缝承载能力外观质量要求列入主控项目，并给出了外观合格质量要求。由于一二级焊缝的重要性，对表面气孔、夹渣、弧坑裂纹、电弧擦伤应有特定不允许存在的要求，咬边、未焊满、根部收缩等缺陷对动载影响很大，故一级焊缝不得存在该类缺陷。

焊接预热可降低热影响区冷却速度，对防止焊接延迟裂纹的产生有重要作用，是各国施工焊接规范关注的重点。由于我国有关钢材焊接试验基础工作不够系统，还没有条件就焊接预热温度的确定方法提出相应的计算公式或图表，目前大多通过工艺试验确定预热温度。必须与预热温度同时规定的是该温度区距离施焊部分各方向的范围，该温度范围越大，焊接热影响区冷却速度越小，反之，则冷却速度越大。同样的预热温度要求，如果温度范围不确定，其预热的效果相差很大。

焊缝后热处理主要是对焊缝进行脱氢处理，以防止冷裂纹的产生，后热处理的时机和保温时间直接影响后热处理的效果，因此应在焊后立即进行，并按板厚适当增加处理时间。

焊接时容易出现的如未焊满、咬边、电弧擦伤等缺陷对动载结构是严禁的，在二、三级焊缝中应限制在一定范围内。对接焊缝的余高、错边，部分焊透的对接与角接组合焊缝及角焊缝的焊脚尺寸、余高等外型尺寸偏差也会影响钢结构的承载能力，必须加以限制。

为了减少应力集中，提高接头疲劳载荷的能力，部分角焊缝将焊缝表面焊接或加工成凹形。这类接头必须注意焊缝与母材之间的圆滑过渡。同时，在确定焊缝计算厚度时，应考虑焊缝外形尺寸的影响。

3. 焊钉的焊接

由于钢材的成分和焊钉的焊接质量有直接影响，因此必须按实际施工采用的钢材与焊钉匹配进行焊接工艺评定试验。瓷环在受潮或产品要求烘干时应按要求进行烘干，以保证焊接接头的质量。

焊钉焊后弯曲检验可用打弯的方法进行。焊钉可采用专用的栓钉焊接或其他电弧焊方法进行焊接。不同的焊接方法接头的外观质量要求不同。本条规定是针对采用专用的栓钉焊机所焊接头的外观质量要求。对采用其他电弧焊所焊的焊钉接头，可按角焊缝的外观质量和外型尺寸要求进行检查。

5.14 紧固件连接工程安全技术要求与标准

射钉宜采用观察检查。若用小锤敲击时，应从射钉侧面或正面敲击。抗滑移系数是高强度螺栓连接的主要设计参数之一，直接影响构件的承载力，抗滑移系数最小值应符合设计要求。本条是强制性条文。在安装现场局部采用砂轮打磨摩擦面时，打磨范围不小于螺栓孔径的4倍，打磨方向应与构件受力方向垂直。

除设计上采用摩擦系数小于等于0.3，并明确提出可不进行抗滑移系数试验者，其余情况在制作时为确定摩擦面的处理方法，必须按规范要求的批量用3套同材质、同处理方法的试件，进行复验。同时并附有3套同材质、同处理方法的试件，供安装前复验。

高强度螺栓终拧1h时，螺栓预拉力的损失已大部分完成，在随后一两天内，损失趋于平稳，当超过一个月后，损失就会停止，但在外界环境影响下，螺栓扭矩系数将会发生变化，影响检查结果的准确性。为了统一和便于操作，本条规定检查时间统一定在1h后48h之内完成。

本条是指设计原因造成空间太小无法使用专用扳手进行终拧的情况。在扭剪型高强度螺栓施工中，因安装顺序、安装方向考虑不周，或终拧时因对电动扳手使用掌握不熟练，致使终拧时尾部梅花头上的棱端部滑牙（即打滑），无法拧掉梅花头，造成终拧矩是未知数，对此类螺栓应控制一定比例。

高强度螺栓初拧、复拧的目的是为了使摩擦面能密贴，且螺栓受力均匀，对大型节点强调安装顺序是防止节点中螺栓预拉力损失不均，影响连接的刚度。

强行穿过螺栓会损伤丝扣，改变高强度螺栓连接副的扭矩系数，甚至连螺母都拧不上，因此强调自由穿入螺栓孔。气割扩孔很不规则，既削弱了构件的有效截面，减少了压力传力面积，还会使扩孔钢材缺陷，故规定不得气割扩孔。最大扩孔量的限制也是基于构件有效截面积和摩擦传力面积的考虑。

对于螺栓球节点网架，其刚度（挠度）往往比设计值要弱，主要原因是螺栓球与钢管的高强度螺栓坚固不牢，出现间隙、松动等未拧紧情况，当下部支撑系统拆除后，由于连接间隙、松动等原因，挠度明显加大，超过规范规定的限值。

5.15 压型钢板工程安全技术要求与标准

1. 实用范畴

本部分所指的压型金属板是指用于钢结构建筑的楼板的永久性支承模板。它既是楼盖的永久性支承模板，依据设计它还可以与现浇混凝土层共同工作，是建筑物的永久组成部分，习惯称为构造楼层板。

2. 施工准备

(1) 技术准备

1) 压型钢板的板型确认

楼承板施工之前，应该根据施工图的要求，选定符合设计规定的材料（重要是斟酌用于楼承板制造的镀锌钢板的材质、板厚、力学性能、防火才能、镀锌量、压型钢板的价钱等经济技术要求），板型报设计审批确认。

2) 压型钢板排布图

根据已确认板型的有关技术参数绘制压型钢板排版图。所谓压型钢板排版图就是根据已经选定的板型宽度，根据结构设计的楼板承载要求及建筑分隔，在图纸上预先排布压型钢板，从而断定板材的加工长度、数目，给出材料编号和采购清单，实际施工时据此安装压型钢板。

压型钢板排版图应该包括以下内容：

① 标准层压型钢板排版图；

② 非尺度层压型钢板排版图；

③ 标准节点做法详图；

④ 个别节点的做法详图；

⑤ 压型钢板编号、资料清单等。

(2) 其他技术筹备

1) 根据设计文件、施工组织设计和压型钢板排版图的有关要求和内容，编制压型钢板施工作业指导书和有关安全、技术交底文件，根据工作范畴和施工内容下发到有关工段和个人，进行详细的作业交底。

2) 在铺设压型钢板之前应及时办理已经安装完毕的钢结构安装、焊接、接点处防腐等工程的隐藏验收。

(3) 材料要求

1) 材料种类。

压型钢板施工应用的材料主要有焊接材料，如焊条、用于局部切割的干式云石机锯片、手提式砂轮机砂轮片等。所有这些材料均应符合有关质量和安全的专门规定。

2) 规格品种。

由于压型钢板厚度较小，为避免施工焊接固定时焊接烧穿，焊接时所采取的焊条直径可采取小直径的焊条（ϕ2.5mm、ϕ3.2mm）；用于局部切割的云石机锯片和手提式砂轮机砂轮片的半径宜大于所应用的压型钢板波形高度。

(4) 施工机具

压型钢板施工的专用机具有压型钢板电焊机，其他施工机具有手提式或小型焊机、空气等离子弧切割机、云石机、手提式砂轮机、钣金工剪刀等。

(5) 作业条件

1) 压型钢板施工之前应及时办理有关楼层的钢构造安装、焊接、节点处高强度螺栓、油漆等工程的施工隐藏验收。

2) 压型钢板的有关材质复验和实验鉴定已经完成。

3) 依据施工组织设计要求的安全办法落实到位，高空行走马道绑扎稳妥、坚固之后才可以开始压型板的施工。

4）安装压型钢板的相邻梁间距大于压型钢板容许承载的最大跨度的两梁之间，应根据施工组织设计的要求搭设支顶架。

3. 材料和质量要点

（1）材料要求

1）压型钢板的品种规格。

压型钢板的分类，根据压型钢板凹槽的启齿出厂时是否封闭和是否有压痕，把压型钢板分为启齿式压型钢板和封闭式压型钢板。

建筑工程上应用的压型钢板的尺寸、形式、板厚等偏差应符合《建筑用压型钢板》GB/T 12755 的要求。

① 压型钢板几何尺寸应在出厂前进行抽检，对用卷板压制的钢板每卷抽检不少于3块。

② 压型钢板基材不得有裂纹，镀锌板不能有锈点。

③ 压型钢板尺寸允许偏差：

板厚极限偏差符合原材料相应尺度；

当波高 < 75mm 时，波高允许偏差 ±1.5mm；当波高 > 75mm 时，波高允许偏差 ±2.0mm；

波距允许偏差 ±2mm；

当板长 <10m 时，板长允许偏差（+5，0）mm，侧向曲折值 <8mm；

当板长 >10m 时，板长允许偏差（+10，0）mm，侧向曲折值 <20mm。

由于压型钢板在建筑中用于楼板永久性支持模板并和钢筋混凝土叠合共同工作，因此不仅要求其力学、防腐性能，而且要求有必要的防火才能满足设计和规范的要求。

2）其他配件

其他配件包含堵头板、封边板等，用于选用的压型板同材质的镀锌钢板制造，对于封边板，由于常用于楼板边的悬挑部分的底模，为避免混凝土浇筑时变形，根据悬挑宽度应选用较厚的镀锌钢板或薄钢板弯制。

（2）质量要求

压型钢板施工质量要求波纹对直，所有的开孔、节点裁切不得用氧气乙炔焰施工，避免烧掉镀锌层。

板缝咬口点间距不得大于板宽度的1/2 且不得大于400mm，整条缝咬合的应确保咬口平整，咬口深度一致。

所有的板与板、板与构件之间的缝隙不能直接透光，所有宽度大于5mm 的缝利用砂浆、胶带等堵住，避免漏浆。

（3）职业健康、施工安全的要求

1）要有可靠的防坠落办法避免施工人员高空坠落。

2）施工时两端要同时拿起，轻拿轻放，避免滑动或翘头。

3）施工剪切下来的料头要放置稳妥，随时收集，避免坠落。

4）施工时要搭设必要的交通用马道。

5）非施工人员禁止进入施工楼层，避免焊接弧光灼伤眼睛或晃眼造成摔伤，焊接帮助施工人员应戴墨镜配合施工。

6）施工时一楼层应有专人监控，防止其他人员进入施工区和焊接火花坠落造成失火。

（4）环境维护要害要求

1）施工时应有可靠的屏蔽办法避免焊接电弧光外泄造成光污染。

2）夜间施工时不得敲击压型钢板，避免噪声。

4. 施工工艺

（1）压型钢板与关联工序间的连接：

压型钢板与其他相关联的工序应按下列工序流程进行施工：

钢构造隐藏验收──→搭设支顶架─→压型钢板安装焊接──→堵头板和封边板安装──→压型钢板锁口──→栓钉焊──→清扫、施工批交验──→装备管道、电器线路施工、钢筋绑扎──→混凝土浇筑。

（2）钢梁顶面要干净，严防湿润及涂刷油漆未干。

（3）下料、切孔采取等离子弧切割机操作，严禁用氧气乙炔切割。大孔洞四周应补强。

（4）是否需搭设临时的支顶架由施工组织设计断定。如搭设应待混凝土达到规定强度后方可拆除。

（5）压型钢板按图纸放线安装、调直、压实并点焊坚固。

（6）在压型钢板施工以前，应依据安全生产要求，做好安全技术交底，层层落实安全生产责任制。

5. 其他

（1）定期与不定期的进行安全检查，经常开展安全教育运动，使全部职工具有自我保护才能。

（2）现场用电必须按 GB 50194—93、JGJ 46—88 的规定，施工用电的接电口应有防雨、防漏电的维护措施，防止施工人员高空触电。

（3）进入施工现场必须戴安全帽，高空作业必须系安全带，穿防滑鞋。

（4）做好高空施工的安全防护工作，搭设专用交通马道，在工人施工的钢梁上方安装安全绳，工人施工时必须把安全带挂在安全绳上，防止高空坠落；在施工以前应对高空作业人员进行身体检查，对患有不宜高空作业疾病（心脏病、高血压、贫血等）的工人不得安排高空作业。

（5）压型钢板施工时两端要同时拿起，轻拿轻放，避免滑动或翘头，施工剪切下来的料头要放置稳妥，随时收集，避免坠落。非施工工人，禁止进入施工楼层，避免焊接弧光灼伤眼睛或晃眼造成摔伤，焊接辅助施工人员应戴墨镜配合施工。

（6）施工时，下一楼层应有专人监控，防止其他人员进入施工区和焊接火花坠落造成失火。

（7）质量记录。压型钢板的施工记录应执行《钢结构工程施工质量验收规范》（GB 50205—2001）和《建筑工程施工质量验收同一标准》（GB 50300）的要求。

5.16 钢结构安装工程安全技术要求与标准

1. 实施范畴

本标准用于指导多层与高层钢结构工程安装及验收工作。主要针对框架结构、框架一剪力墙结构、框架一核心筒结构、筒体结构以及劲性混凝土和钢管混凝土中的钢结构。

多层与高层钢结构的安装施工除执行本标准外，还应符合国家现行有关标准的规定。

2. 施工准备

施工准备是一项技术、规划、经济、质量、安全、现场管理等综合性强的工作，是同设计单位、钢结构加工厂、混凝土基础施工单位、混凝土结构施工单位以及钢结构安装单位内部资源组合的重要工作。施工准备包括技术准备、资源准备、管理协调准备等内容。

(1) 技术准备

技术准备包含设计交底和图纸会审、钢结构安装施工组织设计、钢结构及构件验收要求、计量管理和测量管理。具体如下：

1) 进行图纸会审，与业主、设计、监理充足沟通，确定钢结构各节点、构件分节细节及工厂制造图，分节加工的构件满足运输和吊装要求。

2) 编制施工组织设计，分项作业指导书。施工组织设计包含工程概况、工程量清单、现场平面安排、重要施工机械和吊装方式、施工技巧办法、专项施工方案、工程质量标准、安全及环境维护、主要资源等。其中吊装机械选型及平面安排是吊装重点。分项作业指导书可以细化为作业卡，主要用于作业人员明白相应工序的操作步骤、质量标准、施工工具和检测内容、检测标准。

3) 钢构件进场检验内容及钢结构安装检验批划分、检验内容、检验标准、检验工具，在遵守国家标准的基础上，参照部标或其他的标准。

4) 工种施工工艺确定，编制具体的吊装方案、测量监控方案、焊接及无损检测方案、高强度螺栓施工方案、塔吊装拆方案、临时用电用水方案、质量安全环保方案。

5) 重要的工艺试验，如焊接工艺试验、压型钢板施工及栓钉焊接检测工艺实验。尤其要做好新工艺、新材料的工艺试验，作为指导生产的根据。对于栓钉焊接工艺实验，根据栓钉的直径、长度及焊接类型（是穿透压型钢板焊还是直接打在钢梁上的栓钉焊接），要做相应的电流大小、通电时间的调试。对于高强度螺栓，要做好高强度螺栓连接副扭矩系数、预拉力和摩擦面抗滑移系数的检测。

6) 结构深化图纸，验算钢结构框架安装时构件受力情况，科学地预计其可能的变形情况，并采取相应的技术办法来保证钢结构安装的顺利进行。

7) 钢结构施工中计量管理包括按标准进行的计量检测，按施工组织设计要求的精度配置的用具，检测中按标准进行的办法。测量管理包括测试网的树立和复核，检测方式、检测工具、检测精度符合国家标准要求。

8) 和工程所在地的相关部门进行协调，如治安、交通、绿化、环保、文保、电力等。并到当地的气象部门取得以往年份的气象材料，做好防台风、防雨、防冻、防冷、防高温等措施准备。

（2）材料要求

材料要求包括劳动力、机械装备、钢构件、资源准备、连接材料、测量器具、现场平面计划、钢构件运输等准备工作。

多层与高层建筑钢结构的钢材，主要采用Q235的碳素结构钢和Q345的低合金高强度结构钢，国外进口钢材的强度等级大多相当于Q345、Q390。其质量标准应符合我国现行国家标准《碳素结构钢》和《低合金高强度结构钢》的规定。当有可靠根据时，可采用其他牌号的钢材。当设计文件采用其他牌号的结构钢时，应符合相对应的现行国家标准。

多层与高层钢结构焊接、连接材料主要采用E43、E50系列焊条或H08系列焊丝，高强度螺栓主要采用45号钢、40B钢、20MnTiB钢，栓钉主要采用ML15、DIA5钢。

（3）现场安装

1）依据施工图，测算各主耗资料（如焊条、焊丝等）的数目，做好订货部署，确定进场时间。

2）各施工工序所需的临时支撑、钢结构拼装平台、脚手架支撑、安全防护、环境维护器材数量确认后，及时进场搭设、制作。

3）根据现场施工计划，编制钢构件进场计划，部署制作、运输计划。对于特殊构件（如放射性、腐化性等）的运输，要做好相应的办案，并到当地的公安、消防部门登记。对超重、超长、超宽的构件，还应规定好吊耳的设置，并标出重心位置。

（4）主要机具

在多层与高层钢结构安装施工中，由于建筑较高、大，吊装机械多以塔式起重机、履带式起重机、汽车式起重机为主。

多层与高层钢结构工程施工中，钢构件在加工厂制作，现场安装，工期较短，机械化水平高，采用的机具设备较多。因此在施工预备阶段，根据现场施工要求，编制施工机具装备需用计划，同时根据现场施工现状、场地情况，确定各机具设备进场日期、安装日期及临时堆放场地，确保在不影响其他单位的施工的同时，保证机具设备按现场安装施工要求安装到位。

（5）劳动力准备

所有生产工人都要进行上岗前培训，取得相应资质的上岗证书，做到持证上岗。尤其是焊工、起重工、塔吊操作工、塔吊指挥工等特殊工种。

3. 材料和质量要点

（1）材料要求

在多层与高层钢结构工程现场施工中，安装用的材料，如焊接材料、高强度螺栓、压型钢板、栓钉等应符合现行国家产品标准和设计要求。并按要求进行必要的检验，如：焊缝检测，工艺评定，高强度螺栓检测及抗滑移系数检测，钢材质量复测等。

（2）技术要求

在多层与高层钢结构工程现场施工中，吊装机具的选择，吊装方案、测量监控方案、焊接方案等的确定尤为重要。

（3）质量要求

在多层与高层钢结构工程施工中，节点处理直接关系结构安全和工程质量，必须合理处理，严把质量关。对焊接节点处必须严格按无损检测方案进行检测，必须做好高强度螺栓连接副和高强度螺栓连接件抗滑移系数的试验报告。对钢结构安装的每一步都应做好测量监控。

(4) 职业健康安全要求

在多层与高层钢结构工程现场施工中，高空作业较多，必须编制安全施工方案，做好安全措施。高空作业必须使用“三宝”，必须做好“四口”的防护工作。组织员工定期进行体检。

(5) 环境要求

在多层与高层钢结构工程现场施工中，对于施工中和施工完后所发生的施工废弃物，如钢材边角料、废旧安全网等，应集中回收、处置。

对于焊接中发生的电弧光，应采取必要的防护措施。

(6) 协调准备

协调准备主要是按合同要求确定设计、监理、总包、构件制作厂、钢结构安装单位的工作程序，大型构件运输同相关部门协调，混凝土基础、预埋件、钢构件验收协调，混凝土同钢结构施工交叉协调等工作。

1) 钢结构安装在建筑施工中是一项特殊工艺，协调工作量大，协调和筹备首先需要确立正常的工作程序，并在施工中落实。

2) 同总包协调施工平面规划、测量控制网、混凝土基础及预埋件验收等内容，构件堆场及文明施工要求等。

3) 同钢结构加工厂协调钢构件进场部署、加工次序、配合预拼装、构件加工质量检讨等内容。

4) 超长、超高、超重钢构件运输路线、时间，同运输单位及交管部门协调，确保运输安全。

5) 钢结构安装单位施工中不同专业之间的配合作业，协调劲性混凝土、钢管混凝土、组合构造混凝土施工间的交叉作业，到达资源的最佳配置。

4. 钢结构吊装

(1) 吊装前准备工作

在进行钢结构吊装作业前，应具备的条件如下：

1) 钢筋混凝土基础完成，并经验收合格。

2) 各专项施工方案编制审核完成。

3) 施工临时用电用水管铺设到位，平面规划按方案完成。

4) 施工机具安装调试验收合格。

5) 构件进场并验收。

6) 劳动力进场。

(2) 吊装程序

多层与高层钢结构吊装，在分片分区的基础上，多采用综合吊装法，其吊装程序一般是：平面从中间或某一对称节间开始，以一个节间的柱网为一个吊装单元，按钢柱—钢梁—支撑次序吊装，并向四周扩大；垂直方向由下至上组成稳固结构后，分层安装次要结构，一节间一节间钢构件、一层楼一层楼安装完，采用对称安装、对称固定的工艺，有利于消除安装误差积累和节点焊接变形，使误差下降到最小限度。

（3）钢构件配套供给

现场钢结构吊装根据方案的要求按吊装流水顺序进行，钢构件必须依照安装进度要求供给。为充分应用施工场地和吊装装备，应周密制订出构件进场及吊装周、日计划，保证进场的构件满足周、日吊装计划并配套。

1）钢构件进场验收检查。

构件现场检查包括数量、质量、运输维护三个方面内容。

钢构件进场后，按货运单检查所到构件的数量及编号是否相符，发现问题及时在回单上注明，反馈制作厂，以便及时处理。

按标准要求对构件的质量进行验收检查，做好检查记录。也可在构件出厂前直接进厂检查。主要检查构件外形尺寸、螺孔大小和间距等。

制作超过规范误差和运输中变形的构件必须在安装前在地面修复完毕，减少高空修整作业。

2）钢构件堆场安排、清理。

进场的钢构件，按现场平面布置要求堆放。为减少二次搬运，尽量将构件堆放在吊装设备的回转半径内。钢构件堆放应安全、稳固。构件吊装前必须清洁，特别是接触面、摩擦面上，必须用钢丝刷清除铁锈、污物等。

3）现场柱基检查。

安装在钢筋混凝土基础上的钢柱，安装质量和工效与混凝土柱基和地脚螺栓的定位轴线、基础标高直接有关，必须会同设计、监理、总包、业主共同验收，合格后才可进行钢柱安装。

（4）钢结构吊装顺序

多层与高层钢结构吊装按吊装程序进行，吊装顺序原则采用对称吊装、对称固定。一般按程序先划分吊装作业区域，按划分的区域、平行顺序同时进行。当一片区吊装完毕后，即进行测量、校正、高强螺栓初拧等工序，待几个片区安装完毕，再对整体结构进行测量、校正、高强螺栓终拧、焊接。接着进行下一节间钢柱的吊装。组合楼盖则根据现场实际情况进行压型钢板吊放和铺设工作。

1）吊装前的注意事项：

① 吊装前应对所有施工人员进行技术交底和安全交底。

② 严格按照交底的吊装步骤实行。

③ 严格遵照吊装、焊接等的操作规程，按工艺评定内容执行，发现问题按交底内容执行。

④ 遵照操作规程，严禁在恶劣气候条件下作业或施工。

⑤ 吊装区域划分，为便于辨认和管理，原则上按照塔吊的作业范围或钢结构安装工程的特点划分吊装区域，便于钢构件平行顺序同时进行。

⑥ 螺栓预埋检查，螺栓连接钢结构和钢筋混凝土基础，预埋应严格按施工方案进行。按国家标准预埋螺栓，标高偏差在 +5mm 以内，定位轴线偏差控制在 ±2mm。

2）钢柱起吊安装。

钢柱多采用实腹式，实腹钢柱截面多为工字形、箱形、十字形、圆形。钢柱多采用焊接对接接长，也有用高强度螺栓连接接长。

① 吊点设置。吊点位置及吊点数根据钢柱形状、断面、长度、起重机性能等具体情况确定。吊装一般采用焊接吊耳、吊索绑扎、专用吊具等。

钢柱一般采用一点正吊。吊点设置在柱顶处，吊钩通过钢柱重心线，钢柱易于起吊、对线、校正。当受起重机臂杆长度、场地等条件限制，吊点可放在柱长 1/3 处斜吊。由于钢柱倾斜，起吊、对线、校正较难控制。

② 起吊方法。钢柱一般采取单机起吊，也可采用双机抬吊，双机抬吊应注意的事项：a. 尽量选用同类型起重机；b. 对起吊点进行荷载分配，有条件时进行吊装模拟；c. 各起重机的荷载不宜超过其相应起重能力的 80%；d. 在操作过程中，要互相配合、动作协调，如采用铁扁担起吊，尽量使铁扁担保持平衡，要防止一台起重机失重而使另一台起重机超载，造成安全事故；e. 信号指挥：分指挥必须听从总指挥。

起吊时钢柱必需垂直，尽量做到回转扶直。起吊回转进程中应避免同其他已安装的构件相碰撞，吊索应预留有效高度。

钢柱扶直前应将登高爬梯和挂篮等挂设在钢柱预定位置并绑扎牢固，起吊就位后临时固定地脚螺栓、校正垂直度。钢柱接长时，钢柱两侧装有临时固定用的连接板，上节钢柱对准下节钢柱柱顶中心线后，即用螺栓固定连接板临时固定。

钢柱安装到位，对准轴线、临时固定牢固后才可松开吊索。

3）钢柱校正。

钢柱校正要做三件工作：柱基标高、轴线调整，柱身垂直度校正。依工程施工组织设计要求配备测量仪器配合钢柱校正。

① 柱基标高调整。钢柱标高调整主要采用螺母调整和垫铁调整两种方法。螺母调整是根据钢柱的实际长度，在钢柱柱底板下的地脚螺栓上加一个调整螺母，螺母表面的标高调整到与柱底板底标高齐平。如第一节钢柱过重，可在柱底板下、基础钢筋混凝土面上放置钢板，作为标高调整块用。放上钢柱后，利用柱底板下的螺母或标高调整块控制钢柱的标高（有些钢柱过重，螺栓和螺母无法承受其重量，故柱底板下需加设标高调整块——钢板调整标高），精度可达到 ±1mm 以内。柱底板下预留的空隙，可以用高强度、微膨胀、无压缩砂浆以注浆法填实。当使用螺母作为调整柱底板标高时，应对地脚螺栓的强度和刚度进行计算。

对于高层钢结构地下室部分劲性钢柱，钢柱的四周都布满了钢筋，调整标高和轴线时，同土建交叉协调好才可进行。

② 第一节柱底轴线调整。钢柱制作时，在柱底板的四个侧面，用钢冲标出钢柱的中心线。对线办法：在起重机不松钩的情况下，将柱底板上的中心线与柱基础的控制轴线对齐，缓缓下降至设计标高位置。假如钢柱与控制轴线有微小偏差，可借线调整。预埋螺杆与柱底板螺孔有偏差，适当将螺孔放大，或在加工厂将底板预留孔位置调整，保证钢柱安装。

③ 第一节柱身垂直度校正。柱身调整一般采用缆风绳或千斤顶、钢柱校正器等校正。用两台呈 90°放置的经纬仪测量。地脚螺栓上螺母一般用双螺母，在螺母拧紧后，将螺杆的螺纹损坏或焊实。

④ 柱顶标高调整和其他节框架钢柱标高控制

柱顶标高调整和其他节框架钢柱标高控制可以用两种方法：一是按相对标高安装，另一种是按设计标高安装，通常是按相对标高安装。钢柱吊装就位后，用大六角高强螺栓临时固定连接，通过起重机和撬棍微调柱间间隙。量取上下柱顶预先标定的标高值，符合要求后打入钢楔、临时固定牢，考虑到焊缝及压缩变形，标高偏差调整至4mm以内。钢柱安装完后，在柱顶安放水准仪，测量柱顶标高，以设计标高为准。如标高高于设计值在5mm以内，则不需调整，由于柱与柱节点间有必要的间隙，如高于设计值5mm以上，则需用气割将钢柱顶部割去一部分，然后用角向磨光机将钢柱顶部磨平到设计标高。如标高小于设计值，则需增添高低钢柱的焊缝宽度，但一次调整不得超过5mm，以免过大的调整造成其他构件节点连接的复杂化和安装难度。

⑤ 第二节柱轴线调整。高低柱连接保证柱中心线重合。如有偏差，在柱与柱的衔接耳板的不同侧面加垫板（垫板厚度为0.5~1.0mm），拧紧大六角螺栓。钢柱中心线偏差调整每次3mm以内，如偏差过大，分2~3次调整。注意：上一节钢柱的定位轴线不应使用下一节钢柱的定位轴线，应从控制网轴线引至高空，保证每节钢柱的安装标准，避免过大的积累误差。

⑥ 第二节钢柱垂直度校正。钢柱垂直度校正的重点是对钢柱有关尺寸预检。下层钢柱的柱顶垂直度偏差就是上节钢柱的底部轴线、位移量、焊接变形、日照影响、垂直度校正及弹性变形等的综合。可采取预留垂直度偏差值，消除部分误差。预留值大于下节柱积累偏差值时，只预留累计偏差值，反之，则预留可预留值，其方向与偏差方向相反。

经验值测定：梁与柱一般焊缝压缩值小于2mm；柱与柱焊缝收缩值一般在3.5mm，厚钢板焊缝的横向收缩值可按下列公式计算：

$$S=K\cdot A/T$$

式中 S——焊缝的横向压缩值（mm）；

A——焊缝横截面面积（mm^2）；

T——焊缝厚度，包含熔深（mm）；

K——常数，一般取0.1。

日照温度影响：其偏差与柱的长细比、温度差成正比，与钢柱截面形式、钢板厚度都有直接关系。较明显观测差产生在上午9~10时和下午14~15时，控制好观测时间，减少温度影响。

安装标准化框架的原则：在建筑物核心部分或对称中心，由框架柱、梁、支撑组成刚度较大的框架结构，作为安装基础单元，其他单元依此扩大。

标准柱的垂直度校正：采用径向放置的两台经纬仪对钢柱及钢梁观测。钢柱垂直度校正可分两步：

第一步：采取无缆风绳校正。在钢柱偏斜方向的一侧打进钢楔或顶升千斤顶。在保证单节柱垂直度不超过规范的条件下，将柱顶偏移调整到零，最后拧紧临时衔接耳板的大六角螺栓。

第二步：安装标准框架体的梁。先安装上层梁，再安装中、下层梁，安装过程会对柱垂直度有影响，采用钢丝绳缆索（只合适跨内柱）、千斤顶、钢楔和手拉葫芦进行调整其他框架柱，依标准框架体向四周发展，其做法与上同。

（5）框架梁安装

框架梁和柱连接通常为高低翼板焊接、腹板栓接，或者全焊接、全栓接的连接方法。

1）钢梁吊装宜采用专用吊具，两点绑扎吊装。吊升中必须保证钢梁水平状况。一机吊多根钢梁时绑扎要牢固、安全，便于逐一安装。

2）一节柱一般有2～4层梁，原则上横向构件由上向下逐层安装，由于上部和周边都处于自由状况，易于安装和控制质量。通常在钢结构安装操作中，同一列柱的钢梁从中间跨开始对称地向两端扩大安装，同一跨钢梁，先安上层梁再装中下层梁。

3）在安装柱与柱之间的主梁时，测量必须跟踪校正柱与柱之间的间隔，并预留安装余量，特别是节点焊接受缩量。达到控制变形，减小或消除附加应力的目的。

4）柱与柱节点和梁与柱节点的连接，原则上对称施工，互相调整。对于焊接连接，一般可以先焊一节柱的顶层梁，再从下向上焊接各层梁与柱的节点。柱与柱的节点可以先焊，也可以后焊。混合连接一般为先栓后焊的工艺，螺栓连接从中心轴开始，对称拧固。钢管混凝土柱焊接接长时，严格按工艺评定要求施工，确保焊缝质量。

5）次梁依据实际施工情形，一层一层安装完成。

6）柱底灌浆。在第一节柱及柱间钢梁安装完成后，即可进行柱底灌浆。灌浆要留排气孔。钢管混凝土施工也要在钢管柱上预留排气孔。

7）补漆。

补漆为人工涂刷，在钢结构按设计安装就位后进行。

补漆前应清渣、除锈、去油污，自然风干，并经检查合格。

（6）多层与高层钢结构安装要点

1）总平面计划。

主要包括结构平面纵横轴线尺寸、塔式起重机的布置、机械开行路线、配电箱及电焊机布置、现场施工道路、消防道路、排水系统、构件堆放位置等。

假如现场堆放构件场地不足时，可选择中转场地。

2）塔式起重机选择。

① 起重机性能：塔式起重机根据吊装范围的最重构件、位置及高度，选择相应塔式起重机最大起重力矩（或双机抬吊起重力矩的80%）所具有的起重量、回转半径、起重高度。除此之外，还应考虑塔式起重机高空使用的抗风性能，起重卷扬机滚筒对钢丝绳的容绳量，吊钩的升降速度。

② 起重机数目：根据建筑物平面、施工现场条件、施工进度、塔吊性能等，安排1台、2台或多台。在满足起重性能情况下，尽量做到就地取材。

③ 起重机类型选择：在多层与高层钢结构施工中，其主要吊装机械一般都是选用自升式塔吊，自升式塔吊分内爬式和外附着式两种。

3）人货两用电梯选择。

一般配备两笼式人货两用电梯。

4）测量工艺。

选择符合标准的测量监控工艺。

5）钢框架吊装顺序

对竖向构件，标准层的钢柱一般为最重构件，它受起重性能、制作、运输等的限制，钢柱制作一般为2～4层一节。

对框架平面而言，除考虑结构本身刚度外，还需考虑塔吊爬升过程中框架稳定性及吊装进度，进行流水段划分。先组成标准的框架体，科学地划分流水作业段，向四周发展。

6）安装施工中应注意的问题：

① 在起重机起重能力许可的情况下，尽量在地面组拼较大吊装单元，如钢柱与钢支撑、层间柱与钢支撑、钢桁架组拼等，一次吊装就位。

② 制定合理的安装顺序。构件安装顺序，平面上应从中间核心区及标准节框架向四周进行，竖向应由下向上逐件安装。

③ 合理划分流水作业区段，确定流水区段的构件安装、校正、固定（包括预留焊接受缩量），确定构件接头焊接顺序，平面上应从中部对称地向四周发展，竖向根据有利于工艺间协调，便利施工，保证焊接质量，制定焊接顺序。

④ 一节柱的一层梁安装完后，立即安装本层的楼梯及压型钢板；楼面堆放物不能超过钢梁和压型钢板的承载力。

⑤ 钢构件安装和楼层钢筋混凝土楼板的施工，两项作业相差不宜超过5层；当必须超过5层时，应通过设计单位认可。

7）劲性混凝土钢结构安装。

劲性混凝土结构是在钢结构柱、梁四周配置钢筋，浇筑混凝土，钢构件同混凝土连成一体、共同作用的一种结构。

劲性混凝土结构分为埋入式和非埋进式两种。埋入式构件包括劲性混凝土梁、柱及剪力墙、钢管混凝土柱、内加钢板剪力墙等；非埋入式构件包括钢—混凝土组合梁、压型钢板组合楼板。劲性混凝土结构的钢构件分为实腹式和格构式，以实腹式为主。

劲性混凝土结构框架一般分为劲性混凝土柱—劲性混凝土梁、劲性混凝土柱—混凝土梁结构两种形式，其中钢构件连接多采用高强度螺栓连接。

① 劲性混凝土结构钢柱截面形式多为“十”、“L”、“T”、“H”、“O”、“口”形等几种形式，和混凝土接触面的熔焊栓钉多在钢构件出厂时施工完毕。构件运到施工现场，验收合格，安装、校正、固定，方法和框架结构相同。

② 劲性混凝土中的钢结构梁的安装方法和框架梁安装方法一致。无框架梁的结构，为保证钢柱的空间位置，要增设支撑系统固定钢构件，确保钢柱安装、焊接后空间位置正确。钢结构梁上面的熔焊栓钉一般在工厂加工。无梁劲性混凝土钢柱和混凝土梁的连接较复杂，特别是箍筋和主筋穿柱和梁时位置较庞杂，工艺交叉多，钢筋要贯通。混凝土梁的浇筑最好和柱混凝土浇筑错开，避免混凝土发生裂痕。

③ 钢结构构件安装完成后，进行钢筋绑扎、混凝土浇筑。对于钢管混凝土结构，每层楼的钢管柱安装、固定、校正后，采取标准的工艺确保焊接变形受控。然后绑扎钢筋，一般钢管柱内外没有柱端衔接竖筋，穿柱、梁主筋，柱梁接点处增强环形钢筋等。钢管安装后，进行柱内绑扎环形箍筋，完成后进行下道工序。

④ 支模和浇筑混凝土。混凝土浇捣过程中，需要检查劲性混凝土柱、梁的空间位置，符合要求后，进行上层柱、梁施工。

5.17 钢结构涂装工程安全技术要求与标准

1. 一般规定

（1）本章适用于钢结构的防腐涂料（油漆类）涂装和防火涂料涂装工程的施工质量验收。

（2）钢结构涂装工程可按钢结构制作或钢结构安装工程检验批的划分原则划分成一个或若干个检验批。

（3）钢结构普通涂料涂装工程应在钢结构构件组装、预拼装或钢结构安装工程检验的施工质量验收合格后进行。钢结构防火涂料涂装工程应在钢结构安装工程检验批和钢结构普通涂料涂装检验批的施工质量验收合格后进行。

（4）漆装时的环境温度和相对湿度应符合涂料产品说明书的要求，当产品说明书无要求时，环境温度宜在5～38℃之间，相对湿度不应大于85%。漆装时构件表面不应有结露；漆装后4h内应保护免受雨淋。

说明：本条规定涂装时的温度以5～38℃为宜，但这个规定只适合在室内无阳光直接照射的情况，一般来说钢材表面温度要比气温高2～3℃。如果在阳光直接照射下，钢材表面温度能比气温高8～12℃，涂装时漆膜的耐热性只能在40℃以下，当超过43℃时，钢材表面上涂装的漆膜就容易产生气泡而局部鼓起，使附着力降低。低于0℃时，在室外钢材表面涂装容易使漆膜冻结而不易固化；湿度超过85%时，钢材表面有露点凝结，漆膜附着力差。最佳涂装时间是当日出3h之后，这时附在钢材表面的露点基本干燥，日落后3h之内停止（室内作业不限），此时空气中的相对湿度尚未回升，钢材表面尚存的温度不会导致露点形成。涂层在4h之内，漆膜表面尚未固化，容易被雨水冲坏，故规定在4h之内不得淋雨。

2. 钢结构防腐涂料涂装

（1）主控项目

1）涂装前钢材表面除锈应符合设计要求和国家现行有关标准和规定。处理后的钢材表面不应有焊渣、焊疤、灰尘、油污、水和毛刺等。

检查数量：按构件数量抽查10%，且同类构件不应少于3件。

检验方法：用铲刀检查和用现行国家标准《涂装前钢材表面锈蚀等级和除锈等级》（GB 8923）规定的图片对照观察检查。

2）漆料、涂装遍数、涂层厚度均应符合设计要求。当设计对涂层厚度无要求时，涂层干漆膜总厚度：室外应为15μm，室内应为125μm，其允许偏差－25μm，每遍涂层干漆膜厚度的允许偏差－5μm。

检查数量：按构件数抽查10%，且同类构件不应少于3件。检验方法：用干漆膜测量厚仪检查。每个构件检测5处，每处的数值为3个相距50mm测点涂层干漆膜厚度的平均值。

（2）一般项目

1）构件表面不应误漆、漏涂，涂层不应脱皮和返锈等。涂层应均匀、无明显皱皮、流坠、针眼和气泡等。

检查数量：全数检查。检验方法：观察检查。

说明：实验证明，在涂装后的钢材表面施焊，焊缝的根部会出现密集气孔，影响焊缝质量。误涂后，用火焰吹烧或用焊条引弧吹烧都不能彻底清除油漆，焊缝根部仍然会有孔产生。

2）当钢结构处在有腐蚀介质环境或外露且设计有要求时，应进行涂层附着力测试，在检测处范围内，当涂层完整程度达到70%以上时，涂层附着力达到合格质量标准的要求。

检查数量：按构件数抽查1%，且不应少于3件，每件测3处。检验方法：按照现行国家标准《漆膜附着力测定法》(GB 1720) 或《色漆和清漆　漆膜的划格试验》(GB 9286) 执行。

说明：涂层附着力是反映涂装质量的综合性指标，其测试方法简单易行，故增加该项检查以便综合评价整个涂装工程质量。

3）涂装完成后，构件的标志、标记和编号应清晰完整。

检查数量：全数检查。检验方法：观察检查。

说明：对于安装单位来说，构件的标志、标记和编号（对于重大构件应标注重量和起吊位置）是构件安装的重要依据，故要求全数检查。

3. 钢结构防火涂料涂装

(1) 主控项目

1）防火漆料涂装前钢材表面除锈及防锈底漆涂装应符合设计要求和国家现行有关标准的规定。

检查数量：按构件数抽查10%，且同类构件不应少于3件。检验方法：表面除锈用铲刀检查和用现行国家标准《涂装前钢材表面锈蚀等级和除锈等级》规定的图片对照观察检查。底漆涂装用干漆膜测厚仪检查，每个构件检测5处，每处的数值为3个相距50mm测点涂层干漆膜厚度的平均值。

2）钢结构防火漆料的粘结强度、抗压强度应符合国家现行标准《钢结构防火涂料应用技术规程》(CECS 24：90) 规定。检验方法应符合现行国家标准《建筑构件防火喷涂材料性能试验方法》(GB 9978) 的规定。

检查数量：每使用100t或不足100t薄涂型防火涂料应抽检一次粘结强度；每使用500t或不足500t厚涂型防火涂料应抽检一次粘结强度和抗压强度。检验方法：检查复检报告。

3）薄涂型防火涂料的涂层厚度应符合有关耐火极限的设计要求。厚漆型防火涂料涂层的厚度，80%及以上面积应符合有关耐火极限的设计要求，且最薄处厚度不应低于设计要求的85%。

检查数量：按同类构件数抽查10%，且均不应少于3件。检验方法：用涂层厚度测量仪、测针和钢尺检查。测量方法应符合国家现行标准《钢结构防火漆料应用技术规程》(CECS 24：90) 的规定及本规范附录F。

4）薄涂型防火漆料漆层表面裂纹宽度不应大于0.5mm；厚涂型防火漆料涂层表面裂宽度不应大于1mm。

检查数量：按同类构件数量抽查10%，且均不应少于3件。检验方法：观察和用尺量检查。

（2）一般项目

1）防火漆料漆装基层不应有油污、灰尘和泥砂等污垢。

检查数量：全数检查。检验方法：观察检查。

2）防火漆料不应有误涂、漏涂、涂层应闭合无脱层、空鼓、明显凹陷、粉化松散和浮浆等外观缺陷，乳突已剔除。

检查数量：全数检查。检验方法：观察检查。

6　钢结构工程安全操作

6.1　安全操作一般规定

（1）作业人员必须经过安全技术培训，掌握本工种安全生产知识和技能。新入厂工人或转岗工人必须经入场或转岗培训，考核合格后方可上岗，实习期间必须在有经验的工人带领下进行作业；特种作业人员必须经过安全技术培训，取得主管单位颁发的资质证后持证上岗。机动车驾驶员必须取得公安交通管理部门颁发的驾驶证后方可上岗。

（2）高处作业、尘毒环境作业人员应定期参加体检。患有禁忌症者不得从事作业。

（3）作业前必须进行安全技术交底，掌握交底内容。作业中必须按安全技术交底要求执行。没有安全技术交底严禁作业。

（4）非机械操作工和非电工严禁进行由专业人员操作的机械、电气作业。

（5）电动机械应采取防雨、防潮措施。

（6）严禁在高压线下堆土、堆料、支搭临时设施和进行机械吊装作业。

（7）作业时应保持作业道路通畅、作业环境整洁。在雨、雪后和冬期，露天作业时必须先清除水、雪、霜、冰，并采取防滑措施。

（8）作业前必须检查工具、设备、现场环境等，确认安全后方可作业。

（9）下沟槽（坑）作业前必须检查槽（坑）壁的稳定状况和环境，确认安全。上下沟槽（坑）必须走马道或安全梯，通过沟槽必须走便桥。严禁在沟槽（坑）内休息。

（10）雨期或春融季节深槽（坑）作业时，必须经常检查槽（坑）壁的稳定状况，确认安全。

（11）作业时必须按规定使用防护用品。进入施工现场的人员必须戴安全帽，严禁赤脚，严禁穿拖鞋。

（12）严禁擅自拆改、移动安全防护设施。需临时拆除或变动安全防护设施时，必须经施工技术管理人员同意，并采取相应的可靠措施。

（13）作业时必须遵守劳动纪律，集中精神，不得打闹。严禁酒后作业。

（14）脚手架未经验收合格，严禁上架子作业。

（15）临边作业时必须在作业区采取防坠落的措施。施工现场的井、洞、坑、池必须有防护栏或防护篦等防护设施和警示标志。

（16）高处作业时，上下必须走马道（坡道）或安全梯，严禁从高处向下方抛扔或由低处向高处投掷物料、工具。

（17）夜间作业场所必须配备足够的照明设施。大雨、大雪、大雾及风力六级以上（含六级）等恶劣天气时，应停止露天的起重、打桩、高处等作业。

（18）沟槽边、作业点、道路口必须设明显安全标志，夜间必须设红色警示灯。

（19）施工过程中必须保护现况管线、杆线、人防消防设施和文物。

（20）水中筑围堰时，作业人员必须视水深、流速情况穿皮裤、救生衣，并佩戴安全防护用品。

（21）作业中出现危险征兆时，作业人员应暂停作业，撤至安全区域，并立即向上级报告。未经施工技术管理人员批准，严禁恢复作业。紧急处理时，必须在施工技术管理人员的指挥下进行抢救。

（22）作业中发生事故，必须及时抢救人员，迅速报告上级，保护事故现场，并采取措施控制事故。如抢救工作可能造成事故扩大或人员伤害时，必须在施工技术管理人员指导下进行抢救。

（23）各工种人员从事普工的有关作业时，必须执行普工的安全操作规程。

6.2 施工人员安全操作要求

6.2.1 普工

1. 一般规定

（1）新工人必须参加入场安全教育，考试合格后方可上岗。

（2）作业时必须执行安全技术交底，服从带班人员指挥。

（3）配合其他专业工种人员作业时，必须服从该专业工种人员的指挥。

（4）作业时必须根据作业要求，佩戴防护用品。

（5）作业时必须遵守劳动纪律，不得擅自动用各种机电设备。

2. 人工挖土

（1）作业前应按安全技术交底要求了解地下管线、人防及其他构筑物情况，按要求坑探，掌握构筑物的具体位置。地下构筑物外露时，应按交底要求进行加固保护。作业中应避开管线和构筑物。在现况电力、通信电缆2m范围内和现况燃气、热力、排水等管道1m范围内挖土时，必须在主管单位人员的监护下采取人工开挖。

（2）挖槽（坑）时必须按安全技术交底要求放坡、支撑或护壁。遇边坡不稳、有坍塌危险征兆时，必须立即撤离现场。

（3）槽上堆土应距槽边1m外，堆土高度不得超过1.5m。堆土不得遮压检查井、消防井等设施。

（4）槽深大于2.5m时，应分层挖土，层高不得超过2m，层间应设平台，平台宽不得小于0.5m。

（5）上、下沟槽必须走马道、安全梯。马道、安全梯间距不宜大于50m。

（6）作业时两人横向间距不得小于2m，纵向间距不得小于3m。严禁掏洞挖土、搜底扩槽和在槽内休息。

（7）在竖井（坑）内作业时，必须服从指挥人员的指挥。垂直运输时，作业人员必须立即撤至边缘安全位置，土斗落稳时方可靠近作业。

（8）隧道内掘土作业时，必须按照安全技术交底要求操作，严禁超挖。发现异常时必须立即处理，确认安全后方可继续作业；出现危险征兆时，必须立即停止作业，撤至安全位置，并向上级报告。

（9）使用钢钎破冻土、坚硬土时，扶钎人应在打锤人侧面用长把夹具扶钎，打锤范围内不得有其他人。锤顶应平整，锤头应安装牢固。钎子应直且不得有飞刺。打锤人不得戴手套。

（10）作业中发现地下管道等构筑物、文物、不明物时，必须立即停止作业，向带班人报告，并按要求处理或保护。

（11）严禁在脚手架底部、构筑物附近进行影响基础稳定性的开挖沟槽（坑）作业。

（12）必须按安全技术交底要求保持与高压线、变压器、建筑物、构筑物等的安全距离。

3. 人工回填土

（1）用小车向槽内卸土时，槽边必须设横木挡掩，待槽下人员撤至安全位置后方可倒土。倒土时应稳倾缓倒，严禁撒把倒土。

（2）取用槽帮土回填时，必须自上而下台阶式取土，严禁掏洞取土。

（3）人工打夯时应集中精神。两人打夯时应相互呼应，动作一致，用力均匀。

（4）使用电打夯机时，必须由电工接装电源、闸箱，检查线路、接头、零线及绝缘情况，并经试夯确认安全后方可作业。

（5）蛙式夯手把上的开关按钮应灵敏可靠，手把应缠裹绝缘胶布或套胶管。

（6）蛙式夯应由两人操作，一人扶夯，一人牵线。两人必须穿绝缘鞋、戴绝缘手套。牵线人必须在夯后或侧面随机牵线，不得强力拉扯电线。电线绞缠时必须停止操作。严禁夯机砸线，严禁在夯机运行时隔夯扔线。转向或倒线有困难时，应停机。清除夯盘内的土块、杂物时必须停机，严禁在夯机运转中清掏。

（7）人工抬、移蛙式夯时必须切断电源。

（8）作业后必须拉闸断电，盘好电线，把夯放在无水浸危险的地方，并盖好苫布。

（9）回填沟槽（坑）时，应按安全技术交底要求在构造物胸腔两侧分层对称回填，两侧高差应符合规定要求。

4. 人工运材料

（1）作业前应对运输道路进行平整，保持道路坚实、畅通。便桥应支搭牢固，桥面宽度应比小车宽1m，且宽度应不小于1.5m，便桥两侧必须设护栏和挡脚板。

（2）穿行社会道路必须遵守交通法规，听从指挥。

（3）用架子车装运材料时，应有两人以上操作，保持架子车平稳，拐弯示意，车上不得乘人。

（4）使用手推车运输材料时，在平地上前后车间距不得小于2m。下坡时应稳步推行，前后车间距应根据坡度确定，但不得小于10m。

（5）装卸材料应轻搬稳放，不得乱抛乱扔。运砖时应用砖夹子装卸、码放整齐，不得倾倒卸车。从料垛取料时，应自上而下阶梯状分层拿取。

（6）卸材料时，前方、槽下不得有人。槽边卸料时，车轮应挡掩。卸土方和道路材料时，应待车挡板打开后方可卸料。

（7）地上码放砖、砌块、模板的高度不得超过1.5m。架子上码砖、砌块、模板时不超过3层。

（8）不得将材料堆放在管道的检查井、消防井、电信井、燃气抽水缸井等设施上。

（9）不得随意靠墙堆放物料。

（10）运输大石块、盖板等重物时，应事先确定装卸方法，并设专人指挥。装运石块时应插紧，并不得抛掷。人工抬运石料或盖板时，木杠、绳索应坚实，捆绑应牢固，抬运步伐应一致，起落应呼应。

（11）装、运、卸路缘石、大方砖等材料时，应按顺序搬运，码放平稳、整齐，卸车时严禁扬把倒料。

5. 人机配合

（1）配合起重吊装作业时应遵守下列规定：作业时，必须服从信号工指挥。吊装前必须撤到吊臂回转范围以外；给易滚、易滑吊物挡掩时，必须待吊物落稳、信号工指示后方可上前作业。

（2）配合挖土机作业时，严禁进入铲斗回转范围，必须待挖掘机停止作业后方可进入铲斗回转范围内清槽。

（3）配合推土机作业时，必须与驾驶员协调配合。作业人员应站在机械运行前方5m或侧面1.5m以外。机械运行中，严禁上下机械。

（4）配合汽车运输作业时必须服从指挥，装卸物料应轻搬稳放，不得乱扔。物料需捆绑牢固。作业人员完成指定作业后，应站在车辆的侧面。汽车启动后严禁攀登车辆。

（5）指挥推土机、压路机、挖掘机、平地机等施工机械转移时应遵守下列规定：必须先检查道路，排除地面及空中障碍物，并做好井、坑等危险部位的安全防护；行进中必须疏导交通。需通过便桥时，必须经施工技术负责人批准，确认安全后方可通过。穿行社会道路时必须遵守交通法规；作业人员不得倒退行走；转移中需要在道路上垫木板等物时，必须与驾驶员协调配合，待垫物放稳、人员离开后，方可指挥机械通过；清扫压路机前方路面时，应与压路机保持8m以上的安全距离。

6. 支搭临时设施

（1）作业中应设专人指挥，分工明确，协调一致。

（2）必须按安全技术交底要求的程序进行作业。

（3）支搭工棚应遵守下列规定：安装立柱、板墙和屋架（梁）时必须做好临时支撑，连接件应齐全，连接螺栓应牢固；安装屋架（梁）和上、下屋面作业时，必须使用临时支架和马凳；传递构件时必须上下呼应，待对方接稳后方可松手，严禁站在没有连接的构件上作业；在石棉瓦屋面上作业时，应铺设供作业用的木板，木板上应安装防滑条，严禁直接踩踏石棉瓦。

（4）严禁在高压线下搭建临时设施。临时设施应远离危旧建筑物、沟槽。

（5）支搭围挡作业时，围挡结构的部件必须安装齐全并连接牢固。在有社会车辆通行的地段作业时，必须设专人疏导交通。

（6）暂停作业时，必须检查所支搭的临时设施，确认稳固后方可离开现场。

7. 砍伐树木

（1）作业前应遵守下列规定：必须检查现场环境，观察风向，排除地面和空中的危险物；应根据环境及风向选择树木倾倒方向，不得倒向墙、桥梁、栏杆、房屋建筑物；应确定作业区域，并设专人警戒和疏导交通；应检查工具和控制缆绳，符合安全要求后方可作业。

（2）作业时应遵守下列规定：必须设专人指挥，作业人员应协调配合；高处伐树枝时必须系安全带；应先砍树枝，后伐树干；必须将控制缆绳拴牢后方可锯、砍树干，树林倾倒区域内不得有人；锯口必须与倾倒方向相反。

（3）必须及时清理作业区域，待道路上的杂物清理完成后，方可解除警戒，开放交通。

8. 拆除构筑物

（1）必须按安全技术交底的要求进行作业。

（2）两人作业时，应相互呼应、协调配合。多人作业时应设专人指挥。

（3）拆除作业区应设围挡，负责警戒的人员应坚守岗位，阻止非作业人员进入作业区。

（4）拆除旧路面和混凝土等坚固构筑物应遵守下列规定：拆除前必须检查所用的机具，确认安全；用风镐拆除时，送风管的连接应牢固；作业时应佩戴防护用品，站立平稳，握牢风镐；用大锤、钎子拆除时，大锤必须安装牢固，钎子头上不得有飞刺。操作时，扶钎人应使用夹具，打锤人不得戴手套，不得与扶钎人面对面操作；应及时清除拆下的碎块。

（5）拆除房屋应遵守下列规定：拆除屋顶时，材料应溜放，严禁抛扔；拆檩木前必须将屋架支撑牢固；拆除中必须保持尚未拆除部分的稳定；应及时清运拆除的物料，严禁在楼板上堆积大量物料。

（6）高处作业时应站在平台或脚手架上，上、下平台或脚手架必须走马道或安全梯，拆除作业区域下方不得有人。

（7）拆墙时严禁挖掏墙根，严禁用人工晃动的方法推倒墙体。

6.2.2 吊装工、起重工

（1）起重工应健康，两眼视力均不得低于1.0，无色盲、听力障碍、高血压、心脏病、癫痫、眩晕、突发性昏厥及其他影响起重吊装作业的疾病与生理缺陷。

（2）必须经过安全技术培训，持证上岗。严禁酒后作业。

（3）作业前必须检查作业环境、吊索具、防护用品。吊装区域无闲散人员，障碍已排除。吊索具无缺陷，捆绑正确牢固，被吊物与其他物件无连接。确认安全后方可作业。

（4）轮式或履带式起重机作业时必须确定吊装区域，并设警戒标志，必要时派人监护。

（5）大雨、大雪、大雾及风力六级以上（含六级）等恶劣天气，必须停止露天起重吊装作业。严禁在带电的高压线下作业。

（6）在高压线一侧作业时，必须保持规定的最小安全距离。

（7）在下列情况下严禁进行吊装作业：被吊物质量超过机构性能允许范围；信号不清；吊装物下方站人；吊装物上站人；立式构件、大模板不用卡环；斜拉斜牵物；散物捆扎不牢；零碎物无容器；吊装物质量不明；吊索具不符合规定；作业现场光线阴暗。

（8）作业时必须执行安全交底，听从统一指挥。

（9）使用起重机作业时，必须正确选择吊点位置，合理穿挂索具，试吊。除指挥及挂钩人员外，严禁其他人员进入吊装作业区。

（10）使用两台吊车抬吊大型构件时，吊车性能应一致，单机荷载应合理分配，且不得超过额定荷载的80%。作业时必须统一指挥，动作一致。

（11）需自制吊运物料的容器（土斗、混凝土斗、砂浆斗等）时，必须遵守下列规定：荷载（包括自重）不得超过5000kg。

6.2.3 测量工

（1）进入现场必须按规定佩戴安全防护用品。

（2）作业时必须避让机械，躲开坑、槽、井，选择安全的路线和地点。

（3）上下槽沟、基坑应走安全梯或马道。在槽、基坑底作业前必须检查槽帮的稳定性，确认安全后再下槽、基坑作业。

（4）高处作业必须走安全梯，临边作业时必须采取防坠落的措施。

（5）进入井、深基坑（槽）及构筑物内作业时，应在地面进出口处设专人监护。

（6）机械运转时，不得在机械运转范围内作业。

（7）在河流、湖泊等水中进行测量作业前必须先征得主管单位的同意，掌握水深、流速等情况，并根据现场情况采取防溺水措施。

（8）冬期施工不应在冰上进行作业。严冬期间需在冰上作业时，必须在作业前进行现场探测，充分掌握冰层厚度，确认安全后方可冰上作业。

6.2.4 焊工

1. 一般规定

（1）焊工必须经安全技术培训、考核，持证上岗。

（2）作业时应穿工作服、绝缘鞋、戴电焊手套、防护面具、护目镜等防护用品，高处作业时应系安全带。

（3）焊接作业现场周围10m范围内不得堆放易燃易爆物品。

（4）雨雪风力六级以上的天气不得进行露天作业。雨雪后应清除积水积雪后方可作业。

2. 电焊工

（1）作业前应检查焊机、线路、焊机外壳保护接零等，确认安全后方可作业。

（2）严禁在易燃易爆气体或液体扩散区域内、运行中的压力管道和装有易燃易爆物品的容器内及受力构件上焊接和切割。

（3）焊接曾存储易燃易爆物品的容器时，应根据介质性质进行多次置换及清洗，并打开所有孔口，经检测确认安全后方可作业。

（4）在密封容器内施焊时，应采取通风措施。间歇作业时焊工应到外面休息。容器内照明电压不超过12V，焊工身体应用绝缘材料与焊件隔离。焊接时必须设专人监护，监护人应熟知焊接操作规程和抢救方法。

（5）焊接铜、铝、铅、锌等合金金属时，必须佩戴防护用品，在通风良好的地方作业。在有害介质场所进行焊接时，应采取防毒措施，必要时进行强制通风。

（6）若施焊地点潮湿，焊工应在干燥的绝缘板或者胶垫上作业，配合人员应穿绝缘鞋或站在绝缘板上。应定期检查绝缘鞋的绝缘情况。

（7）焊接时，临时接地线头严禁浮搭，必须固定、压紧，用胶布包严。

(8) 工作中遇下列情况应切断电源：改变电焊机接头；移动二次线；转移工作地点；检修电焊机；暂停焊接作业。

(9) 高处作业时，必须遵守下列规定：与电线的距离不得小于2.5m（高压电线应按有关标准保持安全距离）；必须使用标准的防火安全带，并系在可靠的构架上；必须在作业点正下方5m外设置护栏，并设专人值守。必须清除作业点下易燃、易爆物品；必须使用盔式面罩。焊接电缆应绑紧在固定处，严禁绕在身上或搭在背上作业；必须在稳固平台上作业。焊机必须放置平稳、牢固，设良好的接地保护装置。

(10) 焊接时二次线必须双线到位，严禁用其他金属物作二次线回路。

(11) 焊接电缆通过道路时，必须架高或采取其他保护措施。

(12) 焊把线不得放在电弧附近或炽热的焊缝旁。不得碾压焊把线。应采取防止焊把线被尖利器物损伤的措施。

(13) 清除焊渣时应佩戴防护眼镜或面罩。焊条头应集中堆放。

(14) 下班后必须拉闸断电，必须将地线和焊把线分开。

3. 气焊工

(1) 点燃焊（割）炬时，应先开乙炔阀点火，然后开氧气阀调整火焰。关闭时应先关闭乙炔阀，再关闭氧气阀。

(2) 点火时，焊炬口不得对着人，不得将正在燃烧的焊炬放在工件或地面上。焊炬带有乙炔气和氧气时，不得放在金属容器内。

(3) 作业中发现气路或气阀漏气时，必须立即停止作业。

(4) 作业中若氧气管着火应立即关闭氧气阀门，不得折弯胶管断气；若乙炔管着火，应先关熄炬火，可用弯折前面一段软管的办法止火。

(5) 高处作业时，氧气瓶、乙炔瓶、液化气瓶不得放在作业区域正下方，并应与作业点正下方保持在10m以上的距离。必须清除作业区域下方的易燃物。

(6) 不得将橡胶软管背在背上操作。

(7) 作业后应卸下减压器，拧上气瓶安全帽，将软管盘起捆好，挂在室内干燥处，检查操作场地，确认无着火危险后方可离开。

(8) 冬季露天作业时，如减压阀软管和流量计冻结，应使用热水（热水袋）、蒸汽或暖气设备化冻，严禁用火烘烤。

4. 电焊设备

(1) 一般规定

1) 电焊设备的安装、修理和检查必须由电工进行。焊机和线路发生故障时，应立即切断电源，并通知电工修理。

2) 使用电焊机前，必须检查绝缘及接线情况，接线部分不得腐蚀、受潮及松动。

3) 电焊机必须安放在通风良好、干燥、无腐蚀介质、远离高温和多粉尘的地方。露天使用的焊机应设防雨棚，焊机应用绝缘物垫起，垫起高度不得小于20cm，按要求配备消防器材。

4) 电焊机的配电系统开关、漏电保护装置等必须灵敏有效，导线绝缘必须良好。

5) 电焊机必须设单独的电源开关、自动断电装置。电源开关、自动断电装置必须放在防雨的闸箱内，装在便于操作之处，并留有安全通道。

6）电焊机的外壳必须设有可靠的保护接零，必须定期检查电焊机的保护接零线。

7）电焊机电源线必须绝缘良好，长度不得大于5m。

8）电焊机接电缆线必须使用多股细铜线电缆，其截面应根据电焊机使用要求选用。电缆外皮必须完好、柔软，其绝缘电阻应不小于1MΩ。焊接电缆线长度不得大于30m。

9）电焊机内部应保持清洁，定期吹净尘土。清扫时必须切断电源。

10）电焊机启动后必须空载运行一段时间。调节焊接电流及极性开关应在空载下进行。直流焊机空载电压不得超过90V，交流焊机空载电压不得超过80V。

11）严禁用拖拉电缆的方法移动焊机，移动电焊机时，必须切断电源。焊接途中突然停电，必须立即切断电源。

（2）交流电焊机作业

1）台焊机接线时三相负载应平衡，初级线上必须有开关及熔断保护器。

2）焊机应绝缘良好，焊接变压器的一次线圈绕组与二次线圈绕组之间、绕组与外壳之间的绝缘电阻不得小于1MΩ。

3）电焊机必须安装一、二次线接线保护罩。

4）电焊机的工作负荷应依照设计规定，不应超载运行。作业中应经常检查电焊机的温升，超过A级60℃、B级80℃时必须停止运转。

（3）硅整流电焊机作业

1）用硅整流电焊机时，必须开启风扇，运转中应无异响，电压表指示值应正常。

2）经常清洁硅整流器及各部件，清洁工作必须在关机断电后进行。

（4）氩弧焊机作业

1）工作前必须检查管路，气管、水管不得受压、泄漏。

2）氩气减压阀、管接头不得沾有油脂。安装后应试验，管路应无障碍、不漏气。

3）水冷型焊机冷却水应保持清洁，焊接中水流量应正常，严禁断水施焊。

4）高频引弧焊机，必须保证高频防护装置良好，不得发生短路。

5）更换钨极时必须切断电源。磨削钨极必须戴手套和口罩。磨削下来的粉末应及时清除。钍、铈钨极必须放置在密闭的铅盒内保存，不得随身携带。

6）氩气瓶内氩气不得用完，应保留96～226Pa压力。氩气瓶应直立、固定放置，不得倒放。

7）作业后切断电源，关闭水源和气源。焊接人员必须及时脱去工作服，清洗手脸和外露的皮肤。

（5）二氧化碳气体保护焊机作业

1）作业前预热15min，开气时，操作人员必须站在瓶嘴的侧面。

2）二氧化碳气体预热器端的电压不得高于36V。

3）二氧化碳气瓶应放在阴凉处，不得靠近热源，最高温度不得超过30℃，并应放置牢靠。

4）作业前应进行检查，焊丝的进给机构、电源的连接部分、二氧化碳的气体供应系统以及冷却水循环系统均应合乎要求。

（6）埋弧自动、半自动焊机作业

1）作业前应进行检查，送丝滚轮的沟槽及齿纹应完好，滚轮、导电嘴（块）必须接触良好，减速箱油槽孔应充量合格。

2）软管式送丝机构的软管槽孔应保持清洁，定期吹洗。

（7）对焊机作业

1）对焊机应有可靠的接零保护。多台对焊机并列安装时，间距不得小于3m，并应接在不同的相线上，有各自的控制开关。

2）作业前应进行检查，焊机的压力机构应灵活，夹具必须牢固，气、液压系统应无泄漏，正常后方可施焊。

3）焊接前应根据所焊钢筋截面，调整二次电压，不得焊接超过对焊机规定直径的钢筋。

4）应定期磨光断路器上的接触点、电极，定期紧固二次电路全部连接螺栓。冷却水温度不得超过40℃。

5）焊接较长钢筋时应设置托架，焊接时必须防止火花烫伤其他人员。

（8）点焊机作业

1）作业前，必须清除上、下两电极的油污。通电后，检查机体外壳应无漏电。

2）启动前，应首先接通控制线路的转向开关调整极数，然后接通水源、气源，最后接通电源。电极触头应保持光洁，漏电应立即更换。

3）作业时气路、水冷系统应畅通。气体必须保持干燥。排水温度不得超过40℃。

4）严禁加大引燃电路中的熔断器。当负载过小使引燃管内不能发生电弧时，不得闭合控制箱的引燃电路。

5）控制箱如长期停用，每月应通电加热30min，如更换闸流管亦要预热30min，正常工作的控制箱的预热时间不得少于5min。

（9）焊钳和焊接电缆

1）焊钳应保证任何斜度都能夹紧焊条，且便于更换焊条。

2）焊钳必须具有良好的绝缘、隔热能力。手柄绝热性能应良好。

3）焊钳与电缆的连接应简便可靠，导体不得外露。

4）焊钳弹簧失效，应立即更换。钳口处应经常保持清洁。

5）焊接电缆应具有良好的导电能力和绝缘外层。

6）焊接电缆的选择应根据焊接电流的大小和电缆的长度，按规定选用较大的截面积。

7）焊接电缆接头应采用铜导体，且接触良好，安装牢固可靠。

5. 气焊设备

（1）氧气瓶

1）氧气瓶应与其他易燃气瓶、油脂和易燃、易爆物品分别存放。

2）存储高压气瓶时应旋紧瓶帽、放置整齐、留有通道，加以固定。

3）气瓶库房应与高温、明火地点保持10m以上的距离。库房内必须按规定配备消防器材。

4）氯气瓶在运输时应平放，并加以固定，其高度不得超过车厢槽帮。

5）严禁用自行车、叉车或起重设备吊运高压钢瓶。

6）氧气瓶应设有防振圈和安全帽，搬运和使用时严禁撞击。

7）氧气瓶阀不得沾有油脂、灰尘。不得用带油脂的工具、手套或工作服接触。

8）氧气瓶不得在强烈日光下曝晒，夏季露天工作时，应搭设防晒罩、棚。

9）氧气瓶与焊炬、割炬、炉子和其他明火的距离应不小于10m，与乙炔瓶的距离不得小于5m。

10）开启氧气瓶阀门时，操作人员不得面对减压器，应使用专用工具。开启动作要缓慢。压力表指针应灵敏、正常。氧气瓶中的氧气不得全部用尽，必须保持不小于49kPa的压强。

11）严禁使用无减压器的氧气瓶作业。

12）安装减压器时，应首先检查氧气瓶阀门，接头不得有油脂，并略开阀门清除污垢安装减压器。作业人员不得正对氧气瓶阀门出气口。关闭氧气阀门时，必须先松开减压器的活门螺钉。

13）作业中，如发现氧气瓶阀门失灵或损坏不能关闭时，应待瓶内的氧气自动逸尽后，再行拆卸修理。

14）检查瓶口是否漏气时，应使用肥皂水涂在瓶口上观察，不得用明火试。冬季阀门被冻结时，可用温水或蒸汽加热，严禁用火烤。

（2）乙炔瓶

1）现场乙炔瓶储存量不得超过5瓶，5瓶以上时应放在储存间。储存间与明火的距离不得小于15m，并应通风良好，设有降温设施、消防设施和通道，避免阳光直射。

2）储存乙炔瓶时，乙炔瓶应直立，并必须采取防止倾斜的措施。严禁与氯气瓶、氧气瓶及其他易燃、易爆物同间储存。

3）储存间必须设专人管理，应在醒目的地方设安全标志。

4）应使用专用小车运送乙炔瓶。装卸乙炔瓶的动作应轻，不得抛、滑、滚、碰。

5）汽车运输乙炔时，乙炔瓶应妥善固定。气瓶应横向放置，头向一方。直立放置时，车厢不得低于瓶高的2/3。

6）乙炔瓶在使用时必须直立放置。

7）乙炔瓶与热源的距离不得小于10m。乙炔瓶表面温度不得超过40℃。

8）乙炔瓶在使用时必须装设专用减压器，减压器与瓶阀的连接应可靠，不得漏气。

9）乙炔瓶内气体不得用尽，必须保留不小于98kPa的压强。

10）严禁铜、银、汞等及其制品与乙炔接触。

（3）液化气瓶

1）液化石油气瓶必须放置在室内通风良好处，室内严禁烟火，并按规定配备材料。

2）气瓶冬季加温时，可使用40℃以下温水，严禁火烤或用沸水加热。

3）气瓶在运输、存储时必须直立放置，并加以固定，搬运时不得碰撞。

4）气瓶不得倒置，严禁倒出残液。

5）瓶阀管子不得漏气，丝堵、角阀螺纹不得锈蚀。

6）气瓶不得充满液体，应留出10%～15%的气化空间。

7）胶管和衬垫材料应采用耐油材料。

8）使用时应先点火，后开气，使用后关闭全部阀门。

（4）减压器

1）不同气体的减压器严禁混用。

2）减压器出口接头与胶管应扎紧。

3）减压器冻结时应采用热水或蒸汽加热解冻，严禁用火烤。

4）安装减压器前，应略开氧气阀门，吹除污物。

5）安装减压器前应进行检查，减压器不得沾有油脂。

6）打开氧气阀门时，必须慢慢开启，不得用力过猛。

7）减压器发生自流现象或漏气时，必须迅速关闭氧气瓶气阀，卸下减压器进行修理。

（5）焊炬和割炬

1）使用焊炬和割炬前必须检查射吸情况，射吸不正常时，必须修理，正常后方可使用。

2）焊炬和割炬点火前，应检查连接处和各气阀的严密性，连接处和气阀不得漏气；焊嘴、割嘴不得漏气、堵塞。使用过程中，如发现焊炬、割炬气体通路和气阀有漏气现象，应立即停止作业，修好后再使用。

3）严禁在氧气阀门和乙炔阀门同时开启时用手或其他物体堵住焊嘴或割嘴。

4）焊嘴或割嘴不得过分受热，温度过高，应放入水中冷却。

5）焊炬、割炬的气体通路均不得沾有油脂。

（6）橡胶软管

1）橡胶软管必须承受气体压力；各种气体的软管不得混用。

2）胶管的长度不得小于5m，以10～15m为宜，氧气软管接头必须扎紧。

3）使用中，氧气软管不得沾有油脂，不得触及灼热金属或尖锐物体。

6.2.5 涂装工

1. 一般规定

（1）涂料施工场地应有良好的通风条件，通风条件差的场所必须待安装通风设备后方能实施。

（2）在用钢丝刷、锉刀、气动和电动工具清除铁锈、焊渣、焊药、毛刺、旧漆时。要戴防护眼镜，以避免眼睛玷污和受伤。如灰尘较多，则应戴防尘口罩，以防止呼吸道感染。

（3）用火碱（氢氧化钠）浸除旧漆膜时，必须戴乳胶手套和防护限镜；穿戴好橡胶的或塑料的围裙和脚盖。

（4）在涂刷和喷涂对人体有害的涂料时，要强防毒口罩和密闭式眼镜进行防护。

（5）在高空作业时必须配戴安全带，以防跌落致伤。桥板接头要牢固，并要有足够的宽度下面要设置安全网，以防发生人身事故。

（6）在搬运工件或使用起重设备时，应严格遵照有关规定操作，以避免发生人身及机器事故。

（7）工作地点的出入口，不可放置空箱、空罐等物件，保持走道通畅。

（8）施工前，要仔细检查所使用的机器设备与工具是否安全可靠，合格适用。

（9）当设备上所使用的电器装置、电动机、照明装置发生故障时，应立即切断电源，并及时报告上级领导，安排专业人员修理，切不可自行其是以防触电。

2. 防火安全技术

由于涂料的组成大部分属于易燃、易爆物质，所以在施工中，始终都存在着火灾甚至爆炸的危险。为防止发生火灾，涂料涂装施工单位和操作人员必须遵守下列事项。

（1）不断对涂料施工操作人员进行防火教育。

（2）施工场所或车间严禁吸烟，不准携带各种火种进入施工场所、车间以及油漆材料仓库。施工场所或车间内外明显处，应设立“严禁烟火”的醒目标牌。

（3）对于燃点低的涂料或溶剂，在开桶时应使用非钢铁工具（如铜制工具）开启，避免产生火花，防止引起火灾或爆炸。

（4）消洗工件用过的棉纱、棉布等物品应集中存放，并设专人妥善保管，定期清除。不要乱扔、乱堆、乱放，更不要放在灼热的地方，严禁和涂料混存同一仓库中。

（5）大量的易燃物品应存放在仓库安全区内，施工现场尽量避免积存数量过多的涂料和稀释料。不可将盛有剩余涂料的容器开口放置。

（6）施工场所的电线、电缆，必须按防爆等级规定安装。电动机的启动装置和配电设备必须是防爆的。

（7）涂装车间最好采用室外照明，如需在室内采光照明时，应安装防爆灯具。

（8）在涂装施工过程中，应尽量避免严重敲打、碰撞、冲击、摩擦等动作，以免发生火花，引起燃烧。

（9）为避免静电集聚，喷漆室和各种固定容器必须有接地装置。

（10）每一施工场所，必须有足够数量的灭火器、砂箱及其他灭火工具，每个油漆施工人员必须懂得各种灭火方法和消防知识，并能熟练掌握各种灭火工具。

（11）万一施工现场发生火灾，切勿惊恐乱跑，应立即通知消防队，同时组织扑救。扑救时，首先要扑灭施工人员身上的火。切断各种转动设备和照明装置的电源，关闭邻近车间的门窗。

3. 防毒技术措施

（1）施工场所必须有良好的通风、照明、防毒、除尘设备。施工环境中有害物质的浓度不得超过国家标准的规定。对有害物质的排放也应严格遵照国家标准的规定。不得任意扩散自净，转嫁危害，污染环境。

（2）施工人员在操作时，必须穿戴好各种防护用品，如工作服、手套、口罩、眼镜等。

（3）因生产技术条件限制而对有毒气体和粉尘无法控制时，应采取呼吸防护措施，如使用送风面盔、过滤式防毒面具或口罩、氧气呼吸器等。

（4）使用某些含有毒性颜料的涂料（如红丹底漆等）时，应严格防止吸入与接触，避免引起急性或慢性铅中毒。严格禁止用喷涂法涂装含毒颜料的涂料。

（5）为防止涂装施工中涂料沾污手指和皮肤，可采用液体手套（或称防苯手套）代替手套，便于操作。液体手套的配方和配制方法如表 6-1 所列。

液体手套的配方 **表 6-1**

组　　成	用　　量（g）	组　　成	用　　量（g）
干酪素	100	碳酸钠	10
苯甲酸钠	7	无水乙醇	280
蒸馏水	300	甘油	30

配制时，将干酪素、苯甲酸钠与蒸馏水混合，在 60～70℃水浴中不断搅拌，保持 1h 使其完全膨胀，然后徐徐加入碳酸钠并强力搅拌成糊状物，再慢慢加入无水乙醇（不能产生白色糊状物），将其溶解，最后加入甘油混合即成液体手套。

液体手套使用前，先用肥皂水将手洗净擦干，然后将配制的液体均匀地涂在手上，晾 5～10min 后即能在手上干燥成一层薄膜（溶于水而不溶于有机溶剂），即为液体手套。此时便可操作。工作完毕后，可在温水中用肥皂水清洗。缺点是不能带水操作，天热时有粘感。

（6）为防止涂装施工中裸露皮肤处沾污涂料，发生漆疮或感染，施工前可涂一层“防护油膏”，将手及裸露皮肤处洗净擦干，将膏剂涂敷成一层薄膜干燥后即可。工作结束，用肥皂水洗净。

（7）若皮肤上沾涂料时，不要用苯类、酮类等有毒溶剂擦洗，以免引起皮炎或中毒。必要时用锯末、麸糠、细砂和醋酸丁酯的混合物擦洗，也可用木屑、锯末加洗衣粉或其他洗涤剂擦洗。

（8）操作人员离开现场，摘掉防护用具，用肥皂水将手、脸洗干净，方能进食或做其他工作。

（9）施工时，操作人员如感觉头痛、眩晕、心悸、恶心时，应立即离开工作地点，到通风处吸收新鲜空气，若仍觉不适，应去医疗单位诊治；若发现急性中毒时，应立即组织抢救。

（10）施工完毕，应用温水和肥皂清洗手脸；若条件许可，最好淋浴。

（11）要随时注意个人卫生和保健，比如不能在施工场所进食、饮水及吸烟，工作衣物要隔离存放和定期清洗等。充分使用保健费用，及时食用保健食品，以增加营养，增强体质。

（12）要定期对涂装施工人员进行体格检查，发现有中毒迹象或患有禁忌症时，应及时采取措施。同时，实行就业前健康检查，发现患有禁忌症者，不宜分配做本工种工作。

6.2.6 电工

1. 基本要求

（1）无高血压、心脏病、神经病、癫痫病、色盲症等妨碍电工作业的病症或生理缺陷。

（2）必须掌握相关电气知识，持证上岗，在准许的工作范围内进行作业。

（3）严格执行施工现场临时用电安全技术规范中的相关条目。

（4）按规定佩戴相关的防护用品，使用和保管专用工具。

（5）在雨雪及六级以上风力的恶劣天气时，一定对供电线路和用电设施进行检查，确认安全后使用。

（6）掌握触电急救方法。发生触电事故后采取措施，抢救伤员，并及时向上级报告。

2. 临时架空电缆线路及变台

（1）开挖电杆作业前，应与有关单位取得联系，探明地下物况并采取防护措施。在现况电力、通信电缆 2m 范围内和现况燃气、热力、给水、排水等管道 1m 范围内必须在主管单位人员的监护下人工开挖。

（2）搬运线杆时必须统一指挥，协调一致，互相呼应。使用车辆搬运线杆时，必须将电杆绑扎牢固，并保持平衡。

（3）立、撤电杆作业必须有专人指挥，必要时设专人监护和疏导交通。

（4）使用汽车起重机立、撤电杆时，吊点应在电杆中心的上方，距杆根的距离应大于杆长的0.4倍加0.5m。

（5）人工立杆应使用两幅架腿，杆轴向与架腿顶部支点应保持同一直线，并位于架腿两支腿的中心。基坑填平夯实后方可拆除支腿。

（6）立、撤电杆时应设置半径1.2倍杆长的作业区域，无关人员不得进入作业区域。立杆作业时，杆坑内不得有人。

（7）登杆前检查电杆埋设的牢固性，确认安全后方可登杆。

（8）杆上作业人员使用的工具和材料，应放在工具袋内，较大的工具应用绳子拴在牢固的杆件上。

（9）杆上作业时，上下传递的工具和材料应用小绳，严禁抛递。小绳不得系在安全带上。

（10）临近其他带电线路作业时，作业人员与带电线路的安全距离应不得小于表6-2中规定的数据。

作业人员与带电线路的安全距离 **表6-2**

电压等级（kV）	10	35	110	220
安全距离（m）	1	2.5	3	4

（11）临近带电路线或带电设备放线、紧线作业时，应将导线接地，并用小绳栓好，指定专人拽住。

（12）紧、撤线前应先检查拉线、拉桩，确认安全后方可作业。在无拉线、拉桩的电杆上紧线，必须设置临时拉线。紧大截面导线时应设专人监视拉线、拉桩，发现异常必须停止作业。

（13）撤线作业必须按照规定程序进行。放线时应先用绳索将导线栓牢，剪断后徐徐放下。

（14）风力六级以上（含六级）、暴雨、雷电、大雾等恶劣天气，不得进行立杆和登杆作业。

（15）敷设电缆时应设专人指挥。在拐弯处敷设电缆时，作业人员应站在弯角外侧。

（16）巡视架空线路时，应沿线路上风侧行走。发现导线断落地面或悬挂空中，应采取防护措施，并及时处理。

（17）用绝缘拉杆合高压隔离开关及跌开式熔断器，或经传动机构拉合高压隔离开关及高压符合开关时，室内操作应戴绝缘手套，室外操作还应穿绝缘靴。

（18）严禁带负荷拉合隔离开关及跌开式熔断器。

（19）雨天不得进行室外高压作业。

（20）变压器停电时，应先停负荷侧，后停电源侧。送电时，先送电源侧，后送负荷侧。操作单机隔离开关及跌开式熔断器，停电时，应先拉开中间相，后拉两边相；送电时，应先合两边相，后合中间相。

(21）在变压器台上进行检修工作时，必须采取下列安全措施：停电，验电，挂临时接地线，挂标示牌和装临时遮栏。

3. 施工现场电气设备运行与维修

(1）施工现场的电气线路必须保持良好的绝缘状况，并有防止人踩、车压、水泡、土埋及物砸的措施。

(2）不用的线路及时切断电源或拆除。

(3）严禁在本单位不能控制的电气线路上挂接临时接地线作业。

(4）严禁在供电部门电度计量互感器二次回路上进行作业。

(5）停、送电前必须与各用电部门联系，严禁临时决定停、送电。

(6）应避免带电作业。需低压带电作业时必须设监护人，严禁独立作业。接线时必须先按中性线，后接相线，拆线时先拆相线，后拆中性线。

(7）当发生严重威胁人身及设备安全的紧急情况时，可以越级拉开负荷开关，但在任何情况下，不得带负荷拉开隔离开关。

(8）停电检修设备时，在可能来电的各方向必须有明显的断开点，并在开关操作手柄上悬挂“严禁合闸，有人作业”的标示牌。

(9）在装置式空气断路器或漏电保护开关下接、拆用电设备时，必须逐相验电，确认安全后方可进行操作。

(10）在多台电焊机集中使用的场所，当拆除其中一台电焊机时，断电后应在其一次线侧先行验电，确认无压后方可进行拆除。

(11）运行中的电气设备发生开关跳闸或熔断器熔断，未查清故障原因前不得合闸。

(12）采用自备发电机作为备用电源时，备用电源断路设备与主电源断路设备之间必须装设连锁设备。

(13）配电箱及开关箱内的闸具必须完好无损，配电盘面上不得出现裸露带电体。

(14）雨淋、水泡、受潮的电气设备应进行干燥处理，并检测绝缘电阻，合格后方可使用。

4. 常用工具

(1）使用移动式和手持式电动工具应遵守以下规定：

1）使用所有电动工具，必须装设漏电保护装置，金属外壳必须保护零线。

2）电动工具使用前应进行检查，确认开关安装牢固，动作灵活可靠；电源开关应采用两极或三极式。

3）电动工具的电源线必须采用铜芯绝缘护套软线。

4）长期停用或在潮湿环境下使用的电动工具，在使用前应遥测绝缘电阻，其绝缘电阻值应符合现行国家标准的规定。

5）电动工具更换零件时，必须切断电源后进行，操作时不得戴线手套，不得用手指直接清除渣物。

(2）使用工作梯时应遵守如下规定：

1）工作梯使用前，应检查其牢固性，确认钢梯无开焊，铝合金梯子无变形或伤痕，竹、木梯无劈裂，竹、木梯为榫连接。

2）作业时工作梯与地面的夹角以60°为宜，在光滑及冰冻地面上应有防滑措施。

3）梯子上作业人员必须将腿别在梯凳中间，不得探身或站在最上一凳上作业。

4）梯子应有专人扶持，梯上有人作业时不得移动梯子，梯下方不得有人。

5）利用梯子上杆作业时，梯子上部与杆应捆绑牢固。

6）不得将梯子置于箱、桶、平板车等不稳定的物体上。

7）双梯下端应设有限制开度的拉链，高度超过4m时，下部应有扶持。

（3）使用喷灯应遵守下列规定：

1）在有带电体的场所使用喷灯时，喷灯火焰与带电部分的距离应符合下列要求：10kV及以下电压不得小于1.5m；10kV以上电压不得小于3m。

2）喷灯内油面不得高于容器容积的3/4，加油孔的螺栓应拧紧；喷灯不得有漏油现象。

3）严禁在有易燃、易爆物质的场所使用喷灯。

4）喷灯加油、加油及拆卸喷嘴和其他零件作业，必须熄灭火焰并冷却后进行；喷灯用完后应卸压。

5）使用煤油或酒精的喷灯内严禁注入汽油。

（4）使用脚扣、安全带应遵守下列规定：

1）脚扣的规格应与电杆的直径相适应。

2）使用脚扣前应检查有无裂纹、开焊、变形、皮带损伤情况，木杆脚扣齿部有无过度磨损、胶皮脚扣的胶皮有无脱落、离骨及过度磨损情况，小爪是否灵活可靠，确认安全后方可使用。

3）使用安全带前，应检查有无腐朽、脆裂、老化、断股等情况，所有钩环是否牢固，确认安全；可开口钩环必须有防止自动脱钩的保险装置。

4）安全带必须系在稳固处，严禁拴在横担、杆梢以及将要拆除的部件上。

5）系安全带时必须先将钩环扣好，再将保险装置锁好后方可探身或后仰作业。

6.2.7 起重运输机操作工

1. 一般规定

（1）起重运输机械操作工必须取得资格证后持证上岗，并应遵守下列规定：操作人员必须身体健康，患有碍安全操作的疾病和精神不正常者不得操作机械设备，酒后或服用镇静药物者不得操作机械设备；作业中应观察或巡视机械、周围人员及环境状况，不得擅自离开岗位；操作人员必须按规定佩戴安全防护用品，女工应戴工作帽，作业时长发不得外露；不得随意拆除机械设备照明、信号、仪表、报警和防护装置，应按规定的周期检查、调校安全防护装置；机械设备外露的传动机构、转动部件和高温、带电部分应装设防护罩等安全防护设施和设有明显的安全警示标志；机械运转时严禁接触运动部件、进行修理及保养作业。

（2）作业时应遵守下列规定：机械在社会道路上行驶时必须遵守交通管理部门的有关规定；机械通过桥梁前，应了解桥梁的承载能力，确认安全后方可低速通过；严禁在桥面上急转向和紧急刹车；通过桥洞前必须注意限高，确认安全后方可通过；作业前，必须进行检查，制动、转向、信号及安全装置应齐全有效；坡道停机时，不得横向停放；纵向停放时，必须挡掩，并将工作装置落地辅助制动，确认制动可靠后，操作人员方可离开；雨季应将机械停放在地势较高的坚实地面；在发电站、变电站、配电室等附近作业时，不得进入危险区域；在高压线附近工作时，机体及工作装置运动轨迹距高压线的距离应符合规定。

（3）作业前必须检查变幅指示器、力矩限制器、行程限位开关、防脱钩装置及吊索具，确认安全。

（4）作业前必须了解现场的道路、构筑物、架空电线及吊物的情况，起重机械臂杆起落及回转半径内应无障碍物及无关人员。

（5）作业时必须听从现场指挥人员、信号工的统一指挥。

（6）不得随意拆改安全装置，严禁用限位装置代替制动。

（7）严禁机械超载作业，严禁斜拉、斜吊和吊装埋入地下的物体。起吊现场浇筑的混凝土构件或模板前，必须确认混凝土构件或模板已全部松动。

（8）吊装零散物时，必须用吊笼。

（9）起吊时，先将吊物吊离地面10～30cm，经确认安全以后方可再行提升。对可能晃动、转动的重物，必须拴控制绳。

（10）吊装作业时，严禁人员在吊物下方穿行或停留。

（11）起升和降落的速度应均匀，严禁忽快忽慢或突然制动。回转动作应平稳，回转未停稳前，不得作反向操作。

（12）卷筒上的钢丝绳应连接牢固、排列整齐。放绳时，卷筒上的钢丝绳应保留3圈以上。钢丝绳必须符合国家标准规定。

（13）运输车辆必须按要求配备消防器材。

2. 载重汽车

（1）载重汽车在道路上行驶时必须遵守交通管理部门的有关规定。

（2）载重汽车的安全防护装置必须齐全、灵敏有效。

（3）运载易燃、易爆、有毒、强腐蚀性等危险品时，应符合国家的有关规定。

（4）在施工现场行驶时应遵守现场的限速规定。无限速规定时，应根据现场道路及周围人员情况确定车速，但最大时速不得大于15km。

（5）在施工现场倒车应先鸣笛，确认安全以后方可倒车。

（6）使用起重机、装载机、挖掘机装卸车时，汽车驾驶员不得停留在驾驶室内。

3. 自卸汽车

（1）自卸汽车驾驶员应遵守“2. 载重汽车”的各项规定。

（2）车厢内严禁载人。

（3）自卸汽车在沟槽边卸料时，应有专人指挥，卸料时汽车后轮距槽边不得小于1.5m，并设牢固挡掩。

（4）举升车厢检修、保养车辆时，必须将车厢支撑牢固。

4. 油罐车

（1）油罐车驾驶员应遵守“2. 载重汽车”的规定。

（2）油罐车的各种专用装置必须完好，油泵、油管、油罐接头、阀门、加油口应密封良好无泄漏，通气孔应畅通，接地链条应符合规定。

（3）油罐汽车的化油器不得有回火现象。油罐汽车附近严禁明火操作或吸烟行为。油罐汽车停放时应远离火源；炎热季节应选择阴凉处停放；雷雨天气不得将车停放在大树或高压线下。

（4）检修人员检修车辆时，不得携带火种，不得穿带钉子的鞋。

5. 拖车车组

（1）拖车车组驾驶员应遵守“2. 载重汽车”的规定。

（2）在装卸货物或机械设备时，应将拖车车组停放在平坦坚实的地面，将车辆制动，用三角木楔紧轮胎，并设专人统一指挥。

（3）装运带长臂杆的设备时，臂杆应朝向拖车的后方，超长的臂杆应拆解装运。拖运货物或设备的长、宽、高，应符合交通管理部门的有关规定。

（4）装运货物或设备时，应把货物或设备绑扎牢固，将设备制动，楔紧轮胎或履带，锁牢保险装置。

（5）装卸设备用的跳板必须搭设牢固可靠。装卸挖掘机、起重机、压路机、沥青混凝土摊铺机时，跳板与地面之间的角度不得大于15°；装卸推土机、履带式拖拉机时，跳板与地面之间的角度不得大于28°。

（6）拖运超长、超高的物品或设备时，应到交通管理部门办理行驶手续，按规定的时间和路线行驶。拖运前应勘察线路。拖运时，白天应挂红旗，夜间应挂示廓示宽的标志灯。随车应有电工保护路经的供电、通信线路。

（7）在坡道上行驶前，应换好适宜的低速挡，避免中途换挡或紧急制动。下坡时严禁空挡滑行。

6. 洒水车

洒水车驾驶员应遵守“2. 载重汽车”的规定。

7. 沥青罐车

（1）沥青罐车驾驶员应遵守“2. 载重汽车”的规定。

（2）随车应按要求配备消防器材。沥青罐装贮量应符合规定。装、卸沥青及加热沥青应符合原车辆技术说明书的要求。

8. 机动翻斗车

（1）机动翻斗车在施工现场行驶时，车斗的锁紧机构必须锁紧，时速不得超过5km。

（2）严禁驾驶室以外任何部位载人。

（3）下雪、结冰等情况下路面条件较差时，应低速行驶，不得紧急制动。

（4）上下坡时应换低速挡行驶。下坡时严禁空挡滑行。重车下坡应倒车行驶。

（5）使用装载机等机械装车时，驾驶员不得停留在驾驶室内。

（6）在坑、沟槽边沿卸料时，轮胎应与坑、沟槽沿保持1.5m以上的距离，并设置牢固挡掩。严禁直接向坑、沟槽内卸料。

（7）车斗装载物料的高度，不得影响驾驶员视线，宽度不得超出斗宽。

（8）车辆停放时，应停放在平坦的地面上。在斜坡上停放时，应用木楔打掩。驾驶员离开车辆时，必须将发动机熄火，并挂挡、拉紧手制动器。

9. 叉车

（1）内燃式叉车在室内作业时，应有良好的通风。严禁在存放易燃、易爆物品的仓库内作业。

（2）叉装作业时，物件应尽量靠近叉装架，其重心应在叉装架中心。物件提升离地后，应将叉装架后倾，货物离地尽可能低。在载物行驶时，起步应平稳。变换前进后退方向时，必须待机械停稳后方可进行。不得急转弯。行驶时不得紧急制动。

（3）当叉装架后倾至极限位置或升至最大高度时，必须将操纵手柄置于中间位置。不得同时操纵两个手柄。

（4）在搬运大体积货物过程中，驾驶员视线被挡住时，必须倒车低速行驶。

（5）叉装作业严禁超载。严禁用叉齿拔埋地下的物体。

（6）严禁叉车载人。装卸及运输过程中，严禁任何人在货叉下穿行或停留。

10. 汽车式、轮胎式起重机

（1）机械停放的地面应平整坚实。应按安全技术交底的要求与沟渠、基坑保持安全距离。

（2）作业前应伸出全部支腿，撑脚板下必须垫方木。调整机体水平度，无荷载时水准泡居中。支腿的定位销必须插上。底盘为弹性悬架的起重机，放支腿前应先收紧稳定器。

（3）调整支腿作业必须在无载荷时进行，将已伸出的臂杆缩回并转至正前方或正后方。作业中严禁扳动支腿操纵阀。

（4）作业中变幅应平稳，严禁猛起、猛落臂杆。

（5）伸缩臂式起重机在伸缩臂杆时，应按规定顺序进行。在伸臂的同时，应相应下放吊钩。当限制位器发出警报时应立即停止伸臂。臂杆缩回时，仰角不宜过小。

（6）作业时，臂杆仰角必须符合说明书的规定。伸缩式臂杆伸出后，出现前节臂杆的长度大于后节伸出长度时，必须经过调整，消除不正常情况后方可作业。

（7）作业中出现支腿沉陷、起重机倾斜等情况时，必须立即放下吊物，经调整、消除不安全因素后方可继续作业。

（8）在进行装卸作业时，运输车驾驶室内不得有人，吊物不得从运输车驾驶室上方通过。

（9）两台起重机抬吊作业时，两机性能应相近，单机载荷不得大于额定起重量的80%。

（10）轮胎式起重机需短距离带载行走时，途经的道路必须平坦坚实，载荷必须符合使用说明书规定，吊物离地高度不得超过50cm，并必须缓慢行驶。严禁带载长距离行驶。

（11）行驶前，必须收回臂杆、吊钩及支腿。行驶时保持中速，避免紧急制动。通过铁路道口或不平道路时，必须减速慢行。

（12）行驶时，在底盘走台上严禁有人或堆放物件。

（13）起重机通过临时性桥梁（管沟）等构筑物前，必须听取施工技术人员交底，确认安全后方可通过。通过地面电缆时应铺设木板保护，通过时不得在上面转弯。

（14）作业后，伸缩臂式起重机的臂杆应全部缩回、放妥，并挂好吊钩。桁架式臂杆起重机应将臂杆转至起重机的前方，并降至40°～60°之间。各机构的制动器必须制动牢固，操作室和机棚应关门上锁。

11. 履带式起重机

（1）起重机作业场地应平整坚实。如地面松软，应夯实后用枕木横向垫于履带下方。起重机工作、行驶与停放时，应按安全技术交底的要求与沟渠、基坑保持安全距离，不得停放在斜坡上。

（2）作业时变幅应缓慢平稳。严禁在起重臂未停稳前变换挡位，满载荷或接近满载荷时严禁下落臂杆。

（3）双机抬吊重物时，应使用性能相近的起重机。抬吊时应统一指挥，动作应协调一致。载荷应分配合理，单机载荷不得超过额定重量的80%。

（4）作业时，臂杆的最大仰角不得超过说明书的规定。无资料可查时，不得超过78°。

（5）需带载荷行走时，载荷不得超过额定重量的70%。行走时，吊物应在起重机行走正前方向，离地高度不得超过50cm，行驶速度应缓慢。严禁带载荷长距离行驶。

（6）转弯时，如转弯半径过小，应分次转弯。下坡时严禁空挡滑行。

（7）起重机转移工地应用长板拖车运送。近距离自行转移时，必须卸去配重，拆短臂杆、制动回转机构、臂杆、吊钩等。行走时主动轮在后面。

（8）起重机通过桥梁、管道（沟）前，必须听从施工人员的安全技术交底，确认安全后方可通过。通过铁路、地面电缆等设施时应铺设木板保护，通过时不得在上面转弯。

（9）作业后臂杆应转至顺风方向，并降至40°~60°之间，吊钩应提升到接近顶端的位置。各部制动器都应加保险固定，操作室和机棚应关门上锁。

12. 塔式起重机

（1）施工期内每周或雨后应对轨道基础检查一次，发现险情应及时报告，排除险情后方可使用。

（2）作业前必须检查机械部件、安全装置、轨道、电气设备、吊索具等，确认安全后方可作业。

（3）如风力达到四级以上时不得进行顶升、安装、拆卸作业。作业时突然遇到风力加大，必须停止作业，将塔身固定。

（4）操纵控制器应从零位开始，严禁越档操作，回零位后方可反向操作，严禁急开急停。

（5）严禁用吊钩直接钩挂重物。工作中平移吊物时，吊物应高于所跨越障碍物1m以上。起重机应与轨道端头保持2~3m的安全距离。

（6）塔吊在停歇或中途停电时，应将吊物放至地面，不得将吊装的重物悬在空中。

（7）多机同时作业时，两机任何接近部位（包括吊物）之间的安全距离不得小于5m。

（8）作业后，应将所有控制器拨至零位，塔吊应停放在轨道中间，关闭门窗，切断电源，打开高空指示灯，锁紧夹轨器。

（9）自升塔式起重机，除遵守上述规定以外，还应遵守下列规定：顶升前必须检查液压顶升系统各部件的连接情况，并调整好爬升架滚轮与塔身的间隙，然后放松电缆，其长度略大于顶升高度，并紧固好电缆卷筒；在顶升时，必须设专人指挥，非作业人员不得登上顶升装置套架的操作台，操作室内只准一人操作，严格听从信号工的指挥；顶升时应把小车和平衡重心移至规定位置，保持塔吊被顶升部分处于平衡状态，并将回转部分制动住；顶升中发生故障，必须立即停止顶升进行检查，待排除故障后方可继续顶升；顶升作业结束后，必须有专人检查连接螺栓，确认连接牢固。

(10) 塔式起重机电梯每次限乘 2 人。

13. 门式、桥式起重机

(1) 严禁擅自拆卸起重机的限发位器等安全防护装置。

(2) 当吊装的重物接近限位器，大、小临近终端，大车邻近其他起重机时，应减速慢行。严禁用反向操作代替制动、用限拉开关代替停车操作，严禁用紧急开关代替普通开关。

(3) 操作人员应在规定的安全通道、专用站台或扶梯上行走或上下，大车轨道两侧除检修外不得行走。严禁在小车轨道上行走，严禁从一台起重机跨越到另一台起重机上。

(4) 桥式起重机的步道及机构上不得堆放物品和工具。门式起重机上不得存放物品。

(5) 门式起重机作业前，应确认轨道地基无沉陷，轨道上无障碍物。行走时，应确认两侧驱动同步，发现偏移，必须停车检查、调整。空车行驶时，吊钩应离场面 2.5m 以上。

(6) 开始起吊前、运行线路的地面有人或落放吊装物时，应鸣铃示警。严禁吊物从人员上方越过。吊车行驶时，吊物离周围障碍物的距离必须大于 50cm；停歇作业时，必须将吊物放至地面，不得将吊物悬在空中。

(7) 两台起重机吊运同一重物时，必须统一指挥，每台起重的起重量不得超过其额定重量的 80%。两台桥式起重机在同一轨道上作业时，两机之间距离应大于 3m。严禁用一台起重机顶推另一台起重机。

(8) 运行时，不同层高轨道上的起重机错车时，上层起重机应主动避让。

(9) 起重机吊装的重物重量接近额定载荷时，应先吊离地面进行试吊，确认吊挂平衡、制动良好、机构正常后，再缓慢提升、运行。严禁同时操作 3 个控制手柄。

(10) 起重机运行时，严禁人员上下和检修设备。

(11) 起重机运行中突然停电时，必须将开关手柄放置到“O”位。吊物未放至地面或索具未脱钩前，操作人员不得离开操作室。

(12) 门式起重机吊运高大物件时，若妨碍操作人员的视线，应设专人监护和指挥。

(13) 停止作业后，必须切断电源，锁紧夹轨器，锁好门窗。

14. 卷扬机

(1) 作业前应检查地锚的牢固性，并进行空载试验，确认安全后方可作业。

(2) 升降作业时，起重钢丝绳、导向滑轮及吊物运动情况都应在操作人员的视线范围内。

(3) 严禁超载。双卷筒卷扬机的两个卷筒同时工作时，每个卷筒的起重重量不得超过其额定重量的 50%。

(4) 载物升降作业时，如无特殊情况不宜紧急制动。如遇停电等特殊情况时，应将重物放至地面，关闭电源。

(5) 卷扬机放绳时，卷筒上的钢丝绳必须保留 3 圈以上。排绳混乱时应停机处理。钢丝绳跨路部分应作保护。

(6) 严禁用卷扬机牵引吊笼载人升降。作业中严禁跨越钢丝绳。

(7) 作业结束以后，垂直运输吊笼必须降至地面，切断电源，锁好电闸箱。

15. 电动葫芦

（1）作业前应进行空载试验，运转正常以后方可作业。

（2）作业时吊点应与重物的重心垂线重合，必须垂直起吊。吊物行走时，吊物的高度必须超过地面物体 0.5m 以上，严禁从人员上方通过。吊物不得长时间悬空停留。

（3）作业结束以后，应将电葫芦停放在安全的位置，升起吊钩，切断电源。

16. 混凝土搅拌运输车

（1）作业前必须进行检查，确认转向、制动、灯光、信号系统灵敏有效，搅拌运输车滚筒和溜槽无裂纹和严重损伤，搅拌叶片磨损在正常范围内，底盘和副车架之间的 U 形螺栓连接良好。

（2）了解施工要求和现场情况，选择行车路线和停车地点。

（3）在社会道路上行驶必须遵守交通规则。转弯半径应符合使用说明书的要求，时速不大于 15km，进站时速不大于 5km。

（4）作业时，严禁用手触摸旋转的滚筒和滚轮。

（5）倒车卸料时，必须服从指挥，注意周围人员，发现异常立即停车。

（6）严禁在高压线下进行清洗作业。

17. 混凝土输送泵车

（1）混凝土泵车应停放在平整坚实的地方，支腿底部应用垫木支架平稳，臂架转动范围内不得有障碍物。严禁在高压输电线路下作业。

（2）作业前应进行检查，确认安全。搅拌机构工作正常，传动机构应动作准确；输送管无裂纹、损坏、变形、输送管道磨损应在规定范围内；管道连接处应密封良好；料斗筛网完好；液压系统应工作正常；仪表、信号指示灯齐全完好，各种手动阀动作灵活、定位可靠。

（3）作业中严禁接长输送管和软管。软管不得在地面拖行。

（4）作业中应严格按顺序打开臂架。风力大于六级（含六级）时严禁作业。

（5）严禁用臂架作为起重工具。

（6）泵送作业中，操作者应注意观察施工作业区域和设备的工作状态。臂架工作范围内不得有人员停留。

（7）作业中严禁扳动液压支腿控制阀。如发现车体倾斜或其他不正常现象时，应立即停止作业，收回臂架检查，待排除故障后再继续作业。

（8）泵送作业时，严禁跨越搅拌料斗。

（9）排除管道堵塞时，应疏散周围的人员。拆卸管道清洗前应采取反抽方法，消除输送管道内的压力。拆卸时严禁管口对人。

（10）作业时不得取下料斗格栅网和其他安全装置。不得攀登和骑压输送管道，不得把手伸入阀体内。泵送时严禁拆卸管道。

（11）清洗管道时，操作人员应离开管道出口和弯管接头处。如用压缩空气清洗管道时，管道出口处 10m 内不得有人员和设备。

6.2.8 动力机械操作工

1. 一般规定

（1）操作人员必须经过安全技术培训，考核合格后方可上岗。

（2）操作人员必须身体健康。患有碍安全操作的疾病和精神不正常者不得操作机械设备。酒后或服用镇静药物者不得操作机械设备。

（3）作业中应观察或巡视机械、周围人员及环境状况，不得擅自离开岗位。

（4）操作人员必须按规定佩戴安全防护用品，女工应戴工作帽，作业时长发不得外露。

（5）不得随意拆除机械设备的照明、信号、仪表、报警和防护装置。应按规定的周期检查、调校安全防护装置。

（6）机械设备外露的传动机构、转动部件和高温、带电部分应装设防护罩等安全防护设施和设有明显的安全警示标志。

（7）机械运转时严禁接触运动部件、进行修理及保养作业。

2. 内燃机

（1）安装在室内的内燃机排气管必须引出室外，且不得与可燃物接触。机房内不得存放易燃、易爆物品。室内应有良好的通风条件。

（2）添加燃油或润滑油时严禁烟火。

（3）严禁用明火加热汽油机。使用明火加热柴油机时，必须由专人看管。

（4）使用手摇柄启动内燃机时，应由下向上提动摇柄。使用手拉绳启动内燃机时，严禁将绳端缠在手上。

（5）操作人员发现机械设备有异响、异味等不正常情况时，应立即停机检查。

（6）当发动机过热时，不得立即打开水箱盖，应待温度降至正常后再打开。打开水箱盖时，必须戴手套操作，不得面对水箱加水口。

（7）严禁用汽油或煤油清洗内燃机空气滤清器和芯。

3. 空气压缩机

（1）固定式空气压缩机必须安装稳固。移动式空气压缩机机组应置于平整坚实的地面，并挡掩牢固。

（2）电动空气压缩机及启动器的外壳的保护接零必须完好。

（3）机械运转时，操作人员应注意观察压力表，其压力不得超过规定值。如发生异常情况必须立即停机检查。

（4）贮气罐安全阀每半个月应作一次手动试验，安全阀必须灵敏有效。

（5）使用压缩空气吹洗零件时，严禁风口对人。

4. 发电机组

（1）固定式机组必须安装在混凝土基础上。发电机组房（棚）的地面必须保持干燥，房（棚）内不得存放易燃、易爆物品。

（2）移动式机组运转前必须支垫平稳。运转时严禁移动。雨期使用时，应有防雨设施。

（3）发电机组必须设保护接地装置。长期停用的发电机组在重新使用前，必须检查各部件，并测量绝缘电阻值，确认安全后方可使用。

（4）发电机组运转时，操作人员应经常检查仪表，如发现异常声响、过热等情况时，应立即停机检查。

（5）严禁在一相熔丝断路时送电，严禁用断合电闸的方法传递信号。

6.3 施工机械安全操作

6.3.1 一般规定

（1）施工中，必须使用有资质的企业生产的施工机械，具有合格证和完整的安装、使用、维修说明书。施工机械进场前，应经验收，确认合格。

（2）施工机械操作工必须经过专业培训，考核合格，取得建设行政主管部门颁发的操作证或公安交通主管部门颁发的机动车驾驶执照后，方可上岗。实习操作工必须在持证人员指导下操作。小型施工机具操作工应经过安全技术培训，考核合格后，方可上岗。

（3）机械上的各种安全防护装置和监测、指示、仪表、报警、信号等自动装置必须完好齐全，有缺损时应及时修复。安全防护装置不完整或已失效的机械严禁使用。

（4）电动机械的电气接线必须由电工操作，在露天和潮湿地区使用，应采取防潮保护措施。

（5）施工机械使用前，操作工应进行全面检查，确认机械各部完好，防护装置齐全有效，并经试运转，确认正常，方可作业。

（6）机械必须按照生产企业的使用说明书规定的技术性能、承载能力和使用条件，正确操作，合理使用。严禁超载作业或任意扩大使用范围。不得随意更换原机零部件，需要更换时，应由专业技术人员设计并试验、签订，确认符合要求后方可实施。

（7）机械不得带病运转。运转中发现不正常时，应立即停机检查，排除故障后方可使用。

（8）大型移动式机械的作业场地应平整、坚实，固定式机械应有可靠的基础，并安装稳固，机身应保持水平。

（9）大型移动式机械运转和作业时，现场应设专人指挥，指挥人员应站在安全处，确认周围符合安全要求后，方可向机械操作工发出指令。

（10）轮式、履带式机械起步前，必须观察周围环境确认安全，并鸣笛示警。

（11）电动机械必须在机械附近配备开关箱，且一机一闸。启动前，应检查电气接线，确认完好、无漏电；检查漏电保护装置，确认灵敏、可靠。使用中遇停电，必须关机断电并制动。

（12）机械运行中，严禁操作工和现场人员触摸运转的部件，并保持安全距离。

（13）机械运转中，操作工或驾驶人员严禁离开岗位，需离开岗位时，必须断电或熄火、制动，必要时应锁闭操作室或驾驶室。

（14）机械运转中严禁维修、保养。维修、保养机械必须在断电或熄火、制动和撰紧行走轮后进行。在机械悬空部位下作业时，必须将悬空部位支撑或支垫稳固。

（15）作业后必须断电或熄火、制动、操纵柄置于零位，移动式机械应停置于平坦、坚实、安全的地方，并锁闭驾驶室、操作室。

（16）机械集中停放场所应设专人值守，并应按规定设置消防器材；大型内燃机械应配备灭火器；机房、操作室和机械四周不得堆放易燃、易爆物品。

（17）在机械产生对人体有害的气体、液体、尘埃、渣滓、放射性射线、振动、噪声等场所，必须配置相应的安全防护设备和有毒有害物质处理装置；在管道、构筑物、沉井施工中，应采取措施，使有害物限制在规定的限度内。

6.3.2 塔式起重机

（1）起重机的轨道基础应符合下列要求：路基承载能力：轻型（起重量30kN以下）应为60~100kPa；中型（起重量31~150kN）应为101~200kPa；重型（起重量150kN以上）应为200kPa以上；每间隔6m应设轨距拉杆一个，轨距允许偏差为公称值的1/1000，且不超过±3mm；在纵横方向上，钢轨顶面的倾斜度不得大于1/1000；钢轨接头间隙不得大于4mm，并应与另一侧轨道接头错开，错开距离不得小于1.5m，接头处应架在轨枕上，两轨顶高度差不得大于2mm；距轨道终端1m处必须设置缓冲止挡器，其高度不应小于行走轮的半径。在距轨道终端2m处必须设置限位开关碰块；鱼尾板连接螺栓应紧固，垫板应固定牢靠。

（2）起重机的混凝土基础应符合下列要求：混凝土强度等级不低于C35；基础表面平整度允许偏差1/1000；埋设件的位置、标高和垂直度以及施工工艺符合出厂说明书要求。

（3）起重机的附着锚固应符合下列要求：起重机附着的建筑物，其锚固点的受力强度应满足起重机的设计要求。附着杆系的布置方式、相互间距和附着距离等，应按出厂使用说明书规定执行。有变动时，应另行设计；装设附着框架和附着杆件，应采用经纬仪测量塔身垂直度，并应采用附着杆进行调整，在最高锚固点以下垂直度允许偏差为2/1000；在附着框架和附着支座布设时，附着杆倾斜角不得超过10°；附着框架直接设置在塔身标准节连接处，箍紧塔身。塔架对角处在无斜撑时应加固；塔身顶升接高到规定锚固间距时，应及时增设与建筑物的锚固装置。塔身高出锚固装置的自由端高度，应符合出厂规定；起重机作业过程中，应经常检查锚固装置，发现松动或异常情况时，应立即停止作业，故障未排除，不得继续作业；拆卸起重机时，应随着降落塔身的进程拆卸相应的锚固装置。严禁在落塔之前先拆锚固装置；遇有六级及以上大风时，严禁安装或拆卸锚固装置；锚固装置的安装、拆卸、检查和调整，均应有专人负责，工作时应系安全带和戴安全帽，并应遵守高处作业有关安全操作的规定；轨道式起重机做附着式使用时，应提高轨道基础的承载能力和切断行走机构的电源，并应设置阻挡行走轮移动的支座。

（4）起重机内爬升时应符合下列要求：内爬升作业应在白天进行。风力在五级及以上时，应停止作业；内爬升时，应加强机上与机下之间的联系以及上部楼层与下部楼层之间的联系，遇有故障及异常情况，应立即停机检查，故障未排除，不得继续爬升；内爬升过程中，严禁进行起重机的起升、回转、变幅等各项动作；起重机爬升到指定楼层后，应立即拔出塔身底座的支承梁或支腿，通过内爬升框架固定在楼板上，并应顶紧导向装置或用楔块塞紧；内爬升塔式起重机的固定间隔不宜小于3个楼层；对固定内爬升框架的楼层楼板，在楼板下面应增设支柱做临时加固。搁置起重机底座支承梁的楼层下方两层楼板，也应设置支柱做临时加固；每次内爬升完毕后，楼板上遗留下来的开孔，应立即采用钢筋混凝土封闭；起重机完成内爬升作业后，应检查内爬升框架的固定、底座支承梁的紧固以及楼板临时支撑的稳固等，确认可靠后，方可进行吊装作业。

（5）起重机塔身升降时，应符合下列要求：升降作业过程，必须有专人指挥，专人照看电源，专人操作液压系统，专人拆装螺栓。非作业人员不得登上顶升套架的操作平台。

操纵室内只准一人操作，且必须听从指挥信号；升降应在白天进行，特殊情况需在夜间作业时，应有充足的照明；风力在四级及以上时，不得进行升降作业。在作业中风力突然增大达到四级时，必须立即停止，并应紧固上、下塔身各连接螺栓；顶升前应预先放松电缆，其长度宜大于顶升总高度，并应紧固好电缆卷筒。下降时应适时收紧电缆；升降时，必须调整好顶升套架滚轮与塔身标准节的间隙，并应按规定使起重臂和平衡臂处于平衡状态，并将回转机构制动住。当回转台与塔身标准节之间的最后一处连接螺栓（销子）拆卸困难时，应将其对角方向的螺栓重新插入，再采取其他措施。不得以旋转起重臂动作来松动螺栓（销子）；升降时，顶升撑脚（爬爪）就位后，应插上安全销，方可继续下一动作；升降完毕后，各连接螺栓应按规定扭力紧固，液压操纵杆回到中间位置，并切断液压升降机构电源。

（6）拆装作业前检查项目应符合下列要求：对所拆装起重机的各机构、各部位、结构焊缝、重要部位螺栓、销轴、卷扬机起重机作业前，应检查轨道基础平直无沉陷，鱼尾板连接螺栓及道钉无松动，并应清除轨道上的障碍物，松开夹轨器并向上固定好。

（7）启动前，重点检查项目应符合下列要求：金属结构和工作机构的外观情况正常；各安全装置和各指示仪表齐全完好；各齿轮箱、液压油箱的油位符合规定；主要部位连接螺栓无松动；钢丝绳磨损情况及各滑轮穿绕符合规定；供电电缆无破损。

（8）送电前，各控制器手柄应在零位。当接通电源时，应采用试电笔检查金属结构部分，确认无漏电后，方可上机。

（9）作业前，应进行空载运转，试验各工作机构是否运转正常，有无噪声异响，各机构的制动器及安全防护装置是否有效，确认正常后，方可作业。

（10）起吊重物时，重物和吊具的总重量不得超过起重机相应幅度下规定的起重量。

（11）动臂式起重机的起升、回转、行走可同时进行，变幅应单独进行。每次变幅后应对变幅部位进行检查。允许带载变幅的，当载荷达到额定起重量的90%及以上时，严禁变幅。

（12）提升重物，严禁自由下降。重物就位时，可采用慢就位机构或利用制动器使之缓慢下降。

（13）提升重物做水平移动时，应高出其跨越的障碍物0.5m以上。

（14）对于无中央集电环及起升机构不安装在回转部分的起重机，在作业时，不得顺一个方向连续回转。

（15）装有上、下两套操纵系统的起重机，不得上、下同时使用。

（16）作业中，当停电或电压下降时，应立即将控制器扳到零位，并切断电源。如吊钩上挂有重物，应稍松稍紧反复使用制动器，使重物缓慢地下降到安全地带。

（17）作业中如遇六级及以上大风或阵风，应立即停止作业，锁紧夹轨器，将回转机构的制动器完全松开，起重臂应能随风转动。对轻型俯仰变幅起重机，应将起重臂落下并与塔身结构锁紧在一起。

（18）作业中，操作人员临时离开操纵室时，必须切断电源，锁紧夹轨器。

（19）起重机载人专用电梯严禁超员，其断绳保护装置必须可靠。当起重机作业时，严禁开动电梯。电梯停用时，应降至塔身底部位置，不得长时间悬在空中。

（20）作业完毕后，起重机应停放在轨道中间位置，起重臂应转到顺风方向，并松开回转制动器，小车及平衡臂应置于非工作状态，吊钩宜升到离起重臂顶端2~3m处。

（21）停机时，应将每个控制器拨回零位，依次断开各开关，关闭操纵室门窗，下机后，应锁紧夹轨器，使起重机与轨道固定，断开电源总开关，打开高空指示灯。

（22）检修人员上塔身、起重臂、平衡臂等高空部位检查或修理时，必须系好安全带。

（23）在寒冷季节，对停用起重机的电动机、电器柜、变速器、制动器等，应严密遮盖。

（24）动臂式和尚未附着的自升式塔式起重机，塔身上不得悬挂标语牌。

（25）起重机拆装前，应按照出厂有关规定，编制拆装作业方法、质量要求和安全技术措施，经企业技术负责人审批后，作为拆装作业技术方案，并向全体作业人员交底。

（26）起重机的拆装作业应在白天进行，并应有技术和安全人员在场监护。当遇大风、浓雾和雨雪等恶劣天气时，应停止作业。

（27）指挥人员应熟悉拆装作业方案，遵守拆装工艺和操作规程，使用明确的指挥信号进行指挥。所有参与拆装作业的人员，都应听从指挥，如发现指挥信号不清或有错误时，应停止作业，待联系清楚后再进行。

（28）拆装人员在进入工作现场时，应穿戴安全保护用品，高处作业时应系好安全带，熟悉并认真执行拆装工艺和操作规程，当发现异常情况或疑难问题时，应及时向技术负责人反映，不得自行处理，应防止处理不当而造成事故。

（29）在拆装作业过程中，当遇天气剧变、突然停电、机械故障等意外情况，短时间不能继续作业时，必须使已拆装的部位达到稳定状态并固定牢靠，经检查确认无隐患后，方可停止作业。

6.3.3 履带起重机

（1）起重机应在平坦坚实的地面上作业、行走和停放。在正常作业时，坡度不得大于3°，并应与沟渠、基坑保持安全距离。

（2）起重机启动前重点检查项目应符合下列要求：各安全防护装置及各指示仪表齐全完好；钢丝绳及连接部位符合规定；燃油、润滑油、液压油、冷却水等添加充足；各连接件无松动。

（3）起重机启动前应将主离合器分离，各操纵杆放在空挡位置。

（4）内燃机启动后，应检查各仪表指示值，待运转正常再接合主离合器，进行空载运转，顺序检查各工作机构及其制动器，确认正常后，方可作业。

（5）作业时，起重臂的最大仰角不得超过出厂规定。当无资料可查时，不得超过78°。

（6）起重机变幅应缓慢平稳，严禁在起重臂未停稳前变换挡位；起重机载荷达到额定起重量的90%及以上时，严禁下降起重臂。

（7）在起吊载荷达到额定起重量的90%及以上时，升降动作应慢速进行，并严禁同时进行两种及以上动作。

（8）起吊重物时应先稍离地面试吊，当确认重物已挂牢，起重机的稳定性和制动器的可靠性均良好，再继续起吊。在重物升起过程中，操作人员应把脚放在制动踏板上，密切注意起升重物，防止吊钩冒顶。当起重机停止运转而重物仍悬在空中时，即使制动踏板被固定，仍应脚踩在制动踏板上。

（9）采用双机抬吊作业时，应选用起重性能相似的起重机进行。抬吊时应统一指挥，动作应配合协调，载荷应分配合理，单机的起吊载荷不得超过允许载荷的80%。在吊装过程中，两台起重机的吊钩滑轮组应保持垂直状态。

（10）当起重机如需带载行走时，载荷不得超过允许起重量的70%，行走道路应坚实平整，重物应在起重机正前方向，重物离地面不得大于500mm，并应拴好拉绳，缓慢行驶。严禁长距离带载行驶。

（11）起重机行走时，转弯不应过急；当转弯半径过小时，应分次转弯；当路面凹凸不平时，不得转弯。

（12）起重机上下坡道时应无载行走，上坡时应将起重臂仰角适当放小，下坡时应将起重臂仰角适当放大。严禁下坡空挡滑行。

（13）作业后，起重臂应转至顺风方向，并降至40°~60°之间，吊钩应提升到接近顶端的位置，应关停内燃机，将各操纵杆放在空挡位置，各制动器加保险固定，操纵室和机棚应关门加锁。

（14）起重机转移工地，应采用平板拖车运送。特殊情况需自行转移时，应卸去配重，拆去短起重臂，主动轮应在后面，机身、起重臂、吊钩等必须处于制动位置，并应加保险固定。每行驶500~1000m时，应对行走机构进行检查和润滑。

（15）起重机通过桥梁、水坝、排水沟等构筑物时，必须先查明允许载荷后再通过。必要时应对构筑物采取加固措施。通过铁路、地下水管、电缆等设施时，应铺设木板保护，并不得在上面转弯。

（16）用火车或平板拖车运输起重机时，所用跳板的坡度不得大于15°；起重机装上车后，应将回转、行走、变幅等机构制动，并采用三角木楔紧履带两端，再牢固绑扎；后部配重用枕木垫实；不得使吊钩悬空摆动。

6.3.4 汽车、轮胎式起重机

（1）起重机行驶和工作的场地应保持平坦坚实，并应与沟渠、基坑保持安全距离。

（2）起重机启动前重点检查项目应符合下列要求：各安全保护装置和指示仪表齐全完好；钢丝绳及连接部位符合规定；燃油、润滑油、液压油及冷却水添加充足；各连接件无松动；轮胎气压符合规定。

（3）起重机启动前，应将各操纵杆放在空挡位置，手制动器应锁死，并应按照《建筑机械使用安全技术规程》（JGJ 33—2001）第3.2节的有关规定启动内燃机。启动后，应怠速运转，检查各仪表指示值，运转正常后接合液压泵，待压力达到规定值，油温超过30℃时，方可开始作业。

（4）作业前，应全部伸出支腿，并在撑脚板下垫方木，调整机体使回转支承面的倾斜度在无载荷时不大于1/1000（水准泡居中）。支腿有定位销的必须插上。底盘为弹性悬挂的起重机，放支腿前应先收紧稳定器。

（5）作业中严禁扳动支腿操纵阀。调整支腿必须在无载荷时进行，并将起重臂转至正前或正后，方可再行调整。

（6）应根据所吊重物的重量和提升高度，调整起重臂长度和仰角，并应估计吊索和重物本身的高度，留出适当空间。

（7）起重臂伸缩时，应按规定程序进行，在伸臂的同时应相应下降吊钩。当限上方，且不得在车的前方起吊。

（8）采用自由（重力）下降时，载荷不得超过该工况下额定起重量的20%，并应使重物有控制地下降，下降停止前应逐渐减速，不得使用紧急制动。

（9）起吊重物达到额定起重量的50%及以上时，应使用低速挡。

（10）作业中发现起重机倾斜、支腿不稳等异常现象时，应立即使重物下降落在安全的地方，下降中严禁制动。

（11）重物在空中需要较长时间停留时，应将起升卷筒制动锁住，操作人员不得离开操纵室。

（12）起吊重物达到额定起重量的90%以上时，严禁同时进行两种及以上的操作动作。

（13）起重机带载回转时，操作应平稳，避免急剧回转或停止，换向应在停稳后进行。

（14）当轮胎式起重机带载行走时，道路必须平坦坚实，载荷必须符合规定，重物离地面不得超过500mm，并应拴好拉绳，缓慢行驶。

（15）作业后，应将起重臂全部缩回放在支架上，再收回支腿。吊钩应用专用钢丝绳挂牢；应将车架尾部两撑杆分别撑在尾部下方的支座内，并用螺母固定；应将阻止机身旋转的销式制动器插入销孔，并将取力器操纵手柄放在脱开位置，最后应锁住起重操纵室门。

（16）行驶前，应检查并确认各支腿的收存无松动，轮胎气压应符合规定。行驶时水温应在80～90℃范围内，水温未达到80℃时，不得高速行驶。

（17）行驶时应保持中速，不得紧急制动，过铁道口或起伏路面时应减速，下坡时严禁空挡滑行，倒车时应有人监护。

（18）行驶时，严禁人员在底盘走台上站立或蹲坐，并不得堆放物件。

6.3.5 门式起重机

（1）起重机路基和轨道的铺设应符合出厂规定，轨道接地电阻不应大于4Ω。

（2）使用电缆的门式起重机，应设有电缆卷筒，配电箱应设置在轨道中部。

（3）用滑线供电的起重机，应在滑线两端标有鲜明的颜色，沿线应设置防护栏杆。

（4）轨道应平直，鱼尾板连接螺栓应无松动，轨道和起重机运行范围内应无障碍物。门式起重机应松开夹轨器。

（5）门式、桥式起重机作业前的重点检查项目应符合下列要求：机械结构外观正常，各连接件无松动；钢丝绳外表情况良好，绳卡牢固；各安全限位装置齐全完好。

（6）操作室内应垫木板或绝缘板，接通电源后应采用试电笔测试金属结构部分，确认无漏电方可上机；上、下操纵室应使用专用扶梯。

（7）作业前，应先进行空载运转，在确认各机构运转正常，制动可靠，各限位开关灵敏有效后，方可作业。

（8）开动前，应先发出音响信号示意，重物提升和下降操作应平稳匀速，在提升大件时速度不得过快，并应拴拉绳防止摆动。

(9）吊运易燃、易爆、有害等危险品时，应经安全主管部门批准，并应有相应的安全措施。

(10）重物的吊运路线严禁从人上方通过，亦不得从设备上面通过。空车行走时，吊钩应离地面2m以上。

(11）吊起重物后应慢速行驶，行驶中不得突然变速或倒退。两台起重机同时作业时，应保持3~5m距离。严禁用一台起重机顶推另一台起重机。

(12）起重机行走时，两侧驱动轮应同步，发现偏移应停止作业，调整好后，方可继续使用。

(13）作业中，严禁任何人从一台桥式起重机跨越到另一台桥式起重机上去。

(14）操作人员由操纵室进入桥架或进行保养检修时，应有自动断电联锁装置或事先切断电源。

(15）露天作业的门式、桥式起重机，当遇六级及以上大风时，应停止作业，并锁紧夹轨器。

(16）门式、桥式起重机的主梁挠度超过规定值时，必须修复后，方可使用。

(17）作业后，门式起重机应停放在停机线上，用夹轨器锁紧，并将吊钩升到上部位置；桥式起重机应将小车停放在两条轨道中间，吊钩提升到上部位置。吊钩上不得悬挂重物。

(18）作业后，应将控制器拨到零位，切断电源，关闭并锁好操纵室门窗。

(19）电动葫芦使用前应检查设备的机械部分和电气部分，钢丝绳、吊钩、限位器等应完好，电气部分应无漏电，接地装置应良好。

(20）电动葫芦应设缓冲器，轨道两端应设挡板。

(21）作业开始第一次吊重物时，应在吊离地面100mm时停止，检查电动葫芦制动情况，确认完好后方可正式作业。露天作业时应设防雨棚。

(22）电动葫芦严禁超载起吊。起吊时，手不得握在绳索与物体之间，吊物上升时应严防冲撞。

(23）起吊物件应捆绑扎牢固。电动葫芦吊重物行走时，重物离地面宜超过1.5m高。工作间歇不得将重物悬挂在空中。

(24）电动葫芦作业中若发生异味、高温等异常情况，应立即停机检查，排除故障后方可继续使用。

(25）使用悬挂电缆电气控制开关时，绝缘应良好，滑动应自如，人的站立位置后方应有2m空地并应正确操作电钮。

(26）在起吊中，由于故障造成重物失控下滑时，必须采取紧急措施，向无人处下放重物。

(27）在起吊中不得急速升降。

(28）电动葫芦在额定载荷制动时，下滑位移量不应大于80mm。否则应清除油污或更换制动环。

(29）作业完毕后，应停放在指定位置，吊钩升起，并切断电源，锁好开关箱。

6.3.6 卷扬机与提升机

（1）安装时，基座应平稳牢固、周围排水畅通、地锚设置可靠，并应搭设工作棚。操作人员的位置应能看清指挥人员和拖动或起吊的物件。

（2）作业前，应检查卷扬机与地面是否固定，弹性联轴器不得松动。并应检查安全装置、防护设施、电气线路、接零或接地线、制动装置和钢丝绳等，全部合格后方可使用。

（3）使用传输带或开式齿轮传动的部分，均应设防护罩，导向滑轮不得用开口拉板式滑轮。

（4）以动力正反转的卷扬机，卷筒旋转方向应与操纵开关上指示的方向一致。

（5）从卷筒中心线到第一个导向滑轮的距离，带槽卷筒应大于卷筒宽度的15倍；无槽卷筒应大于卷筒宽度的20倍。当钢丝绳在卷筒中间位置时，滑轮的位置应与卷筒轴线垂直，其垂直度允许偏差为6°。

（6）钢丝绳应与卷筒及吊笼连接牢固，不得与机架或地面摩擦，通过道路时，应设过路保护装置。

（7）在卷扬机制动操作杆的行程范围内，不得有障碍物或阻卡现象。

（8）卷筒上的钢丝绳应排列整齐，当重叠或斜绕时，应停机重新排列，严禁在转动中用手拉脚踩钢丝绳。

（9）作业中，任何人不得跨越正在作业的卷扬钢丝绳。物件提升后，操作人员不得离开卷扬机，物件或吊笼下面严禁人员停留或通过。休息时应将物件或吊笼降至地面。

（10）作业中如发现异响、制动不灵、制动带或轴承等温度剧烈上升等异常情况时，应立即停机检查，排除故障后方可使用。

（11）作业中停电时，应切断电源，将提升物件或吊笼降至地面。

（12）作业完毕，应将提升吊笼或物件降至地面，并应切断电源，锁好开关箱。

6.3.7 施工升降机

（1）施工升降机应为人货两用电梯。机械必须由具有资质的专业队安装和拆卸。操作和维修工必须由经过专业培训，持证上岗。

（2）地基应浇制混凝土基础，其承载能力应大于150kPa，地基上表面平整度允许偏差为10mm，并应有排水设施。

（3）安装、拆卸和维修必须按本机说明书规定进行。

（4）升降机的专用开关箱应设在底架附近便于操作的位置。箱内必须设短路、过载、相序、断相和零位保护等装置。

（5）升降机梯笼周围2.5m范围内应设置稳固的防护栏杆，出入口应设防护栏杆和防护门。全行程四周不得有危害安全运行的障碍物。

（6）升降机安装后，应对基础、附壁支架和升降机的安装质量、精度等进行全面检查，并应按规定程序进行技术试验（包括坠落试验），经确认合格，并形成文件后，方可投入运行。

（7）升降机的防坠安全器，在使用中不得任意拆卸调整，需要拆卸调整时或每用满1年后，均应由生产企业或指定的认可单位进行调整、检修或鉴定。

（8）升降机在投入使用前和使用中每隔 3 个月，必须按说明书规定程序进行坠落试验。

（9）作业前应检查并确认，结构无变形，连接螺栓无松动；齿条和齿轮、导向轮和导轨均结合正常；钢丝绳固定良好、无异常磨损；运行范围内无障碍。

（10）启动前，应检查并确认电缆、接地线完整无损，控制开关在零位。电源接通后应测试绝缘情况，确认无漏电现象；并应试验、确认各限位装置、梯笼、围护门等处的电器联锁装置良好可靠，电器仪表灵敏有效。启动后，应进行空载升降试验，测定各传动机构制动器的效能，确认正常后，方可开始作业。

（11）升降机在每班首次载重运行时，当梯笼升离地面 1～2m 时，应停机试验制动器的可靠性；当发现制动效果不良时，必须调整或修复后方可运行。

（12）梯笼内乘人或者载物时应使荷载分布均匀，不得偏重。严禁超载运行。

（13）操作人员应根据指挥信号操作。作业前应鸣声示意。在升降机未切断总电源开关前，操作人员不得离开操作岗位。

（14）当升降机运行中发现有异常情况时，必须立即停机并采取有效措施将梯笼降到底层，排除故障后方可继续运行。在运行中发现电气失控时，必须立即按下急停按钮；在未排除故障前，严禁打开急停按钮。

（15）升降机在大雨、大雾、风力六级（含）以上和导轨架、电缆等结冰时，必须停止运行，并将梯笼降到底层，切断电源。风雨后，应对升降机各有关安全装置进行一次检查，确认正常后，方可运行。

（16）升降机运行到最上层或最下层时，严禁用行程限位开关作为停止运行的控制开关。

（17）当升降机在运行中由于断电或其他原因而中途停止时，可进行手动下降，并由专业人员操作。

（18）作业后，应将梯笼降到底层，各控制开关拨到零位，切断电源，锁好开关箱，闭锁梯笼门和防护门。

6.3.8 电动葫芦

（1）轨道梁材质、型号和安装与电葫芦安装应遵守生产企业说明书的要求。

（2）电葫芦应设缓冲器，轨道两端应设挡板。露天作业时应设遮盖。

（3）作业中开始起吊重物时，应吊离地面 10cm 停止，待检查电葫芦制动装置，确认灵敏可靠后，方可正式作业。

（4）电葫芦严禁超载起吊。严禁吊物从人和设备上方通过。

（5）起吊重物时，钢丝绳必须保持垂直，严禁斜吊。

（6）起吊重物应捆扎牢固，重物离地不宜超过 1.5m。空载时吊钩应离地面 2m 以上。吊物不得长时间悬空停留。

（7）起吊重物不得急速升降，行走应平稳。

（8）操作台应设在操作人员能够直视吊运物的位置上；不能直视吊运物时，应设信号工，操作工必须听从信号工指挥。

（9）作业时，操作人员应集中精力，手不离控制器，眼不离吊运物。

（10）电葫芦作业中若发生异味、高温等异常情况，应立即停机检查，排除故障后方可继续使用。

（11）起吊中由于故障造成重物失控下滑时，必须采取紧急措施，向无人处下放重物。

（12）作业中遇停电时，应切断电源，并用手动方法将重物降下。

（13）电葫芦在额定荷载下制动时，下滑量不得大于8cm，超过时应清除油污或更换制动环。

（14）作业后，必须将吊钩升至安全位置并切断电源。

（15）严禁非作业人员进入吊运作业区，配合吊运作业的人员应站在安全处，不得在吊物下穿行。

7 钢结构工程常见安全事故与案例分析

7.1 概述

钢结构作为一种承重结构体系，由于其自重轻、强度高、塑性韧性好、抗震性能优越、工业装配化程度高、综合经济效益显著、造型美观等众多优点，深受建筑师和结构工程师的青睐。由于钢结构工程本身的特点，其安全事故的发生也有其本身的特点。

7.2 事故类型

根据钢结构工程的特点，其安全事故的类型如下：

（1）人的原因

1）管理人员对某些细节安全问题考虑不周；

2）管理人员对安全交底工作做的不足；

3）管理人员缺乏责任感；

4）现场施工人员不按安全交底进行施工；

5）现场施工人员面对突发事故的侥幸心理而采取的措施；

6）现场人员彼此之间的协调配合。

（2）物的原因

1）安全防护设施本身存在安全隐患；

2）安全防护设施没有按安全交底做好；

3）施工设备本身的安全隐患。

（3）偶然因素

偶然及突发因素造成的事故，比如风、雷、电、火、地震等。

7.3 案例分析

事故类型 1. 屋面外板未固定导致的事故

案例 A：2006 年，某公司承接的×项目在屋面板施工过程中，由于屋面板预先未用钢丝绳固定，突遇瞬间大风，造成 80 多张屋面板损坏，损失约 10 万元，所幸未有人员受伤。

案例 B：某安装队，2007 年 3 月在一工地现场施工时，人站在屋面板上，因屋面板未固定，突遇大风，造成连人带板坠落地面死亡。

总结：通过以上案例，可以吸取以下教训：

（1）屋面板在屋顶上放置时，应采取临时措施予以固定，防止屋面板被大风吹起，造成板损坏或板飞落地面，造成人员伤亡；

（2）人在屋面上施工时，尽量避免站在未固定的板上；如因施工需要临时站立，必须将安全带扣在生命线上。

事故类型 2. 高压电线触电事故

案例 A：2004 年，由中国×冶公司承建×钢铁厂工程施工中，一台大型吊机司机由于未注意上空高压线，在摆吊臂过程中触电身亡。

案例 B：2003 年某外包施工队在×某工地施工时，突遇暴雨，某施工人员在经过屋顶上方的高压线时，由于空气击穿导致电击，该工人从高空坠落地面，一左眼完全失明，光医疗费用就达二十万元。

总结：通过以上案例，施工中需注意：

（1）有高压线的施工场地，必须通过确切的资料了解高压线的净高、电压数据，以便采用安全措施；

（2）使用施工器具，必须针对性办理安全交底，让其清楚地知道存在有触电的危险因素。

事故类型 3. 高空预埋坠落事故

案例：×公司施工承包队长一名队员，在×项目进行高空预埋时，从高空坠落身亡，年仅 20 岁。此员工刚参加此项工作不到一个月就失去了宝贵的生命。

总结：通过以上案例，施工中需注意：

（1）预埋，尤其是高空预埋，必须注意和采取必要的安全措施。由于预埋时人员较少，往往不能引起管理人员的注意。所以，在高空预埋时也必须设置生命线，项目经理必须对预埋人员是否采用安全措施予以监督。

（2）此事故伤亡人员为刚参加工作的年轻人，对其缺乏安全教育和指导也是造成此事故的主要原因。因此，对员工的培训应放在重要位置，不能流于形式，实际施工过程中对新员工要重点监督。

事故类型 4. 构件堆放导致的事故

案例：2003 年，某公司为江都钢结构企业加工的模具钢结构，其中行车梁的截面宽度为 2500mm。该钢结构企业在施工时，钢行车梁采用翼缘着地放置，当时两边也放置了木头支撑。吊装时，从翼缘下穿钢丝绳，两人在抽钢丝绳时行车梁突然倾覆，造成一死一重伤。

总结：经分析，原因如下：

（1）由于该结构截面大，且当时场地下了雨，土质松软，支撑未着力，起不到作用。

（2）施工负责人在施工时对场地的情况未重视，未充分考虑不确定因素和存在的危险隐患，包括穿、拉、固定钢丝绳，施工人员是否存在危险。

（3）截面大于 1m 的构件应尽量平放。另一 28m 行车梁截面为 2m 和 2. 6m 均平行放置，消除了行车梁倾覆隐患。

（4）截面小于 1m 的构件需加可靠支撑，特别是拼梁的施工人员尤其需注意。

事故类型 5. 高空作业不规范使用安全带导致的事故

案例 A：2003 年某公司在江都某工地进行内吊板施工时，当时施工队长为了加快施工进度，自己未戴安全带上了内吊板脚手架，指挥队员不下脚手架，推移脚手架，造成脚手架坍塌，施工队长由于未系安全带高空坠落死亡，其他人由于系了安全带并与生命线连接而未受伤害。

案例B：2006年×木业工程，施工队员牛某把安全带扣在脚手架上，移动时人未下来，脚手架倒塌，造成事故。

案例C：2003年×公司员工在屋面板施工时，脚踩在内吊板上，因未戴安全带坠落，导致腿骨骨折。

案例D：2004年某公司进行内吊板施工时（当时内吊板在檩条上）因未戴安全带踩在内吊板上，高空坠落，导致骨盆受伤。

总结：从以上案例中可以吸取以下几方面的教训：

（1）任何管理人员首先必须遵守各项安全规定，上高空一定要系好安全带；

（2）任何时候移动脚手架时，脚手架下不能站人；

（3）脚手架上施工时，施工队员的安全带必须固定在生命线上，并且生命线与脚手架分离，绝不允许安全带固定在脚手架上；

（4）吊板上绝不允许踩踏（除了檩条位置），现场施工人员需按规定操作；

（5）高空内吊板、屋面板施工工人未系好安全带，未设生命线，是现场管理人员严重的失职；

（6）新员工应接受安全教育，合格后方可上岗。

事故类型6. 火灾隐患分析

案例：河南平高×项目焊接量大，交叉施工经常发生。一次，一个工人在上面焊接，下面有工人切割的氧气瓶。当时由于没有协调好，上面电焊落下的火花点燃了氧气瓶。幸亏下面的一个小组长马上用附近的灭火器把火灭了，有惊无险。

总结：从以上案例中可以吸取以下几方面的教训：

（1）安全设施应到位；

（2）工人的安全意识比较到位，能够主动消除隐患。

事故类型7. 高空焊接引出的思考

案例：某公司在工地焊接施工时，事先和土建的负责人专门说过错开作业面的事情，但施工时楼上的电焊掉下的火花把还是把楼下土建人员的衣服烧坏了。双方协调后，各负责一半损失。

总结：从以上案例中可以吸取以下的教训：

施工过程中各工种应及时协调，调整施工计划。

事故类型8. 安全带保生命安全

案例：某项目在内外墙板、屋面板都已安装完毕要做外墙饰带时，一个工人在下楼梯时由于速度较快，身体随之向外滑，当时，安全措施都比较到位，安全带与生命线都按规范可靠连接，只是虚惊一场。

总结：这个例子说明，只要你认真按规范做，意外事故是可以避免的。

事故类型9. 杭萧钢构工地事故分析

案例：2007年，浙江杭萧钢构公司承包的×厂新建厂房，派驻现场的项目经理及安全员缺少责任心，都不在现场，安装队由于安全意识淡薄，在钢梁上紧固高强螺栓时，不戴安全帽，不系安全带，没有生命线，使用的工具是活络扳手，由于工人用力过大，扳手滑口，工人随扳手一同坠下，当场死亡，现场惨不忍睹。

总结：这个例子说明：

（1）安全员与管理人员应增加安全意识和责任感；

（2）施工人员应佩戴安全设施。

事故类型 10. 线绳代生命线易出事故

案例：芜湖×项目施工收尾阶段，一小队长陈某负责雨篷及收尾工作。其在雨篷檐口安装收边自攻钉时突然从 4.8m 处头朝下坠落，造成生命线拉断。经调查：

（1）生命线用 $\phi20$ 线绳拉设；（2）安全帽按公司规定正确佩戴；（3）安全带主扣与生命线连接。

总结：这个例子说明：

（1）各项安全措施表面上看很到位，其实线绳在空中坠落时难以承受巨大冲击力；

（2）施工中严禁使用线绳代用生命线。

事故类型 11：突然停电，摸黑下脚手架出事故

案例：2006 年 9 月份，威海柳林厂房施工。由于施工工期紧，焊接夹层工作比较紧，晚上安排 3 人加班焊接（两台焊机）。施工期间突然间工地停电，焊接工作就停了下来（当时夹层梁的高度在 3.5m 左右，下面还有土建浇夹层的钢管架），天还是比较黑的，没有准备其他措施，下方也没有人，某焊工就摸黑从土建的脚手架下来，离开夹层时脚下没有踩稳，就落了下来，当时安全帽被摔落，右耳朵后方划破，立即送往医院，经过一个月的治疗休息，现在已正常上班工作。

总结：这个例子说明，安全员和管理人员要对突发事件进行预期，杜绝安全死角。

事故类型 12：吊件撞击死亡事故

案例：在无锡×改造工程，钢结构工程由中国×冶金建设工程公司负责制作安装。在吊装焦化煤气车间第一榀钢梁的时候，一 1.5m 高的重型钢梁横卧在施工现场，警戒线已经拦好，钢缆已经把钢梁绑扎好，在进行试吊时发现两根钢缆受力不一致需进行调整，试吊时虽然钢梁还没有离开地面，但钢缆已处在受力状态。指挥员亲自到钢梁边去调整钢缆，在他要求下吊车司机把缆绳往下放一点的那一刹那，钢梁向指挥站的方向轻轻一侧，看似很轻，但该指挥者的脑浆已经给打了出来，当场死亡。

总结：这个例子说明，吊装施工一定要按基本的安全规定。

事故类型 13：错误判断造成高空坠落死亡事故

案例：在马山灵山大佛工地，有一名电焊工在一平屋面上进行构件焊接施工，屋面上的许多洞口都进行了覆盖，工地负责人施工前的安全检查工作不到位，该名电焊工一边焊一边往后退，认为洞口都进行了覆盖，却不知覆盖的板是翘头板，不经意就掉进了楼梯洞口，高空坠落，经抢救无效死亡。

总结：这个例子说明，安全检查工作应到位，不留死角。

事故类型 14：漏电保护器不动作导致的触电伤亡事故

案例：在南京某工地，结构为 43m 跨轻钢结构工程，主体结构已好，围护结构也基本结束，员工的主要任务是抢室内的钢平台。有一电焊工为了抢进度，将原本两人抬的大碘钨灯一个人搬动，导致灯架倒地，电源碰到钢平台。由于钢平台是导电体，电源漏电保护器又不工作，造成该电焊工触电身亡。

总结：本事故原因是安全检查工作不落实，也是由于工人蛮干造成的。

事故类型15：运屋面板时可能出现的坠落事故

案例：在华泰汽车屋面安装内板期间，进行散板的过程中，李×等三人在屋面将板由西向东运，到位后为了给后续运板小组让路，不小心踩空，从屋面摔下来，造成腿骨折。

总结：这起事故的教训是：

(1) 工人运板时，安全带与生命线一定要相连；

(2) 根据运板需要，改善屋面生命线的设置，便于扣安全带，便于运板。

事故类型16：檩条空搁引发的事故

案例：在威海海马工地施工时，安装队员×在中午下班从屋面往地面下的时候，未从固定上下的爬梯下至地面，而是从厂房拐角的地方从檩条处下来，因为有一根檩条的一端螺栓未安装，造成坠落事故发生，幸运的是他落在砂堆上，只是将眼角处擦伤。

总结：这件事情提醒了我们：

(1) 施工过程中要严格落实规章制度，对于已完成的安装部位要检查，严禁檩条空搁；

(2) 安全教育要落到实处，上下屋面一定要经过固定爬梯；

(3) 对于已发生过安全事故的人，更要重点加强安全管理与监督。

事故类型17：不注重安全，危机四伏，柯兰公司终出事故

案例：在某小区旁施工塔吊在作业过程中，起吊物下有人走动；负责装卸物品人员在起吊时不离开。某天早晨还见到两名工人在工地三楼阳台（无任何栏杆）追逐打闹，让人触目惊心。该工地在2007年4月20日出现了严重的安全事故，死亡一人

总结：施工现场，无论是上班还是下班时间，考虑到工地环境的不确定性，都要时刻谨记“安全”两字，一切安全事故都要防患于未然。

事故类型18：生命线保了生命，安全带质量应重视

案例：中船项目在安装高跨行车梁制动板时，因工形桁架倒弯导致制动板倾斜，安装工人当即吊在20m的高空。因水平生命线的安全措施到位，他本人并无大碍。但安全带扣因下坠的重力而致变形。

总结：此事说明

(1) 设置的生命线，在关键时就是一条救命线；

(2) 采购人员严格把关安全设施质量。

事故类型19：檩条空搁、高空坠物、吊绳断裂引发的事故

案例A：2003年12月份在扬州×工地屋面施工时，工人从侧墙墙面处（约11m高）准备下班，因女儿墙檩条一边有螺栓连接，一边因吊板时拆除了螺栓未及时安装，导致一个带班班长从墙面坠落到地面，幸好是侧身向下，未碰到硬物，但大腿三处严重骨折。

案例B：2003年在扬州×工地，工人在紧高强螺栓时，扭矩扳手从高空落下，砸在地面操作人员的安全帽上，因有安全帽保护，致使地面人员仅受轻伤。

案例C：2004年昆山×电梯工地，在校行车梁时，操作人员用撬棍调整行车梁位置

时，因撬棍滑移，使操作者滑离行车梁。幸好由于安全带扣住了行车梁上部连接板，人被吊在半空中。

案例D：2005年在×钢铁工地吊装钢柱（约15m高，2.5t重），钢柱被立起后钢丝绳突然断开，并砸向吊机操作室，吊机操作室被砸烂，钢柱被砸得严重变形。因吊物下未站人，操作室司机及时躲开，人员未伤亡。

总结：上述案例表明：

（1）未有固定上下屋面的垂直爬梯（通道），并没有独立于爬梯的垂直水平线。

（2）高空作业必须扣好安全带，安全带必须扣在生命线或固定的受力体上，防止因种种原因不慎高空坠落致人伤亡。

（3）高空放置物品必须与钢架连接，防止高空坠落。

（4）进入施工现场必须正确佩戴安全帽。

（5）钢结构吊装时应检查钢丝绳，并计算吊重能力，确保其能安全作业。

（6）吊物下严禁站人。

（7）对构件的边缘吊装时，应有有效的防护措施。

事故类型20：脚手架不加斜撑的危害

案例：2006年3月某工地施工时，油漆工所使用的门式脚手架因为没有使用斜撑，在移动时发生倒塌，所幸周围没有人，架上也没有人，所以没有造成人员伤亡。否则，后果简直是无法想象。

总结：这件事提醒我们，较高的脚手架一定要加斜撑，移动时要小心。

事故类型21：未扣安全带，遇大风发生高空坠落的危险

案例：上海某工地在装屋面板时，突然遇到大风，人站在边沿，未扣安全带，导致一人身体失去平衡坠落，幸好及时抓住钢管，才免除一场悲剧。

总结：这件事告诉我们，无论在何时都要系紧安全带，扣好生命线，只有安全措施做到位，才能让我们的人身安全得到真正的保障。

事故类型22：电焊火星引燃保温棉发生火灾事故

案例：某工程收尾时，设备平台第五层与墙砖刚性连接的部位进行最后的焊接，现场只剩一名工人在焊接，当时墙面外部全是保温板，焊接的火星掉在了保温板上，引发了火灾，当大火被工人发现后，再将火势扑灭。

总结：

（1）在工程收尾阶段，更要注意安全。

（2）安全措施一定不能因扫尾而做不到位。特别是高空焊接，要在焊接下部铺设防火毯，并要有专职人员进行监控，要把安全隐患消灭在萌芽状态。

事故类型23：吊臂摆动未注意观察的伤人事故

案例：2005年7月，在苏州某国际学校体育馆工地上，起吊的一榀三角形构件因吊点位置不明被重新放下，一个角着地后，一名工人上前去扶。这时，吊车司机注意力不集中，在没有发现构件一角已经着地，构件旁边有人的情况下，将吊车大臂摆动，造成构件以着地点为支点，整个构件迅速旋转。而上前扶构件的工人被构件推着向后退，他的后面有一根立放的次梁将其绊倒，最终导致两个构件将其双腿剪成粉碎性骨折。

总结：此事应引起所有工地吊车司机的注意，应集中注意力，防止伤人。

事故类型 24：临近下班，心存侥幸，引发从脚手架坠落事故

案例：2004 年 8 月，芜湖 × 工地，事故当事人程 × 在脚手架上安装墙面板（为一山墙的最后一张板），因将近下班，就图省事，没有下来移动脚手架，而在脚手架一端试图探出身子勉强安装，一不留神，一脚踏空，坠落下来，发生伤害事故。

总结：据此分析，发生该事故的主要原因是：

（1）当事人未系安全带，工地也未设置独立于脚手架的垂直生命线。

（2）近下班之际，与扫尾阶段一样，都是事故的高发时段。

事故类型 25：工人骑坐钢梁一起起吊引发的死亡事故

案例：江都某工地，钢结构厂房钢梁吊装施工时，钢梁两端各坐一工人，带着工具包随吊机一起起吊，当吊至钢柱顶部时（钢柱大概 12m），由于钢梁在空中旋转碰到钢柱，正好挤到一人，致使坠落，当场死亡。

事故教训：

（1）吊机起吊构件时，工人不允许随吊机起吊。

（2）工人高空作业（2m 以上）必须系带安全带。（就此案例退一步讲，由于挤压疼痛失稳，如果有安全带措施，也许不会坠落死亡）

（3）特别是钢梁、彩板等较长构件吊装时，一定要在两端设置抗风绳，控制在空中大幅度摇晃旋转出现意外。

事故类型 26：脚踩不牢固焊件产生的划伤

案例：在某项目，工人在焊接柱间支撑时，焊条用完了下来拿。支撑材料是用方管和圆管加工成的，工厂为了节省材料，横档圆管对接焊接，当时下来时没有看到，踩在对接焊缝上，管子断裂，脚踩落下来，划出 10 多 cm 的伤口。

事故教训：本次事故说明，工地上安全隐患无处不在，不管是人为的还是非人为的，在工地上一定要多观察，做到不伤害自己，不伤害他人，不被别人所伤害，确保安全无事故。

事故类型 27：梯子未固定造成的伤害

案例：2001 年，由 × 公司负责加工的厦门金龙客车项目主钢构，在安装过程中，有一名工人从竹梯从下往上爬，由于竹梯滑倒，人员从高空摔下，并且竹梯刺倒工人的颈脖处，导致颈动脉破裂死亡。

事故教训：

（1）工地应使用固定上下梯，并且上下梯连接牢靠，不能滑动。

（2）在工地上尽量不使用竹梯，宜采用钢梯，且上下屋面的点宜少，尽量集中上下。

（3）工地安全负责人应对上下梯设施进行定期检查，检查是否存在安全隐患。

事故类型 28：装卸货不慎引发的事故

案例 A：2005 年底，由 × 公司施工的格雷特项目在构件卸货过程中，车上构件倾斜坠落，所幸人员躲闪及时，未造成伤害。

案例 B：2007 年，淮安 × 工地卸货时，操作不规范，致使构件碰砸卡车轮胎，导致轮胎报废。

案例 C：2006 年，曾为 × 公司安装队的程 × × 在江都某工地卸货时，车上构件倾斜，卸货时松掉钢丝绳后，构件坠落，导致车旁两人大腿骨折。

案例 D：2006 年，江都×工地多余大门（截面大于 3m）退场装货时，由于车上未加支撑，被风吹倒，两人被压伤。

事故教训：

以上事例均反映出了装卸货不慎的危险，每个人应该从以下几方面引起重视：

（1）卸货起吊时严禁车旁站人。

（2）对车上构件存在倾斜现象的，需要有稳妥的卸货方案，现场指挥员要检查货物的平衡状态，特殊情况需在严密的监督下方可实施装卸货。

（3）吊机起吊时构件集中，以免吊运中触及钩子或撞击到任何物品和人员的可能性，以免使构件突然失去平衡，发生构件在车上坠落伤人的事故。

8 事故应急救援预案与急救

8.1 事故应急救援体系

8.1.1 事故应急救援的任务特点及分类

1. 事故应急救援的基本任务

事故应急救援的总目标是通过有效的应急救援行动，尽可能地降低事故的后果，包括人员伤亡、财产损失和环境破坏等。事故应急救援的基本任务包括下述几个方面：

（1）立即组织营救受害人员，组织撤离或者采取其他措施保护危险区域内的其他人员。抢救受害人员是应急救援的首要任务。在应急救援行动中，快速、有序、有效地实施现场急救与安全转送伤员，是降低伤亡率、减少事故损失的关键。

（2）迅速控制事态，并对事故造成的危害进行检测、监测，测定事故的危害区域、危害性质及危害程度。及时控制住造成事故的危险源是应急救援工作的重要任务。只有及时地控制住危险源，防止事故的继续扩展，才能及时有效地进行救援。特别对发生在城市或人口稠密地区的化学事故，应尽快组织工程抢险队与事故单位技术人员一起及时控制事故继续扩展。

（3）消除危害后果，做好现场恢复。针对事故对人体、动植物、土壤、空气等造成的现实和可能的危害，迅速采取封闭、隔离、洗消、监测等措施，防止对人的继续危害和对环境的污染。及时清理废墟和恢复基本设施，将事故现场恢复至相对稳定的状态。

（4）查清事故原因，评估危害程度。事故发生后应及时调查事故的发生原因和事故性质，评估出事故的危害范围和危险程度，查明人员伤亡情况，做好事故原因调查，并总结救援工作中的经验和教训。

2. 事故应急救援的特点

应急工作涉及技术事故、自然灾害（引发）、城市生命线、重大工程、公共活动场所、公共交通、公共卫生和人为突发事件等多个公共安全领域，构成一个复杂的巨大系统，具有不确定性、突发性、复杂性和后果、影响易猝变、激化、放大的特点。

（1）不确定性和突发性

不确定性和突发性是各类公共安全事故、灾害与事件的共同特征，大部分事故都是突然爆发，爆发前基本没有明显征兆，而且一旦发生，发展蔓延迅速，甚至失去控制。

（2）应急活动的复杂性

应急活动的复杂性主要表现在：事故、灾害或事件影响因素与演变规律的不确定性和不可预见的多变性；众多来自不同部门参与应急救援活动的单位，在信息沟通、行动协调与指挥、授权与职责、通信等方面的有效组织和管理；以及应急响应过程中公众的反应、恐慌心理、公众过急等突发行为复杂性等。

（3）后果易猝变、激化和放大

公共安全事故、灾害与事件虽然是小概率事件，但后果一般比较严重，能造成广泛的公众影响。应急处理稍有不慎，就可能改变事故、灾害与事件的性质，使平稳、有序、和平状态向动态、混乱和冲突方面发展，引起事故、灾害与事件波及范围扩展，卷入人群数量增加和人员伤亡与财产损失后果加大。猝变、激化与放大造成的失控状态，不但迫使应急呼应升级，甚至可导致社会性危机出现，使公众立即陷入巨大的动荡与恐慌之中。

3. 应急预案的分类

（1）总体预案是城市的整体预案，是在综合考虑各种主要突发公共事件危害的基础上，从总体上阐述城市的应急方针、政策、应急组织结构、部门职责、应急行动的总体思路以及相应的资源准备、救援保障情况等。总体预案是综合、全面的预案，以场外指挥与集中指挥为主，侧重在应急救援活动的组织协调。

（2）专项预案主要针对某种具体的、特定类型突发公共事件的紧急情况，例如危险物质泄漏、重大传染疾病流行、某一自然灾害出现等，采取综合性与专业性的减灾、防灾、救灾和灾后恢复行动而制订的应急预案。专项预案是在综合预案的基础上充分考虑了某种特定危险的特点，对应急的形势、组织机构、应急行动等进行更具体的阐述，具有较强的针对性。

（3）现场预案是在专项预案的基础上，根据具体情况需要而编制的。它是针对特定的具体场所（即以现场为目标），通常是该类型事故风险较大的场所或重要防护区域等，所制定的预案。

（4）单项预案是针对城市大型公众聚集活动和高风险的建筑施而制订的临时性应急救援行动方案。随着这些活动的结束，预案的有效性也随之终结。预案的内容主要是针对活动中可能出现的紧急情况，预先对相关应急机构的职责、任务和预防性措施做出的安排。

8.1.2 事故应急救援预案的基本构成

由于潜在的重大事故风险多种多样，所以相应每一类事故灾难的应急救援措施可能千差万别，但其基本应急模式是一致的。构建应急救援体系，应贯彻顶层设计和系统论的思想，以事件为中心，以功能为基础，分析和明确应急救援工作的各项需求，在应急能力评估和应急资源统筹安排的基础上，科学地建立规范化、标准化的应急救援体系，保障各级应急救援体系的统一和协调。

一个完整的应急体系应由组织体制、运作机制、法制基础和应急保障系统 4 部分构成。

（1）组织体制。应急救援体系组织体制建设中的管理机构是指维持应急日常管理的负责部门；功能部门包括与应急活动有关的各类组织机构，如消防、医疗机构等；应急指挥是在应急预案启动后，负责应急救援活动场外与场内指挥系统；而救援队伍则由专业和志愿人员组成。

（2）运作机制。应急救援活动一般划分为应急准备、初级反应、扩大应急和应急恢复四个阶段，应急机制与这四个阶段的应急活动密切相关。应急运作机制主要由统一指挥、分级响应、属地为主和公众动员这四个基本机制组成。

统一指挥是应急活动的最基本原则。应急指挥一般可分为集中指挥与现场指挥，或场外指挥与场内指挥等。无论采用哪一种指挥系统，都必须实行统一指挥的模式；无论应急救援活动涉及单位的行政级别是否有高低，隶属关系是否不同，都必须在应急指挥部的统一组织协调下行动，有令则行、有禁则止、统一号令、步调一致。

分级响应是指在初级响应到扩大应急的过程中实行的分级响应的机制。扩大或提高应急级别的主要依据是事故灾难的危害程度，影响范围和控制事故能力。影响范围和控制事态能力是"升级"的最基本条件。扩大应急救援主要是提高指挥级别、扩大应急范围等。属地为主强调"第一反应"的思想和以现场应急、现场指挥为主的原则。公众动员机制是应急机制的基础，也是整个应急体系的基础。

（3）法制基础。法制建设是应急体系的基础和保障，也是开展各项应急活动的依据，与应急有关的法规可分为四个层次：由立法机关通过的法律，如紧急状态法、公民知情权法和紧急动员法等；由政府颁布的规章，如应急救援管理条例等；包括预案在内的以政府令形式颁布的政府法令、规定等；与应急救援活动直接有关的标准或管理办法等。

（4）保障系统。列于应急保障系统第一位的是信息与通信系统，构筑集中管理的信息通信平台是应急体系最重要的基础建设。应急信息通信系统要保证所有预警、报警、警报、报告、指挥等活动的信息交流快速、顺畅、准确，以及信息资源共享，物资与准备不但要保证有足够的资源，而且还要实现快速、及时供应到位；人力资源保障包括专业队伍的加强、志愿人员以及其他有关人员的培训教育；应急财务保障应建立专项应急科目，如应急基金等，以保障应急管理运行和应急反应中各项活动的开支。

8.1.3 事故应急预案响应机制

重大事故应急救援体系应根据事故的性质、严重程度、事态发展趋势和控制能力实行分级响应机制，对不同的响应级别，相应地明确事故的通报范围、应急中心的启动程度、应急力量的出动和设备、物资的调集规模、疏散的范围、应急总指挥的职位等。典型的响应级别通常可分为三级：

（1）一级紧急情况。必须利用所有相关部门及一切资源的紧急情况，或者需要各个部门同外部机构联合处理的各种紧急情况，通常要宣布进入紧急状态。在该级别中，做出主要决定的职责通常是紧急事务管理部门。现场指挥部可在现场做出保护生命和财产以及控制事态所必需的各种决定。解决整个紧急事件的决定，应该由紧急事务管理部门负责。

（2）二级紧急情况。需要两个或更多个部门响应的紧急情况。该事故的救援需要有关部门的协作，并且提供人员、设备或其他资源。该级响应需要成立现场指挥部来统一指挥现场的应急救援行动。

（3）三级紧急情况。能够被一个部门正常可利用的资源处理的紧急情况。正常可利用的资源指在该部门权力范围内通常可以利用的应急资源，包括人力和物力等。必要时，该部门可以建立一个现场指挥部，所需的后勤支持、人员或其他资源增援由本部门负责解决。

8.1.4 事故应急预案响应流程

事故应急救援系统的应急响应程度按过程可分为接警、响应级别确定、应急启动、救援行动、应急恢复和应急结束等几个过程。

（1）接警与响应级别确定。接到事故报警后，按照工作程序，对警情做出判断，初步确定相应的响应级别。如果事故不足以启动应急救援体系的最低响应级别，响应关闭。

（2）应急启动。应急响应级别确定后，按所确定的响应级别启动应急程序，如通知应急中心有关人员到位、开通信息与通信网络、通知调配救援所需的应急资源（包括应急队伍和物资、装备等）、成立现场指挥部等。

（3）救援行动。有关应急队伍进入事故现场后，迅速开展事故侦测、警戒、疏散、人员救助、工程抢险等有关应急救援工作，专家组为救援决策提供建议和技术支持。当事态超出响应级别而无法得到有效控制时，向应急中心请求实施更高级别的应急响应。

（4）应急恢复。救援行动结束后，进入临时应急恢复阶段。该阶段主要包括为现场清理、人员清点和撤离、警戒解除、善后处理和事故调查等。

（5）应急结束。执行应急关闭程序，由事故总指挥宣布应急结束。

8.1.5 现场指挥系统的组织结构与作用

重大事故的现场情况往往十分复杂，且汇集了各方面的应急力量与大量的资源，应急救援行动的组织、指挥和管理成为重大事故应急工作所面临的一个严峻挑战。

现场应急指挥系统的结构应当在紧急事件发生前就已建立，预先对指挥结构达成一致意见，将有助于保证应急各方明确各自的职责，并在应急救援过程中更好地履行职责。现场指挥系统模块化的结构由指挥、行动、策划、后勤以及资金/行政五个核心应急响应职能组成。

（1）事故指挥官。事故指挥官负责现场应急响应所有方面的工作，包括确定事故目标及实现目标的策略，批准实施书面或口头的事故行动计划，高效地调配现场资源，落实保障人员安全与健康的措施，管理现场所有的应急行动。事故指挥官可将应急过程中的安全问题、信息收集与发布以及与应急各方的通信联络分别指定相应的负责人，如信息负责人、联络负责人和安全负责人。各负责人直接向事故指挥官汇报。

（2）行动部。行动部负责所有主要的应急行动，包括消防与抢险、人员搜救、医疗救治、疏散与安置等。所有的战术行动都依据事故行动计划来完成。

（3）策划部。策划部负责收集、评价、分析及发布事故相关的战术信息，准备和起草事故行动计划，并对有关的信息进行归档。

（4）后勤部。后勤部负责为事故的应急响应提供设备、设入场、物资、人员、运输、服务等。

（5）资金/行政部。资金/行政部负责跟踪事故的所有费用并进行评估，承担其他职能未涉及的管理职责。

8.2 事故应急预案的编制方法

8.2.1 重大事故应急预案的层次

基于可能面临多种类型的突发重大事故或灾害，为保证各种类型预案之间的整体协调性和层次，并实现共性与个性、通用性与特殊性的结合，对应急预案合理地划分层次，是将各种类型应急预案有机组合在一起的有效方法。

（1）综合预案

综合预案相当于总体预案，从总体上阐述预案的应急方针、政策，应急组织结构及相应的职责，应急行动的总体思路等。通过综合预案，可以很清晰地了解应急的组织体系、运行机制及预案的文件体系。更为重要的是，综合预案可以作为应急救援工作的基础和“底线”，对那些没有预料的紧急情况也能起到一般的应急指导作用。

（2）专项预案

专项预案是针对某种具体的、特定类型的紧急情况，如危险物质泄漏、火灾、某一自然灾害等情况的应急而制定的。

专项预案是在综合预案的基础上，充分考虑了某种特定危险的特点，对应急的形势、组织机构、应急活动等进行更具体的阐述，具有较强的针对性。

（3）现场预案

现场预案是在专项预案的基础上，根据具体情况而编制的。它是针对特定的具体场所（通常是该类型事故风险较大的场所、装置或重要防护区等）所制定的预案。

8.2.2 重大事故应急预案的基本结构与要求

不同的应急预案由于各自所处的层次和适用的范围不同，因而在内容的详略程度和侧重点上会有所不同，但都可以采用相似的基本结构。预案编制结构是由一个基本预案加上应急功能设置、特殊风险管理、标准操作程序和支持附件构成的。

（1）基本预案

基本预案是应急预案的总体描述，主要阐述应急预案所要解决的紧急情况、应急的组织体系、方针、应急资源、应急的总体思路，并明确各应急组织在应急准备和应急行动中的职责以及应急预案的演练和管理等规定。

（2）应急功能设置

应急功能是指针对各类重大事故应急救援中通常采取的一系列的基本应急行动和任务，如指挥和控制、报警、通信、人群疏散与安置、医疗、现场管制等。因此，设置应急功能时，应针对潜在重大事故的特点综合分析并将其分配给相关部门。对每一项应急功能都应明确其针对的形势、目标、负责机构和支持机构、任务要求、应急准备和操作程序等。

应急预案中包含的应急功能的数量和类型，主要取决于所针对的潜在重大事故危险的类型，以及应急的组织方式和运行机制等具体情况。

（3）特殊风险管理

特殊风险指根据某类事故灾难、灾害的典型特征，需要对其应急功能做出针对性安排的风险。应说明处置此类风险应该设置的专有应急功能或有关应急功能所需的特殊要求，明确这些应急功能的责任部门、支持部门、有限介入部门以及它们的职责和任务，为制定该类风险的专项预案提出特殊要求和指导。

8.2.3 重大事故应急预案的编制流程

（1）成立由各有关部门组成的预案编制小组，指定负责人。

（2）危险分析和应急能力评估。辨识可能发生的重大事故风险，并进行影响范围和后果分析（即危险识别、脆弱性分析和风险分析）；分析应急资源需求，评估现有的应急能力。

（3）编制应急预案。根据危险分析和应急能力评估的结果，确定最佳的应急策略。

（4）应急预案的评审与发布。预案编制后应组织开展预案的评审工作，包括内部评审和外部评审，以确保应急预案的科学性、合理性以及与实际情况的符合性。预案经评审完善后，由主要负责人签署发布，并按规定报送上级有关部门备案。

（5）应急预案的实施。预案经批准发布后，应组织落实预案中的各项工作，如开展应急预案宣传、教育和培训，落实应急资源并定期检查，组织开展应急演习和训练，建立电子化的应急预案，对应急预案实施动态管理与更新，并不断完善。

8.3 现场急救知识

8.3.1 止血

人体发生外伤出血，如不立即止血，在短时间内失血量过多，会引起失血性休克，甚至导致死亡。止血是一种急救措施。

1. 外伤出血的判断

（1）内出血

1）从吐血、咳血、便血、尿中有血等症状中，可以判断胃肠、肺、肾或膀胱可能出血。

2）根据有关症状判断，如出现面色苍白，出冷汗，四肢发冷，脉搏快而弱以及胸、腹部有肿胀疼痛等，这些是常见重要脏器如肝、脾、胃等的出血症状。

（2）外出血

1）动脉出血——血液呈鲜红色，为喷射状流出，失血量多，危害性大，如不立即止血会危及生命。

2）静脉出血——血液呈暗红色，为非喷射状流出，如不及时止血，也会危及生命。

3）毛细血管出血——血液从伤口向外渗出，颜色从鲜红变暗红。

4）夜间血管出血。凡脉搏快而弱，呼吸短促，意识不清，皮肤凉湿，表示伤势严重或大量出血。

2. 止血方法

（1）指压止血法

用手指压迫出血的血管上部（近心端）用力压向骨方，以达到止血目的。指压止血法适用于头部、颈部和四肢的动脉出血（图8-1）。

图8-1 指压止血法

头顶部出血——在伤侧耳前，对准耳屏前上方，用拇指压迫动脉。

面部出血——用拇指压迫下颌骨与咬肌前缘交界处的主动脉。

肩、腋部出血——用拇指压迫同侧锁骨上窝，对准第一肋骨，压住锁骨下动脉。

上臂出血——一手抬高患肢，另一手四指将肱动脉压于肱骨上。

前臂出血——将患肢抬高，用四指压在时窝肱二头肌内侧的肢动脉未端。

手掌出血——将患肢抬高，用两手拇指分别压迫手腕部的血管。

手指出血——将患肢抬高，用另一手的食指和拇指分别压迫手指两侧指动脉。

大腿出血——在腹肌沟中点稍下方，用双手拇指向后用力压股动脉。

足部出血——用两手拇指分别压迫足部背动脉和内踝与跟健之间的腔后动脉。

(2) 屈肢加垫止血法

当前臂或小腿出血时，可在肘窝或腘窝内放纱布垫、棉花团或毛巾、衣服等物品，屈曲关节，用三角巾作八字形固定，但有骨折或关节脱位者不能使用（图 8-2）。

(3) 橡皮止血带止血法

常用止血带是 3 尺左右长的橡皮管。方法：掌心向上，止血带一端由虎口拿住，留出一寸，一手拉紧，绕肢体 2 圈，中、食两指将止血带末端夹住，顺着肢体用力拉下，压住“余头”，以免滑脱（图 8-3）。止血带止血的基本要求：准、垫、上、宜、标、放。

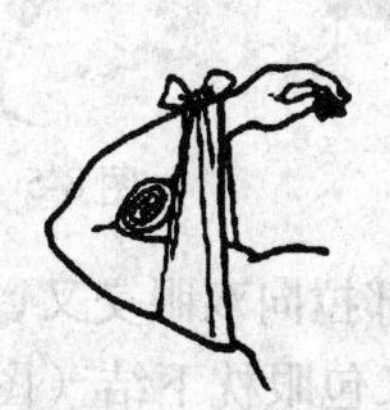

图 8-2　屈肢加垫止血法

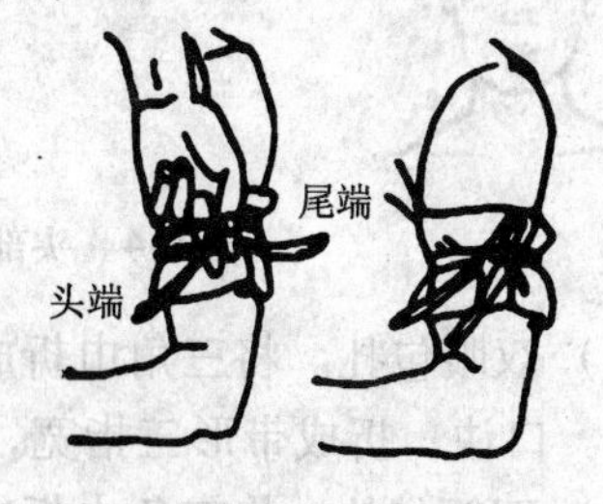

图 8-3　橡皮止血带止血法

准——看准出血点，准确上好止血带；

垫——垫上垫子，不要直接扎在皮肤上；

上——扎在伤口上方（禁止扎在上臂中间）；

宜——松紧适宜；

标——加上红色标记，注明时间；

放——每隔 1h 放松一次止血带，每次不超过 3min，并用指压法代替止血。

(4) 绞紧止血法

把三角巾折成带形，打一个蝴蝶结，取一根小棒穿在带形内绞紧，将绞紧后小棒插在两头小圈内固定。

8.3.2　包扎

当人体受到外伤时，应及时进行包扎。

包扎的基本要求：快、准、轻、牢。

快——动作要快，不要犹豫；

准——敷盖要准，不要移动；

轻——动作要轻，保护伤口；

牢——包扎要牢，封闭要严。

1. 包扎器材及方法

常用的包扎器材有：三角巾、绷带等。如果没有这些物品，可就地取材，如毛巾、衣帽、腰带等。

方法：边要固定，角要拉紧，中心伸展，包扎贴实，要打方结，打结要牢，防止滑脱。

2. 三角巾包扎法

三角巾是用一平方米正方形的白布对角剪开，就成两块三角巾。

（1）头部包扎。将三角巾底边向外上翻两指宽，盖住头部，在眉毛与耳朵上，把两底角和顶角在枕后交叉，回额中央打结（图 8-4）。

（2）单眼包扎。将三角巾折成三指宽的带形以后，从耳下端绕向脑后健侧，在健侧眼上方前额处反折后，转向伤侧耳上打结。口诀：折成带形三指宽，上 1/3 下 2/3 放伤眼，下端耳下绕脑后，健侧前额来交叉，伤侧耳上把结打（图 8-5）。

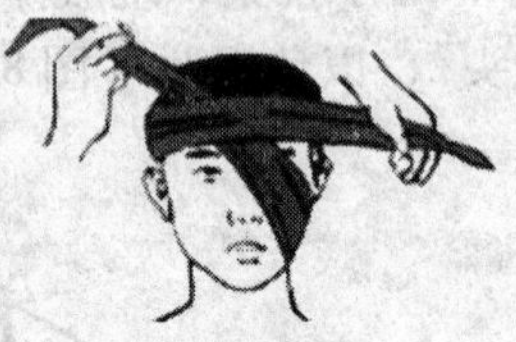

图 8-4　头部毛巾包扎法　　图 8-5　单眼包扎法

（3）双眼包扎。将三角巾折成三指宽带形，从枕后部拉向双眼交叉，再绕向枕下部打结固定。口诀：折成带形三指宽，放在枕后往前拉，交叉包眼枕下结（图 8-6）。

（4）下颌包扎。将三角巾折成三指宽带形，留出系带一端从颈所包住下颌部，与另一端在颊侧面交叉反折，转回颌下，伸向头顶部在两耳交叉打结固定（图 8-7）。

（5）肩部包扎。把三角巾一底角斜放在胸前对侧腋下，将三角顶角盖住后肩部，用顶角系带在上臂三角肌处固定，再把另一个底角一翻后拉，在腋下两角打结（图 8-8）。

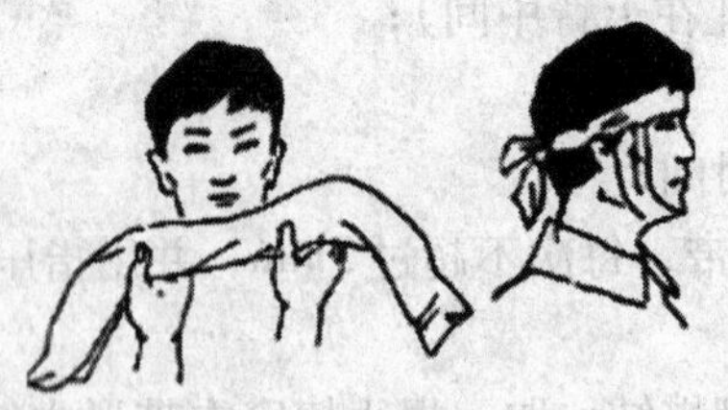

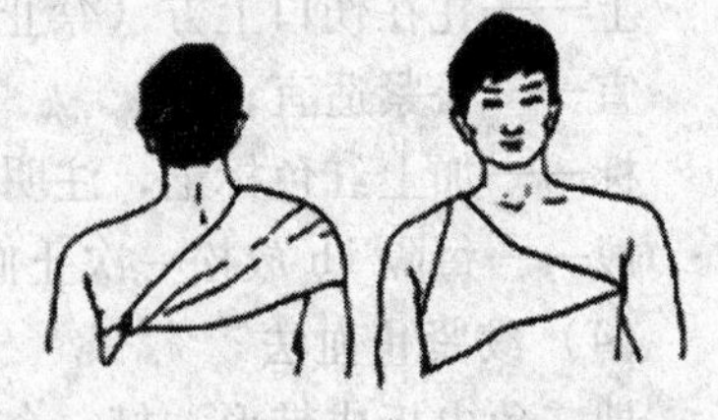

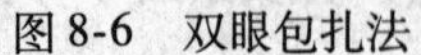

图 8-6　双眼包扎法　　图 8-7　下颌包扎　　图 8-8　肩部包扎

（6）单胸包扎。将三角巾顶角对准衣肩缝，盖住伤部，底边上翻把两底角围胸，在背后与顶角系带打结固定。

（7）双胸包扎。将三角巾一底角对准肩部，顶角系带回腰在对侧底边中央打结（图 8-9）。

（8）手背部包扎，将三角巾一折为二，手放在中间，手指对准顶角，把顶角上翻盖住手背，然后两角在手背交叉，围绕腕关节手背上打结（图 8-10）。

图 8-9　双胸包扎

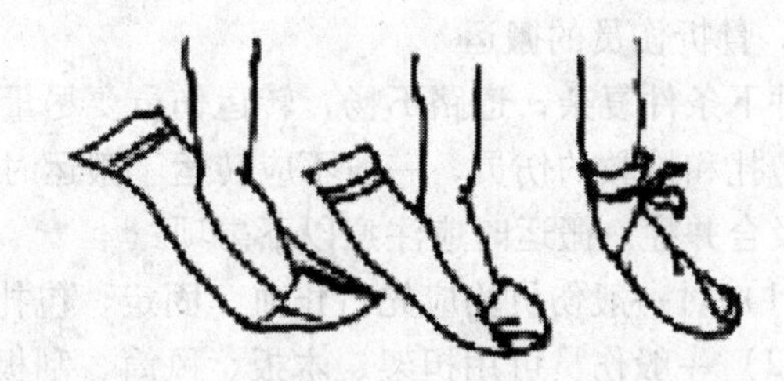
图 8-10　手背部包扎

8.3.3　骨折固定和搬运

骨头受到外力打击，发生完全或不完全断裂时，称骨折。

骨折固定的目的是：止痛、制动、减轻伤员痛苦、防止伤情加重、防止休克、保护伤口、防止感染、便于运送。

1. 骨折的判断

疼痛和压痛、肿胀、畸形、功能障碍。

按骨折端是否与外界相通分为：闭合性骨折（骨折端没刺出皮肤）和开放性骨折（骨折端刺出皮肤）。

2. 骨折固定的材料

常用的有木制、铁制、塑料制夹板。临时夹板有木板、木棒、树枝、竹竿等。如无临时夹板，可固定于伤员躯干或健肢上。

3. 骨折固定的方法要领

先止血，后包扎，再固定；夹板长短与肢体长短相称；骨折突出部位要加垫；先扎骨折上下两端，后固定两关节；四肢露指（趾）；胸前挂标志；迅速送医院。

4. 常见 5 种骨折固定的方法

（1）前臂骨折固定法。先将夹板放置骨折前臂外侧，骨折突出部分要加垫，然后固定腕、肘两关节（腕部 8 字形固定），用三角巾将前臂悬挂于胸前，再用三角巾将伤肢固定于胸廓。前臂骨折无夹板三角巾固定：先用三角巾将伤肢悬挂于胸前，后用三角巾将伤肢固定于胸廓。

（2）上臂骨折固定法。先将夹板放置于骨折上臂外侧，骨折突出部分要加垫，然后固定肘、肩两关节，用三角巾将上臂悬挂于胸前，再用三角巾将伤肢固定于胸廓。上臂骨折无夹板三角巾固定：先用三角巾将伤肢固定于胸廓，后用三角巾将伤肢悬挂于胸前。

（3）锁骨骨折固定法。丁字夹板固定法——丁字夹板放置背后肿骨上，骨折处垫上棉垫，然后用三角巾绕肩两周结在板上，夹板端用三角巾固定好。三角巾固定法：挺胸，双肩向后，两侧腋下放置棉垫，用两块三角巾分别绕肩两周打结，然后将三角巾结在一起，前臂屈曲用三角巾固定于胸前。

（4）小腿骨折固定法。先将夹板放置骨折小腿外侧，骨折的突出部分要加垫，然后固定伤口上下两端，固定膝、踝两关节（8 字形固定踝关节），夹板顶端再固定。

（5）大腿骨折固定法。先将夹板放置骨折大腿外侧，骨折突出部分要加垫，然后固定伤口上、下两端，固定踝、膝关节，最后固定腰、髂、腋部。

5. 骨折伤员的搬运

井下条件复杂，道路不畅，转运伤员要尽量做到轻、稳、快。没有经过初步固定、止血、包扎和抢救的伤员，一般不应转运。搬运时应做到不增加伤员的痛苦，避免造成新的损伤及合并症。搬运时应注意以下事项：

（1）对一般伤员均应先行止血、固定、包扎等初步救护后，再进行转运。

（2）一般伤员可用担架、木板、风筒、刮板输送机槽、绳网等运送，但脊柱损伤和骨盆骨折的伤员应用硬板担架运送。

（3）搬运胸、腰椎员损伤的伤员时，先把硬板担架放在伤员旁边，由专人照顾患处，另有两三个人在保持脊柱伸直位，同时用力轻轻将伤员推滚到担架上，推动时用力大小、快慢要保持一致，要保证伤员脊柱不弯曲。伤员在硬板担架上取仰卧位，受伤部位垫上薄垫或衣物，使脊柱呈过伸位，严禁坐位或肩背式搬运。

（4）对脊柱损伤的伤员。要严禁让其坐起、站立和行走。在搬运颈椎损伤的伤员时，要有专人抱持伤员的头部，轻轻地向水平方向牵引，并且固定在中立位，不得使颈椎弯曲，严禁左右转动。担架应用硬木板，肩下应垫软枕或衣物，使颈椎呈伸展样（颈下不可垫衣物），头部两侧用衣物固定，防止颈部扭转，且忌抬头。

（5）转运时应让伤员的头部在后面，随行的救护人员要时刻注意伤员的面色、呼吸、脉搏，必要时要及时抢救。随时注意观察伤口是否继续出血、固定是否牢靠，出现问题要及时处理。上、下山时，应尽量保持担架平衡，防止伤员从担架上翻滚下来。

（6）对昏迷或有窒息症状的伤员，要把肩部稍垫高，使头部后仰，面部偏向一侧或采用侧卧位和偏卧位，以防胃内呕吐物或舌头后坠堵塞气管而造成窒息，注意随时都要确保呼吸道的通畅。

（7）呼吸、心跳骤停及休克昏迷的伤员应先及时复苏后再搬运。若不懂得复苏技术，则可为争取抢救的时间而迅速向外搬运，以迎接救护人员进行及时抢救。

8.3.4 呼吸心跳骤停的紧急救护

由于某些原因导致患者呼吸突然丧失，抽搐或昏迷；颈动脉、股动脉无搏动，胸廓无运动；以及瞳孔散大，对光线刺激无反应。这就是医生所称的死亡三大特征。

在进行复苏之前，必须先对病人的情况和昏迷原因进行初步检查，一方面，心肺复苏具有一定的侵犯性，盲目操作会对病人造成不必要的伤害；另一方面，抢救者在实施抢救前必须详细检查原因，排除对抢救者可能有危险的因素，倒如触电，则在抢救前应首先切断电源等。如为外伤导致的昏迷，不应随意搬运病人，以免因不正确的搬动而加重颈部损伤造成高位截瘫。

1. 呼吸骤停的急救

（1）迅速解开衣服，清除口腔内物质，有舌后坠时用钳将舌拉出。

（2）患者需仰卧位，头尽量后仰。

（3）立即进行口对口人工呼吸。方法是：患者仰卧，护理人一手托起患者下颌，使其头部后仰，以解除舌下坠所致的呼吸道梗阻，保持呼吸道通畅；另一手捏紧患者鼻孔，以免吹气时气体从鼻逸出。然后护理人深吸一口气，对准患者口用力吹入，直至胸部略有膨起。之后，护理人头稍侧转，并立即放松捏鼻孔的手，任患者自行呼吸（图 8-11），如此反复进行，成人每分钟吸气 12 ~ 16 次，吹气时间宜短，约占一次呼吸时间的 1/3。吹气若无反应，则需检查呼吸道是否通畅，吹气是否得当。如果患者牙关紧闭，护理人可改用口对鼻吹气。其方法与口对口人工呼吸基本相同。

2. 心跳骤停的急救

对心跳骤停在一分钟左右者，可拳击其胸骨中段一次，并马上进行不间断的胸外心脏挤压。胸外心脏挤压术方法是：

（1）患者应仰卧在硬板上，如系软床应加垫木板。

（2）护理人用一手掌根部放于患者胸骨下 2/3 处，另一手重叠压在上面，两臂伸直，依靠护理人身体重力向患者脊柱方向作垂直而有节律的挤压。挤压用力须适度，略带冲击性；使胸骨下陷 4cm 后，随即放松，使胸骨复原，以利心脏舒张（图 8-12）。按压次数成人每分钟 60 ~ 80 次，直至重新产生心跳。按压时必须用手掌根部加压于胸骨下半段，对准脊柱挤压；不应将手掌平放，不应压心前区；按压与放松时间应大致相等。心脏按压时应同时施行有效的人工呼吸。

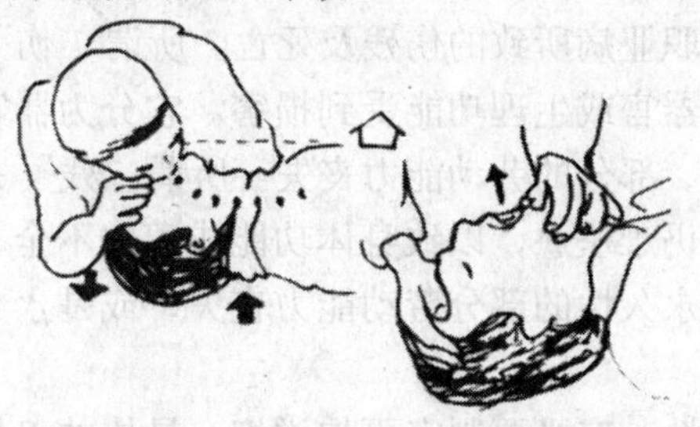

图 8-11　口对口人工呼吸

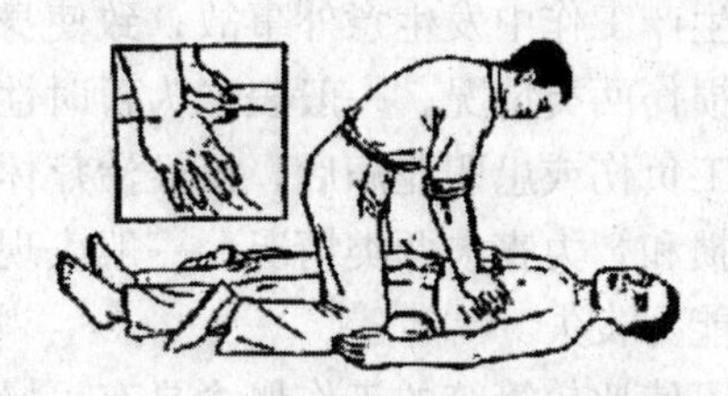

图 8-12　按压姿势与用力方法

9 钢结构工程安全责任事故处理

9.1 伤亡事故定义与分类

伤亡事故是企业职工因工伤亡事故的简称，又可称为工伤事故。1991 年 3 月 1 日，国务院 75 号令发布的《企业职工伤亡事故报告和处理规定》对伤亡事故的定义是："职工在劳动过程中发生的人身伤害、急性中毒事故。"对此概念可作下述理解：伤亡事故是指企业职工在生产区域内、工作时间中从事与生产有关的劳动或工作时，由于来自生产过程中的危险因素和有害因素的影响，从而导致的突然使人体组织受到损伤或使某些器官失去正常功能的人身伤害或急性中毒事故。

工伤事故既包括工作意外事故，又包括职业病所致的伤残及死亡。所谓"伤"是指劳动者在生产工作中发生意外事故，致使身体器官或生理功能受到损害。它分为器官损伤和职业病损伤两类情况，一般表现为暂时性的、部分的劳动能力丧失。所谓"残"是指劳动者在因工负伤或患职业病后，虽经治疗休养仍难痊愈，以致身体功能或智力不全。它分为肢体缺损和智力丧失两类情况，一般表现为永久性的部分劳动能力丧失，或是永久性的全部劳动能力丧失。

为了使比较笼统的工伤概念具有可操作性，有必要制定更加详细、具体的工伤认定资格条件。我国工伤认定资格条件的主要依据是：《中华人民共和国劳动保险条例》（以下简称《条例》）及其实施细则，全国总工会颁布的《劳动保险问答》（其中有工伤类和比照工伤类两部分，共 17 种资格条件），劳动部 1996 年 8 月颁布的《企业职工工伤保险试行办法》（以下简称《试行办法》）。

9.1.1 《中华人民共和国劳动保险条例》和《劳动保险问答》中对工伤的规定

1. 工伤类

按照 1953 年《劳动保险条例实施细则》和 1964 年全国总工会《劳动保险问答》的规定，在以下 7 种情况下所发生的负伤、致残或残废应按工伤处理：

（1）从事本岗位工作或者执行企业行政临时指定或同意的工作的；

（2）在紧急情况下从事对企业或社会有益的工作，如抢险、救灾、救人的；

（3）从事与企业工作有关的研究、发明、创造或技术改造工作的；

（4）在企业的工作区域遭受非本人所能抗拒的意外灾害的；

（5）在生产或者工作中因为所从事的工作性质而造成职业病的；

（6）集体乘坐本单位的车辆参加工作性会议、听报告或参加领导指派的各种劳动（包括支援农业的劳动），发生交通事故或意外事故的；

（7）企业以临时工棚作为集体宿舍而发生倒塌的。

2. 比照工伤类

职工在以下条件下遭遇负伤、致残或死亡的，可以比照工伤处理：

（1）因公出差期间或调动工作往返途中发生意外事故的；

（2）在工作中负伤而当时并未感觉或确诊，事后伤痛发作不能正常工作的，这种情况下，应有当时的就诊记录或第三者的旁证；

（3）工伤医疗终结后调到另一个企业工作，由于旧病复发的；

（4）由于加班至深夜不能回家，在工作地点睡眠发生意外事故的；

（5）伤残军人转入企业工作后，因旧病伤复发的；

（6）在政治运动和日常工作中，由于坚持原则，向敌对分子或错误行为进行斗争而遭受伤害的；

（7）在本单位集体食堂就餐发生非本人责任的食物中毒的；

（8）参加本企业组织的体育比赛或代表本企业参加体育比赛发生意外事故的；

（9）参加企业组织的或受企业指派参加展览会、政治活动期间发生意外事故的；

（10）到医院就医发生严重医疗事故的。

9.1.2 《企业职工工伤保险试行办法》中对工伤的规定

1.《试行办法》第八条规定，职工由于下列情形之一造成负伤、致残、死亡的，应当认定为工伤：

（1）从事本单位日常生产、工作或者本单位负责人临时指定的工作的，在紧急情况下，虽未经本单位负责人指定但从事直接关系本单位重大利益的工作的；

（2）经本单位负责人安排或者同意，从事与本单位有关的科学试验、发明创造和技术改进工作的；

（3）在生产工作环境中接触职业性有害因素造成职业病的；

（4）在生产工作的时间或区域内，由于不安全因素造成意外伤害的，或者由于工作紧张突发疾病造成死亡或经第一次抢救治疗后全部丧失劳动能力的；

（5）因履行职责遭致人身伤害的；

（6）从事抢险、救灾、救人等维护国家、社会和公众利益的活动的；

（7）因公、因战致残的军人复员转业到企业工作后旧伤复发的；

（8）因公外出期间，由于工作原因，遭受交通事故或其他意外事故造成伤害或失踪的，或因突发疾病造成死亡或者经第一次抢救治疗后全部丧失劳动能力的；

（9）在上下班的规定时间和必经路线上，发生无本人责任或者非本人主要责任的道路交通机动车事故的；

（10）法律、法规规定的其他情形。

2.《试行办法》第九条规定，职工由于下列情形之一造成负伤、致残、死亡的，不应认定为工伤：

（1）犯罪或违法；

（2）自杀或自残；

（3）斗殴；

（4）酗酒；

（5）蓄意违章；

（6）法律、法规规定的其他情形。

比较可知，《试行办法》在条例的基础上，进一步规范了工伤认定标准，根据情况变化增列了见义勇为及通勤中非本人主要责任的机动车事故致伤、致死等相应处理规定。

《试行办法》颁布实施前的有关划定工伤范围的条件与《试行办法》中的相关规定有所重叠。在目前阶段，落实工伤保险待遇时以《试行办法》为准，伤亡事故调查处理时仍按以往的规定执行。当工伤保险制度在全国范围内普遍实行之后，各地都应统一按《试行办法》的规定执行。

9.1.3 一般分类

为了加强事故管理特别是统一事故统计口径的需要，为了评价企业安全状况并提高可比性，为了便于对事故的科学分析和事故资料的积累，一般对伤亡事故进行如下分类。

1. 按事故类别分类

依据国家标准《企业职工伤亡事故分类》(GB 6441—86)，按事故类别即按致害原因进行的分类如下：

(1) 物体打击（不包括爆炸引起的物体打击）：指失控物体的惯性力造成的人身伤害事故。

(2) 车辆伤害：指本企业机动车辆引起的机械伤害事故。

(3) 机械伤害：指机械设备或工具引起的绞、碾、碰、割、戳、切等伤害。但不包括车辆、起重设备引起的伤害。

(4) 起重伤害：指从事各种起重作业时发生的机械伤害事故，但不包括上下驾驶室时发生的坠落伤害和起重设备引起的触电以及检修时制动失灵引起的伤害。

(5) 触电：由于电流流经人体导致的生理伤害。

(6) 淹溺：由于水大量经口、鼻进入肺内，导致呼吸道阻塞，发生急性缺氧而窒息死亡的事故。它适用于船舶、排筏、设施在航行、停泊、作业时发生的落水事故。

(7) 灼烫：指强酸、强碱溅到身体上引起的灼伤，或因火焰引起的烧伤，高温物体引起的烫伤，放射线引起的皮肤损伤等事故；不包括电烧伤及火灾事故引起的烧伤。

(8) 火灾：指造成人身伤亡的企业火灾事故。不适用于非企业原因造成的、属消防部门统计的火灾事故。

(9) 高处坠落：指由于危险重力势能差引起的伤害事故。适用于脚手架、平台、陡壁施工等场合发生的坠落事故，也适用于由地面踏空失足坠入洞、沟、升降口、漏斗等引起的伤害事故。

(10) 坍塌：指建筑物、构筑物、堆置物等倒塌以及土石塌方引起的事故。不适用于矿山冒顶片帮事故及因爆炸、爆破引起的坍塌事故。

(11) 冒顶片帮：指矿井工作面、巷道侧壁由于支护不当、压力过大造成的坍塌（片帮）以及顶板垮落（冒顶）事故。适用于从事矿山、地下开采、掘进及其他坑道作业时发生的坍塌事故。

(12) 透水：指从事矿山、地下开采或其他坑道作业时，意外水源带来的伤亡事故。不适用于地面水害事故。

(13) 放炮：指由于放炮作业引起的伤亡事故。

(14) 瓦斯爆炸：指可燃性气体瓦斯、煤尘与空气混合形成的达到燃烧极限的混合物接触火源时引起的化学性爆炸事故。

（15）火药爆炸：指火药与炸药在生产、运输、贮藏过程中发生的爆炸事故。

（16）锅炉爆炸：指锅炉发生的物理性爆炸事故。适用于使用工作压力大于0.07MPa、以水为介质的蒸汽锅炉，但不适用于铁路机车、船舶上的锅炉以及列车电站和船舶电站的锅炉。

（17）受压容器爆炸：指压力容器破裂引起的气体爆炸（物理性爆炸）以及容器内盛装的可燃性液化气在容器破裂后立即蒸发，与周围的空气混合形成爆炸性气体混合物遇到火源时产生的化学爆炸。

（18）其他爆炸：可燃性气体煤气、乙炔等与空气混合形成的爆炸；可燃蒸汽与空气混合形成的爆炸性气体混合物（如汽油挥发）引起的爆炸；可燃性粉尘以及可燃性纤维与空气混合形成的爆炸性气体混合物引起的爆炸；间接形成的可燃气体与空气相混合，或者可燃蒸汽与空气相混合遇火源而爆炸的事故；炉膛爆炸、钢水包、亚麻粉尘的爆炸等亦属"其他爆炸"。

（19）中毒和窒息：指人接触有毒物质或呼吸有毒气体引起的人体急性中毒事故，或在通风不良的作业场所，由于缺氧有时会发生突然晕倒甚至窒息死亡的事故。

（20）其他伤害：指上述范围之外的伤害事故，如扭伤、跌伤、冻伤、野兽咬伤等等。

2. 按伤害程度分类

事故发生后，根据事故给受伤害者带来的伤害程度及其劳动能力丧失的程度可将事故分为轻伤、重伤和死亡三种类型：

（1）轻伤事故：指损失工作日低于105日的失能伤害（受伤者暂时不能从事原岗位工作）的事故。

（2）重伤事故：指造成职工肢体残缺或视觉、听觉等器官受到严重损伤，一般能导致人体功能障碍长期存在的，或损失工作日等于和超过105日（小于6000日），劳动力有重大损失的失能伤害事故。

一般而言，凡有下列情形之一的，即为重伤事故：

1）经医生诊断已成为残废或可能成为残废的；

2）伤势严重，需要进行较大的手术才能抢救的；

3）人体的要害部位严重烧伤、烫伤，或虽非要害部位，但烧伤、烫伤面积占全身面积的三分之一以上的；

4）严重的骨折（胸骨、肋骨、脊椎骨、锁骨、肩胛骨、腕骨、腿骨和脚骨等部位因受伤引起的骨折），严重脑震荡等；

5）眼部受伤较重有失明可能的；

6）大拇指轧断一节的；食指、中指、无名指、小指任何一指轧断两节或任何两指各轧断一节的；局部肌腱受伤甚剧，引起机能障碍，有不能自由伸曲的残废可能的；

7）脚趾轧断三趾以上的；局部肌腱受伤甚剧引起机能障碍，有不能行走自如的残废可能的。

8）内部伤害：内脏损伤、内出血或伤及胸膜的；

9）凡不在上述范围以内的伤害，经医生诊断后，认为受伤较重，可根据实际情况参考上述各点，由企业提出初步意见，报当地劳动安全管理部门审查确定。

（3）死亡事故：指事故发生后当即死亡（含急性中毒死亡）或负伤后在30天内死亡的事故。死亡的损失工作日为6000日（这是根据我国职工的平均退休年龄和平均死亡年龄计算出来的）。

急性中毒是指生产性毒物一次或短期内通过人的呼吸道、皮肤或消化道大量进入人体，内，使人体在短时间内发生病变，导致职工死亡或必须接受急救治疗的事故。急性中毒的特点是发病快，一般不超过一个工作日。有的毒物因毒性有一定的潜伏期，有可能使受害者在结束工作数小时后发病。

此种分类中所涉及的损失工作日数，均可按GB 6441—86中的有关规定选取或计算。

3. 按事故严重程度分类

按事故严重程度分类是根据事故造成的人员伤害程度及其受伤害人数来进行的。

（1）轻伤事故：指在一次事故中只有轻伤发生的事故。

（2）重伤事故：指在一次事故中有重伤（包括轻伤）但无死亡发生的事故。

（3）死亡事故：指一次死亡1或2人的事故。

（4）重大死亡事故：指一次死亡3~9人的事故。

（5）特大伤亡事故：指一次死亡10人以上（含10人）的事故。

（6）特别重大死亡事故：根据原劳动部《特别重大事故调查程序暂行规定》(1990年3月20日发布）的有关条款，特别重大事故是指下列情形之一：

1）民航客机发生的机毁人亡（死亡40人及其以上）事故；

2）专机和外国民航客机在中国境内发生的机毁人亡事故；

3）铁路、水运、矿山、水利、电力事故造成一次死亡50人及其以上，或者一次造成经济损失1000万元及其以上的事故；

4）公路和其他发生一次死亡30人及其以上或直接经济损失在500万元及其以上的事故（航空、航天器科研过程中发生的事故除外）；

5）一次造成职工和居民100人及其以上的急性中毒事故；

6）其他性质特别严重，产生重大影响的事故。

4. 按经济损失程度分类

根据一次事故造成的经济损失额（包括直接经济损失和间接经济损失，下同），可对事故进行如下分类：

（1）一般损失事故：指经济损失小于1万元的事故；

（2）较大损失事故：指经济损失大于1万元（含1万元）小于10万元的事故；

（3）重大损失事故：指经济损失大于10万元（含10万元）小于100万元的事故；

（4）特大损失事故：指经济损失大于100万元（含100万元）的事故。

5. 按受损方式分类

这种分类方法可将事故分为以下几种：

（1）火灾及爆炸事故：指由可燃物质燃烧或爆炸所引起的事故；

（2）破裂及崩塌事故：指高压容器破裂、钢丝绳断裂、构筑物或机械设备及装置倒塌、砂或土或隧道崩塌等事故；

（3）工业中毒事故：指由于人体接触有毒物质或吸入有毒气体引起的中毒事故；

（4）劳动伤害事故：如坠落，重物压伤、触电、跌倒引起的骨折、挫伤、创伤、烧伤等事故。

9.2 伤亡事故处理

9.2.1 抢救工作与现场处理

施工生产场所，发生伤亡事故后，负伤人员或最先发现事故的人应立即报告项目领导。项目安全人员根据事故的严重程度及现场情况立即上报上级业务系统，并及时填写伤亡事故表上报企业。

企业发生重伤和重大伤亡事故，必须立即将事故概况（含伤亡人数，发生事故时间、地点、原因等），用最快的办法分别报告企业主管部门、行业安全管理部门和当地劳动部门、公安部门、检察院及工会。发生重大伤亡事故，各有关部门接到报告后应立即转告各自的上级管理部门。其处理程序如下：

1. 迅速抢救伤员、保护事故现场

事故发生后，现场人员切不可惊慌失措，要有组织，统一指挥。首先抢救伤亡和排除险情，尽量制止事故蔓延扩大。同时注意，为了事故调查分析的需要，应保护好事故现场。如因抢救伤亡和排除险情而必须移动现场构件时，还应准确做好标记，最好拍出不同角度的照片，为事故调查提供可靠的原始事故现场。

2. 组织调查组

企业在接到事故报告后，经理、主管经理、业务部门领导和有关人员应立即赶赴现场组织抢救，并迅速组织调查组开展调查。发生人员轻伤、重伤事故，由企业负责人或指定的人员组织施工生产、技术、安全、劳资、工会等有关人员组成事故调查组，进行调查。死亡事故由企业主管部门会同现场所在地区的市（或区）劳动部门、公安部门、人民检察院、工会组成事故调查组进行调查。重大死亡事故应按企业的隶属关系，由省、自治区、直辖市企业主管部门或国务院有关主管部门，公安、监察、检察部门、工会组成事故调查组进行调查。也可邀请有关专家和技术人员参加。调查组成员中与发生事故有直接利害关系的人员不得参加调查工作。

3. 现场勘察

调查组成立后，应立即对事故现场进行勘察。因现场勘察是项技术性很强的工作，它涉及广泛的科学技术知识和实践经验。因此勘察时必须及时、全面、细致、准确、客观地反映原始面貌，其勘察的主要内容有：

（1）勘察笔录

1）发生事故的时间、地点、气象等；

2）现场勘察人员的姓名、单位、职务；

3）现场勘察起止时间、勘察过程；

4）能量逸散所造成的破坏情况、状态、程度；

5）设施设备损坏或异常情况及事故发生前后的位置；

6）事故发生前的劳动组合，现场人员的具体位置和行动；

7）重要物证的特征、位置及检验情况等。

（2）实物拍照

1）方位拍照：反映事故现场周围环境中的位置；

2）全面拍照：反映事故现场各部位之间的联系；

3）中心拍照：反映事故现场的中心情况；

4）细目拍照：揭示事故直接原因的痕迹物、致害物等。

5）人体拍照：反映伤亡者主要受伤和造成伤害的部位。

（3）现场绘图

根据事故的类别和规模以及调查工作的需要应绘制出下列示意图：

1）建筑物平面图、剖面图；

2）事故发生时人员位置及疏散（活动）图；

3）破坏物立体图或展开图；

4）涉及范围图；

5）设备或工、器具构造图等。

9.2.2 事故调查

伤亡事故调查是确认事故经过、查找事故原因的过程，是伤亡事故管理工作的一项关键内容，是制定最佳的事故预防对策的前提。其目的是通过取证、调查、分析，全面掌握事故情况，准确查明事故原因，尽早分清事故责任，制定改进措施，避免同类事故重复发生。

1. 事故调查组的组成

为了迅速查明事故原因，处理事故责任者和教育群众，保证企业尽快恢复正常的生产秩序，在事故发生后，要按事故严重程度的不同组成不同规模及不同层次的事故调查组。

（1）轻伤事故调查组的组成。轻伤事故由车间负责人组织生产技术、安全技术等有关人员会同工会成员组成调查组对事故进行调查。

（2）重伤事故调查组的组成。重伤事故由企业主要负责人组织生产、技术、设备、安全技术等有关人员及工会成员成立事故调查组。对事故进行调查，一般应在30天内查明原因，分清责任并处理结案。

对一次重伤3人以上（含3人）的重伤事故，劳动安全监察部门应视情况组织调查。

（3）死亡事故调查组的组成。死亡事故由企业主管部门会同企业所在地设区的市（或相当于设区的市一级）安全监察部门、公安部门、工会组成事故调查组进行调查。县（区）以下企业发生死亡事故，地市一级安全监察部门可视情况，委托县（市）一级劳动安全监察部门参加事故调查。

（4）重大死亡事故调查组的组成。重大死亡事故要按照企业的隶属关系，由省、自治区、直辖市企业主管部门或者国务院有关主管部门会同同级劳动安全监察部门、公安部门、工会组成事故调查组，进行调查。对一次死亡3人以下的事故，省劳动安全监察部门和有关部门可授权市（地）劳动安全监察部门和有关部门进行调查。死亡和重大死亡事故的调查，还应邀请人民检察院派员参加。

（5）其他情况下事故调查组的组成。无主管部门或分属不同主管部门的企业发生的伤亡事故，由劳动安全监察部门或当地人民政府授权部门组织调查。

各事故调查组都要由那些具备事故调查所需要的专业知识及经验、具有强烈的责任心、高尚的职业道德、良好的组织能力和较强的分析能力的成员组成。调查组成员采取回避制度。

2. 伤亡事故调查的内容

（1）了解发生事故的具体时间和具体地点；检查现场，发现确定事故原因的痕迹、物证以及进一步开展调查的线索；做好详细记录，进行现场拍照并责成有关部门绘制事故现场图。

（2）了解受伤害人数、伤害部位、伤害程度；了解医疗部门对伤亡情况的诊断报告。

（3）调查导致事故的起因物、施害物和事故类别。

（4）向事故当事人、在场人员及相关人员了解事故前的生产情况、受害人和共同作业人员的任务、分工及工艺条件、操作方法、设备工作参数、设备完好状况、安全防护装置情况、操作情况、发生事故时的情况和抢救情况等。

（5）了解受害人和与事故有关人员的情况，即姓名、性别、年龄、工种、级别、工龄、本工种工龄、受过何种安全教育和训练等。

（6）向有关部门索取与事故有关的生产、工艺和设备状况的资料。

（7）组织生产计划、物资管理和财务会计部门提出事故经济损失报告。

（8）对事故发生、发展有着重要作用的设备、材料做必要的技术鉴定；对事故的机理、作用、过程及防范措施应进行必要的模拟试验。

（9）召开分析会，分析事故原因，确定事故责任，提出有针对性的防范措施。

（10）填写《伤亡事故调查报告书》，在事故发生后20日内按规定程序上报。

3. 伤亡事故调查的一般程序

（1）现场处理。伤亡事故发生后，首先要及时抢救伤员，保护事故现场，同时迅速逐级报告。特别是发生死亡、重大死亡事故的企业必须迅速采取有力措施，抢救人员和财产，防止事故扩大。要认真保护事故现场，任何人不得擅自移动和取走现场物件，凡与事故有关的物体、痕迹、状态，不得破坏。因抢救伤员和公私财产必须移动现场部分物件时，应做好标记并绘制事故现场示意图或进行现场拍照。

（2）物证收集。现场物证包括破损部件、碎片、残留物、致害物及其具体位置。每件物品都应保持原样和贴上标签，注明时间、地点和管理者。物件应保持原样，不得擦洗。对于其中危害人体健康的物品，要采取不损坏原始证据的安全防护措施。

（3）收集与事故有关的事实材料。

1）与事故鉴别、记录有关的材料：

① 发生事故的单位、地点、时间；

② 受害者和肇事者的姓名、性别、年龄、文化程度、职业、技术等级、工龄、本工种工龄、支付工资的形式；

③ 受害人和肇事者的技术情况、接受安全教育的情况；

④ 出事当天，受害人和肇事者开始工作的时间、工作内容、工作量、作业程序、操作时的动作或位置、姿势等；

⑤ 受害人和肇事者过去的事故记录。

2）事故发生的有关事实：

① 事故发生前设备、设施、工具等的性能和质量情况；

② 使用的材料，必要时可对其进行物理或化学性能的试验与分析；

③ 有关设计和工艺方面的技术文件、工作指令和规章制度等方面的资料及执行情况；

④ 有关工作环境方面的状况，包括照明、湿度、温度、通风、声响、色彩度、道路、工作面状况以及工作环境中的有毒、有害物质取样分析记录；

⑤ 个人防护措施状况，如质量、规格、式样等；

⑥ 出事前受害人和肇事者的健康状况；

⑦ 其他可能与事故致因有关的细节或因素。

（4）收集人证。人证是指能证明或叙述事故发生的有关情况的现场当事人或目击者。

（5）拍摄事故现场。包括显示残骸和受害者出事原地的所有照片，可能被清除或被践踏的痕迹，如刹车痕、地面与建筑物上的痕迹、火灾引起的损害、冒顶下落的空间以及事故现场全貌的照片。

（6）绘制事故示意图。如事故现场示意图、流程图、受害者位置图等。

（7）技术鉴定与模拟试验。主要有：

1）对设备、器材的破损、变形、腐蚀等情况，必要时可做技术鉴定；

2）对设备的零部件结构、设计及规格尺寸等进行复核、计算；

3）必要时可在确保安全的前提下做模拟试验，如火的起因分析、爆炸事故的发生过程等。

（8）完成《职工伤亡事故调查报告书》。

9.2.3 现场勘测

详见第 9.2.1 条第 3 款内容。

9.2.4 事故原因分析

伤亡事故分析是在完成了事故调查工作的基础上，确定事故原因和事故责任的过程。它是关系到事故处理正确与否和预防措施得力与否的关键环节。

1. 伤亡事故分析的步骤

（1）整理事故调查资料。

（2）确认受伤部位、受伤性质；起因物、致害物、伤害方式、不安全状态及不安全行为等。

（3）进行伤亡事故原因分析。

（4）确定事故责任者。

2. 关于伤亡事故原因的分析

伤亡事故的原因分析包括直接原因分析和间接原因分析。

（1）直接原因分析。所谓直接原因是指直接加害于受害人的因素。由于生产现场包含着来自人和物两方面的多种隐患，因而事故的直接原因通常是指直接导致伤亡事故的人的不安全行为或机械、物质的不安全状态。

1）人的不安全行为的产生与人的心理、生理或技术及生产环境密切相关，常表现为：

① 操作错误、忽视安全、忽视警告；

② 造成安全装置失效；

③ 使用不安全设备；

④ 用手代替工具操作，成品、半成品、材料、工具等物体存放不当；

⑤ 冒险进入危险场所；

⑥ 攀、坐不安全位置；

⑦ 在起吊物下作业或停留；

⑧ 机器运转时做加油、修理、检查、调整、焊接、清扫等工作；

⑨ 有分散注意力的行为；

⑩ 在必须使用个人防护用品、用具的作业或场合中忽视其的使用；

⑪ 不安全装束；

⑫ 对易燃易爆等危险物品处理错误。

2）机械或物质的不安全状态常表现为：

① 防护、保险、信号等装置缺少或有缺陷；

② 设备、设施、工具、附件有缺陷；

③ 个人防护用品、用具缺少或有缺陷；

④ 生产（施工）场地环境不良等。

人的不安全行为和机械、物质的不安全状态有时是相互关联的：人的不安全行为可以造成物的不安全状态，而物的不安全状态又会在客观上促成人产生不安全行为的环境条件。因此，迅速、准确地调查人的不安全行为或物的不安全状态并判明二者间的关系，是分析事故原因及确定事故责任的重要方面。

（2）间接原因分析。所谓伤亡事故的间接原因，是指直接原因得以产生和存在的原因。其中包括：

1）技术和设计上有缺陷，如工业构件、建筑物、机械设备、仪器仪表、工艺过程、操作方法、检修检验等的设计、施工和材料使用等方面存在问题；

2）教育培训不够、未经培训、缺乏或不懂安全操作技术知识；

3）劳动组织不合理；

4）对现场工作缺乏检查或指导错误；

5）没有安全操作规程或规程不健全；

6）没有或不认真实施施工预防措施，对施工隐患整改不力；

7）其他。

不难理解，以上诸项均可归咎于管理或监督上的失误，而这正是事故的本质原因所在。只有针对事故的本质原因制定防范措施，才能最有效、最彻底地达到预防同类事故重现的目的。因此，在进行事故分析时，不应只就直接原因作头痛医头、脚痛医脚的表面文章，而应从直接原因入手，追究事故的间接原因及本质原因。

9.2.5 伤亡事故报告

1. 伤亡报告上报

伤亡事故发生后，负伤者或者事故现场有关人员应当立即直接或者逐级报告企业负责人。

企业负责人接到重伤、死亡、重大死亡事故报告后，应当立即报告企业主管部门和企业所在地劳动部门、公安部门、人民检察院、工会。

企业主管部门接到死亡、重大死亡事故报告后，应立即按系统逐级上报；死亡事故报至省、自治区、直辖市企业主管部门和劳动部门；重大死亡事故报至国务院有关主管部门、劳动部门。

发生死亡、重大死亡事故的企业应当保护事故现场，并迅速采取必要措施抢救人员和财产，防止事故扩大。

2. 伤亡事故报告的内容

（1）事故发生（或发现）的时间、详细地点。

（2）发生事故的项目名称及所属的单位。

（3）事故类别、事故严重程度。

（4）伤亡人数，伤亡人员的基本情况。

（5）事故的简单经过及抢救措施。

（6）报告人情况和联系电话。

9.2.6 制定事故预防措施

根据对事故原因的分析，制定制止防止类似事故再次发生的预防措施，在防范措施中应把改善劳动生产条件、作业环境和提高安全技术水平放到首位，力求从根本上消除危险因素，切实做到“四不放过”。

9.2.7 事故责任与处理报告

事故责任分析是根据事故调查所确认的事实，通过对直接原因和间接原因的分析，确定事故中的直接责任者和领导责任者。其目的在于划清事故责任，作出适当处理，使企业领导和职工群众从中汲取教训，改进工作。

在进行事故责任分析时，要注意区分责任事故与非责任事故，调查处理的重点是责任事故。所谓责任事故是指因有关人员的过失而造成的事故；非责任事故是指由于自然因素造成的人力不可抗拒的事故，或在技术改造、发明创造、科学试验活动中，因科学技术条件的局限无法预测而发生的事故。

对于责任事故的责任划分，通常有肇事者责任、领导者责任等。

（1）因下列情形之一造成工伤事故的，应追究肇事者的责任：

1）违章操作；

2）违章指挥；

3）玩忽职守，违反安全责任制和劳动纪律；

4）擅自拆除、毁坏、挪用安全装置和设备。

（2）有下列情形之一的，应当追究事故单位领导者的责任：

1）未按规定对职工进行安全教育和技术培训；

2）设备超过检修期限或超负荷运行，或设备有缺陷；

3）没有安全操作规程或规章制度不健全；

4）作业环境不安全或安全装置不齐全；

5）违反职业禁忌症的有关规定；

6）设计有错误，或在施工中违反设计规定和削减安全卫生设施；

7）对已发现的隐患未采取有效的防护措施，或在事故后仍未采取防护措施，致使同类事故重复发生。

（3）因下列情形之一造成重大或特别重大伤亡事故时，应当追究厂矿企业或主管部门主要领导者的责任：

1）发布违反劳动保护法规的指示、决定和规章制度，因而造成重大伤亡事故的；

2）无视安全部门的警告，未及时消除隐患而造成重大伤亡事故的；

3）安全责任制、安全规章制度、安全操作规程不健全，职工无章可循，或安全管理措施不到位，安全管理混乱而造成重大伤亡事故的；

4）签订的经济承包、租赁等合同，没有劳动安全卫生内容和相应劳动安全措施，造成伤亡事故的；

5）未按规定对职工进行安全教育培训、考核，未持证上岗操作或指挥生产，造成伤亡事故的；

6）劳动条件和作业环境不安全、不卫生，又未采取措施造成伤亡事故的；

7）新建、改建、扩建工程和技术改造项目，安全卫生设施未与主体工程“三同时”而造成伤亡事故的；

8）对危及安全生产的隐患问题不负责任，玩忽职守，不及时整改而导致伤亡事故的。

（4）对有下列情形之一的事故责任者或其他有关人员，应从重处罚：

1）利用职权对事故隐瞒不报、谎报、虚报或者故意拖延不报的；

2）故意毁灭、伪造证据，伪造、破坏事故现场，干扰事故调查或嫁祸于人的，无正当理由拒绝接受调查以及拒绝提供有关情况资料的；

3）事故发生后，不积极组织抢救或指挥抢救不力，造成更大伤亡的；

4）企业接到《劳动安全监察意见书》后，逾期不消除隐患而发生伤亡事故的；

5）屡次不服从管理、违反规章制度或者强令职工冒险作业的；

6）对批评、制止违章行为和如实反映事故情况的人员进行打击报复的；

7）故意拖延事故调查处理，不按时结案的。

9.3 工伤认定、处理与待遇

9.3.1 工伤认定条件

《工伤保险条例》规定，职工有以下情形之一的，应当认定为工伤：

（1）在工作时间和工作场所内，因工作原因受到事故伤害的；

（2）工作时间前后在工作场所内，从事与工作有关的预备性或者收尾性工作受到事故伤害的；

（3）在工作时间和工作场所内，因履行工作职责受到暴力等意外伤害的；

（4）患职业病的；

（5）因工外出期间由于工作原因受到伤害或者发生事故下落不明的；

（6）在上下班途中，受到机动车事故伤害的；

（7）法律、行政法规规定应当认定为工伤的其他情形。

9.3.2 工伤认定申请

工伤员工可直接向用人单位所在地劳动保障部门提出工伤认定申请。

《工伤保险条例》第17条规定，职工发生事故伤害或者按照职业病防治法规定被诊断、鉴定为职业病，所在单位应当自事故伤害发生之日或者被诊断、鉴定为职业病之日起30日内，向统筹地区劳动保障行政部门提出工伤认定申请。

用人单位未按前款规定提出工伤认定申请的，工伤职工或者其直系亲属、工会组织在事故伤害发生之日或者被诊断、鉴定为职业病之日起1年内，可以直接向用人单位所在地统筹地区劳动保障行政部门提出工伤认定申请。

用人单位未在本条第一款规定时限内提交工伤认定申请，在此期间发生符合规定的工伤待遇等费用由用人单位负担。

劳动者在申请做工伤补偿的数额需待伤残鉴定后确定。

提出工伤认定申请应当填写《工伤认定申报登记表》、《工伤认定申请表》、《工伤申报证据清单》。并提交下列材料：

（1）《劳动合同书》复印件，或确立事实劳动关系的有效证明。

（2）受伤害职工《职工居民身份证》复印件。

（3）医疗机构出具的受伤害后诊断病历或职业病诊断书（或职业病诊断鉴定书）。

（4）两人以上旁证证明（证人证言）。

（5）属于下列情况的还应提供相关证明材料：

1）因工外出期间，由于工作原因，受到交通事故或其他意外伤害的，需提交如“派工单”、“出差通知书”，或者其他能证明因工外出的“原始证明”材料。

2）属于上下班受机动车事故伤害的，需提交上下班的作息时间表、单位至职工居住地的正常路线图；公安交通管理部门的《交通事故责任认定书》和《交通事故损害赔偿调解书》；个人驾驶机动车发生交通事故的，需提供机动车驾驶证。

3）属于交通事故肇事逃逸的，需提交公安交通管理部门的相关证明。

4）属于借用、劳务输出人员，需提交双方单位的协议书；借用或劳务输入单位的事故调查报告；并由劳动关系所在单位申报并提交劳动合同文本或其他建立劳动关系的有效证明；劳务输出职工名单（需经双方单位盖章确认）。

5）直系亲属代表伤亡职工提出工伤认定申请的，还需提交有效的委托证明、直系亲属关系证明。

6）单位工会组织代表伤亡职工提出工伤认定申请的，还需提交单位工会介绍信、办理人身份证明。

9.3.3 工伤认定受理

职工发生事故伤害或者按照职业病防治规定被诊断、鉴定为职业病，所在单位应当自事故发生之日或者被诊断、鉴定为职业病之日起30日内，向劳动保障行政部门提出工伤认定申请。遇有特殊情况，经报劳动保障行政部门同意，申请时限可以适当延长。

用人单位未在规定的期限提出工伤认定申请的，受伤职工或者其直系亲属、工会组织在事故发生之日或者被诊断、鉴定为职业病之日起一年内，可以直接向劳动保障行政部门提出工伤认定申请。劳动保障部门受理工伤认定申请工作程序：

接受申请人的工伤认定申请材料→审理申请材料→申请材料不全下达补正通知→正式受理申请人的工伤认定申请→对受伤情况进行现场调查、勘验→按照国家规定，下达认定结论→送达申请人。

10　钢结构工程安全检查与评价标准

10.1　安全检查的意义、内容和方法

《关于加强企业生产中安全工作的几项规定》指出，企业对生产中的安全工作，除进行经常的检查外，每年还应该定期地进行二至四次群众性的检查。这种检查包括普遍检查、专业检查和季节性检查，这几种检查可以结合进行。开展安全生产检查，必须有明确的目的、要求和具体计划，并且必须建立由企业领导负责、有关人员参加的安全生产检查组织，以加强领导，做好这项工作。安全生产检查应该始终贯彻领导与群众相结合的原则，依靠群众，边检查，边改进，并且及时总结和推广先进经验，有些限于物质技术条件当时不能解决的问题，也应订出计划，按期解决，务必做到条条有着落，件件有交代。这些规定都是搞好安全生产检查的指导原则。

安全检查是安全生产管理工作的一项重要内容，是多年来从生产实践中创造出来的一种好形式。它是安全生产工作中运用群众路线的方法，发现物不安全状态和人不安全行为的有效途径，是消除事故隐患、落实整改措施、防止伤亡事故、改善劳动条件的重要手段。

1. 内容

安全检查的内容，主要是查思想，查管理，查制度，查现场，查隐患，查事故处理。

（1）查现场、查隐患

安全生产检查的内容，主要以查现场、查隐患为主，深入生产现场工地，检查企业的劳动条件、生产设备以及相应的安全卫生设施是否符合安全要求。例如，有否安全出口，且是否通畅；机器防护装置情况，电气安全设施，如安全接地、避雷设备、防爆性能；车间或坑内通风照明情况；防止矽尘危害的综合措施情况；预防有毒有害气体或蒸汽的危害的防护措施情况；锅炉、受压容器和气瓶的安全运转情况；变电所、火药库、易燃易爆物质及剧毒物质的贮存、运输和使用情况；个体防护用品的使用及标准是否符合有关安全卫生的规定。

（2）查思想

在查隐患和努力发现不安全因素的同时，应注意检查企业领导的思想认识，检查他们对安全生产认识是否正确，是否把职工的安全健康放在第一位，特别对各项劳动保护法规以及安全生产方针的贯彻执行情况，更应严格检查。

查思想主要是对照党和国家有关劳动保护的方针、政策及有关文件，检查企业领导和职工群众对安全工作的认识。如干部是否真正做到了关心职工的安全健康；现场领导人员有无违章指挥；职工群众是否人人关心安全生产，在生产中是否有不安全行为和不安全操作；国家的安全生产方针和有关政策、法令是否真正得到贯彻执行。

（3）查管理、查制度

安全生产检查也是对企业安全管理上的大检查。主要检查企业领导是否把安全生产工

作摆上议事日程；企业主要负责人及生产负责人是否负责安全生产工作；在计划、布置、检查、总结、评比生产的同时，是否都有安全的内容，即“五同时”的要求是否得到落实；企业各职能部门在各自业务范围内是否对安全生产负责；安全专职机构是否健全；工人群众是否参与安全生产的管理活动；改善劳动条件的安全技术措施计划是否按年度编制和执行；安全技术措施经费是否按规定提取和使用；新建、改建、扩建工程项目是否与安全卫生设施同时设计、同时施工、同时投产，即“三同时”的要求是否得到落实。此外，还要检查企业的安全教育制度、新工人入厂的“三级教育”制度、特种作业人员和调换工种工人的培训教育制度、各工种的安全操作规程和岗位。

（4）查事故处理

检查企业对工伤事故是否及时报告、认真调查、严肃处理；在检查中，如发现未按“三不放过”的要求草率处理的事故，要重新严肃处理，从中找出原因，采取有效措施，防止类似事故重复发生。

在开展安全检查工作中，各企业可根据各自的情况和季节特点，做到每次检查的内容有所侧重，突出重点，真正收到较好的效果。

2. 方法

安全检查的形式大体有下列几种。

（1）定期检查

定期检查是指已经列入计划，每隔一定时间检查一次。如通常在劳动节前进行夏季的防暑降温安全检查，国庆节前后进行冬季的防寒保暖安全检查，又如班组的日检查、车间的周检查、工厂的月检查等。有些设备如锅炉、压力容器、起重设备、消防设备等，都应按规定期限进行检查。

（2）突击检查

突击检查是一种无固定时间间隔的检查，检查对象一般是一个特殊部门、一种特殊设备或一个小的区域。

（3）特殊检查

特殊检查是指对新设备的安装、新工艺的采用、新建或改建厂房的使用可能会带来新的危险因素的检查。此外，还包括对有特殊安全要求的手持电动工具、照明设备、通风设备等进行的检查。这种检查在通常情况下仅靠人的直感是不够的，还要应用一定的仪器设备来检测。

3. 检查准备

要使安全检查达到预期效果，必须做好充分准备，包括思想上的准备和业务上的准备。

（1）思想准备

思想准备主要是发动职工，开展群众性的自检活动，做到群众自检和检查组检查相结合，从而形成自检自改、边检边改的局面。这样，既可提高职工主人翁的思想意识，又可锻炼职工自己发现问题、自己动手解决问题的能力。

（2）业务准备

业务准备主要有以下几个方面：①确定检查目的、步骤和方法，抽调检查人员，建立检查组织，安排检查日程；②分析过去几年所发生的各类事故的资料，确定检查重点，以便把精力集中在那些事故多发的部门和工种上；③运用系统工程原理，设计、印制检查表格，以便按要求逐项检查，做好记录，避免遗漏应检的项目，使安全检查逐步做到系统化、科学化。

安全检查是搞好安全管理、促进安全生产的一种手段，目的是消除隐患，克服不安全因素，达到安全生产的要求。消除事故隐患的关键是及时整改。由于某些原因不能立即整改的隐患，应逐项分析研究，做到“三定四不推”，即定具体负责人、定措施办法、定整改时间；凡是自己能够解决的问题，班组不推给车间，车间不推给厂，厂不推给主管局，主管局不推给上一级。

10.2 安全评价方法

安全评价的方法很多，国内常用的有如下几种：

（1）安全检查表法。

（2）专家评议法。

（3）预先危险分析法。

（4）故障假设分析法。

10.2.1 安全检查表法

1. 方法概述

安全检查表（Safety Checklist Analysis，缩写 SCA）是依据相关的标准、规范，对工程、系统中已知的危险类别、设计缺陷以及与一般工艺设备、操作、管理有关的潜在危险性和有害性进行判别检查。为了避免检查项目遗漏，事先把检查对象分割成若干系统，以提问或打分的形式，将检查项目列表，这种表就称为安全检查表。它是系统安全工程的一种最基础、最简便、广泛应用的系统危险性评价方法。目前，安全检查表在我国不仅用于查找系统中各种潜在的事故隐患，还对各检查项目给予量化，用于进行系统安全评价。

2. 安全检查表的编制依据

（1）国家、地方的相关安全法规、规定、规程、规范和标准，行业、企业的规章制度、标准及企业安全生产操作规程。

（2）国内外行业、企业事故统计案例，经验教训。

（3）行业及企业安全生产的经验，特别是本企业安全生产的实践经验，引发事故的各种潜在不安全因素及成功杜绝或减少事故发生的成功经验。

（4）系统安全分析的结果，即是为防止重大事故的发生而采用事故树分析方法，对系统进行分析得出能导致引发事故的各种不安全因素的基本事件，作为防止事故控制点源列入检查表。

3. 安全检查表编制步骤

要编制一个符合客观实际、能全面识别、分析系统危险性的安全检查表，首先要建立一个编制小组，其成员应包括熟悉系统各方面的专业人员。其主要步骤有：

（1）熟悉系统。包括系统的结构、功能、工艺流程、主要设备、操作条件、布置和已有的安全消防设施。

（2）搜集资料。搜集有关的安全法规、标准、制度及本系统过去发生过事故的资料，作为编制安全检查表的重要依据。

（3）划分单元。按功能或结构将系统划分成若干个子系统或单元，逐个分析潜在的危险因素。

（4）编制检查表。针对危险因素，依据有关法规、标准规定，参考过去事故的教训和本单位的经验确定安全检查表的检查要点、内容和为达到安全指标应在设计中采取的措施，然后按照一定的要求编制检查表。

1）按系统、单元的特点和预评价的要求，列出检查要点、检查项目清单，以便全面查出存在的危险、有害因素；

2）针对各检查项目、可能出现的危险、有害因素，依据有关标准、法规列出安全指标的要求和应设计的对策措施。

（5）编制复查表。其内容应包括危险、有害因素明细，是否落实了相应设计的对策措施，能否达到预期的安全指标要求，遗留问题及解决办法和复查人等。

4. 编制检查表应注意事项

编制安全检查表应力求系统完整，不漏掉任何能引发事故的危险关键因素，因此，编制安全检查表应注意如下问题。

（1）检查表内容要重点突出，简繁适当，有启发性。

（2）各类检查表的项目、内容，应针对不同被检查对象有所侧重，分清各自职责内容，尽量避免重复。

（3）检查表的每项内容要定义明确，便于操作。

（4）检查表的项目、内容能随工艺的改造、设备的更新、环境的变化和生产异常情况的出现而不断修订、变更和完善。

（5）凡能导致事故的一切不安全因素都应列出，以确保各种不安全因素能及时被发现或消除。

5. 应用检查表注意事项

为了取得预期目的，应用安全检查表时，应注意以下几个问题：

（1）各类安全检查表都有适用对象，专业检查表与日常定期检查表要有区别。专业检查表应详细、突出专业设备安全参数的定量界限，而日常检查表尤其是岗位检查表应简明扼要，突出关键和重点部位。

（2）应用安全检查表实施检查时，应落实安全检查人员。企业厂级日常安全检查，可由安技部门现场人员和安全监督巡检人员会同有关部门联合进行。车间的安全检查，可由车间主任或指定车间安全员检查。岗位安全检查一般指定专人进行。检查后应签字并提出处理意见备查。

（3）为保证检查的有效定期实施，应将检查表列入相关安全检查管理制度，或制定安全检查表的实施办法。

（4）应用安全检查表检查，必须注意信息的反馈及整改。对查出的问题，凡是检查者当时能督促整改和解决的应立即解决，当时不能整改和解决的应进行反馈登记、汇总分析，由有关部门列入计划安排解决。

（5）应用安全检查表检查，必须按编制的内容，逐项目、逐内容、逐点检查。有问必答，有点必检，按规定的符号填写清楚。为系统分析及安全评价提供可靠准确的依据。

6. 安全检查表的优缺点

（1）安全检查表主要有以下优点：

1）检查项目系统、完整，可以做到不遗漏任何能导致危险的关键因素，避免传统的安全检查中的易发生的疏忽、遗漏等弊端，因而能保证安全检查的质量。

2）可以根据已有的规章制度、标准、规程等，检查执行情况，得出准确的评价。

3）安全检查表采用提问的方式，有问有答，给人的印象深刻，能使人知道如何做才是正确的，因而可起到安全教育的作用。

4）编制安全检查表的过程本身就是一个系统安全分析的过程，可使检查人员对系统的认识更深刻，更便于发现危险因素。

5）对不同的检查对象、检查目的有不同的检查表，应用范围广。

（2）安全检查表缺点：针对不同的需要，须事先编制大量的检查表，工作量大且安全检查表的质量受编制人员的知识水平和经验影响。

10.2.2 专家评议法

1. 专家评议法定义

专家评议法是一种吸收专家参加，根据事物的过去、现在及发展趋势，进行积极的创造性思维活动，对事物的未来进行分析、预测的方法。

2. 专家评议法分类

专家评议法的种类有下面两种：

（1）专家评议法。根据一定的规则，组织相关专家进行积极的创造性思维，对具体问题共同探讨、集思广益的一种专家评价方法。

（2）专家质疑法。该法需要进行两次会议。第一次会议是专家对具体的问题进行直接谈论；第二次会议则是专家对第一次会议提出的设想进行质疑。主要做以下工作：

1）研究讨论有碍设想实现的问题；

2）论证已提出设想的实现可能性；

3）讨论设想的限制因素及提出排除限制因素的建议；

4）在质疑过程中，对出现的新的建设性的设想进行讨论。

3. 专家评议法步骤

采用专家评议法应遵循以下步骤：

（1）明确具体分析、预测的问题；

（2）组成专家评议分析、预测小组，小组组成应由预测专家、专业领域的专家、推断思维能力强的演绎专家等组成；

（3）举行专家会议，对提出的问题进行分析、讨论和预测；

（4）分析、归纳专家会议的结果。

4. 专家评议法优缺点和适用范围

专家评议法适用于类比工程项目、系统和装置的安全评价，它可以充分发挥专家丰富的实践经验和理论知识。专项安全评价经常采用专家评议法，运用该评价方法，可以将问题研究讨论的更深入、更透彻，并得出具体执行意见和结论，便于进行科学决策。

10.2.3 预先危险分析法

1. 概述

预先危险分析（Preliminary Hazard Analysis，缩写 PHA）又称初步危险分析。预先危险分析是系统设计期间危险分析的最初工作。也可运用它作为运行系统的最初安全状态检查，是系统进行的第一次危险分析。通过这种分析找出系统中的主要危险，对这些危险要作出估算，或要求安全工程师控制它们，从而达到可接受的系统安全状态。

2. 预先危险分析步骤

（1）通过经验判断、技术诊断或其他方法调查确定危险源（即危险因素存在于哪个子系统中），对所需分析系统的生产目的、物料、装置及设备、工艺过程、操作条件以及周围环境等，进行充分详细的了解。

（2）根据过去的经验教训及同类行业生产中发生的事故或灾害情况，对系统的影响、损坏程度，类比判断所要分析的系统中可能出现的情况，查找能够造成系统故障、物质损失和人员伤害的危险性，分析事故或灾害的可能类型。

（3）对确定的危险源分类，制成预先危险性分析表。

（4）转化条件，即研究危险因素转变为危险状态的触发条件和危险状态转变为事故（或灾害）的必要条件，并进一步寻求对策措施，检验对策措施的有效性。

（5）进行危险性分级，排列出重点和轻、重、缓、急次序，以便处理。

（6）制定事故或灾害的预防性对策措施。

3. 预先危险性分析的等级划分

为了评判危险、有害因素的危害等级以及它们对系统破坏性的影响大小，预先危险性分析法给出了各类危险性的划分标准。该法将危险性的划分 4 个等级：

（1）安全的：不会造成人员伤亡及系统损坏。

（2）临界的：处于事故的边缘状态，暂时还不至于造成人员伤亡。

（3）危险的：会造成人员伤亡和系统损坏，要立即采取防范措施。

（4）灾难性的：造成人员重大伤亡及系统严重破坏的灾难性事故，必须予以果断排除并进行重点防范。

4. 预先危险分析的结果

预先危险分析的结果一般采用表格的形式列出。表格的格式和内容可根据实际情况确定。

5. 预先危险分析注意事项

在进行 PHA 分析时，应注意的几个要点：

（1）应考虑生产工艺的特点，列出其危险性和状态：

1）原料、中间产品、衍生产品和成品的危害特性；

2）作业环境；

3）设备、设施和装置；

4）操作过程；

5）各系统之间的联系；

6）各单元之间的联系；

7）消防和其他安全设施。

（2）PHA 分析过程中应考虑的因素：

1）危险设备和物料，如燃料、高反应活动性物质、有毒物质、爆炸高压系统及储运系统。

2）设备与物料之间与安全有关的隔离装置，如物料的相互作用、火灾、爆炸的产生和发展、控制、停车系统。

3）影响设备与物料的环境因素，如地震、洪水、振动、静电、湿度等。

4）操作、测试、维修以及紧急处置规定。

5）辅助设施，如储槽、测试设备等。

6）与安全有关的设施设备，如调节系统、备用设备等。

6. 预先危险分析的优、缺点及使用范围

（1）预先危险性分析是进一步进行危险分析的先导，是一种宏观概略定性分析方法。在项目发展初期使用 PHA 有以下优点：

1）方法简单易行、经济、有效。

2）能为项目开发组分析和设计提供指南。

3）能识别可能的危险，用很少的费用、时间就可以实现改进。

（2）适用范围。预先危险性分析适用于固有系统中采取新的方法，接触新的物料、设备和设施的危险性评价。该法一般在项目的发展初期使用。当只希望进行粗略的危险和潜在事故情况分析时，也可以用 PHA 对已建成的装置进行分析。

10.2.4 故障假设分析法

1. 方法概述

故障假设分析（What... If Analysis）方法是对某一生产过程或工艺过程的创造性分析方法。使用该方法时，要求人员应对工艺熟悉，通过提出一系列“如果……怎么办?”的问题，来发现可能和潜在的事故隐患从而对系统进行彻底检查的一种方法。

该方法包括检查设计、安装、技改或操作过程中可能产生的偏差。要求评价人员对工艺规程熟知，并对可能导致事故的设计偏差进行整合。

2. 故障假设分析步骤

故障假设分析很简单，它首先提出一系列问题，然后再回答这些问题。评价结果一般以表格的形式显示，主要内容包括：提出的问题，回答可能的后果，降低或消除危险性的安全措施。

故障假设分析法由三个步骤组成，即分析准备、完成分析、编制结果文件。

（1）分析准备

1）人员组成。进行该分析应由 2～3 名专业人员组成小组。要求成员要熟悉生产工艺，有评价危险经验。

2）确定分析目标。首先要考虑的是取什么样的结果作为目标，目标又可以进一步加以限定。目标确定后就要确定分析哪些系统。在分析某一系统时应注意与其他系统的相互作用，避免遗漏掉危险因素。

3）资料准备。

(2) 完成分析

1) 了解情况，准备故障假设问题。分析会议开始应该首先由熟悉整个装置和工艺的人员阐述生产情况和工艺过程，包括原有的安全设备及措施。参加人员还应该说明装置的安全防范、安全设备、卫生控制规程。

2) 按照准备好的问题，从工艺进料开始，一直进行到成品产出为止，逐一提出如果发生那种情况，操作人员应该怎么办？分别得出正确答案。

3. 故障假设分析法的优缺点及适用范围

故障假设分析方法较为灵活，适用范围很广，它可以用于工程、系统的任何阶段。

故障假设分析方法鼓励思考潜在的事故和后果，它弥补了基于经验的安全检查表编制时经验的不足，相反，检查表可以把故障假设分析方法更系统化。因此出现了安全检查表分析与故障假设分析在一起使用的分析方法，以便发挥各自的优点，互相取长补短。

10.3 基坑支护、模板工程安全检查评价标准

基坑支护安全检查评分表是对施工现场基坑支护工程的安全评价。检查的项目应包括：施工方案、临边防护、坑壁支护、排水措施、坑边荷载、上下通道、土方开挖、基坑支护变形监测和作业环境九项内容（见表10-1）。

基坑支护安全检查评分表 **表10-1**

序号	检查项目		扣分标准	应得分数	扣减分数	实得分数
1	保证项目	施工方案	基础施工无支护方案的，扣20分 施工方案针对性差，不能指导施工的，扣12～15分 基坑深度超过5m无专项支护设计的，扣20分 支护设计及方案未经上级审批的，扣15分	20		
2		临边防护	深度超过2m的基坑施工无临边防护措施的，扣10分 临边及其他防护不符合要求的，扣5分	10		
3		坑壁支护	坑槽开挖设置安全边坡不符合安全要求的，扣10分 特殊支护的做法不符合设计方案的，扣5～8分 支护设施已产生局部变形又未采取措施调整的，扣6分	10		
4		排水措施	基坑施工未设置有效排水措施的，扣10分 深基础施工采用坑外降水，无防止临近建筑危险沉降措施的，扣10分	10		
5		坑边荷载	积土、料具堆放距槽边距离小于设计规定的，扣10分 机械设备施工与槽边距离不符合要求，又无措施的，扣10分	10		
		小计		60		
6	一般项目	上下通道	人员上下无专用通道的，扣10分 设置的通道不符合要求的，扣6分	10		
7		土方开挖	施工机械进场未经验收的，扣5分 挖土机作业时，有人员进入挖土机作业半径内的，扣6分 挖土机作业位置不牢、不安全的，扣10分 司机无证作业的，扣10分 未按规定程序挖土或超挖的，扣10分	10		

续表

序号	检查项目		扣分标准	应得分数	扣减分数	实得分数
8	一般项目	基坑支护变形监测	未按规定进行基坑支护变形监测的，扣10分 未按规定对毗邻建筑物和重要管线和道路进行沉降观测的，扣10分	10		
9		作业环境	基坑内作业人员无安全立足点的，扣10分 垂直作业上下无隔离防护措施的，扣10分 光线不足未设置足够照明的，扣5分	10		
		小计		40		
检查项目合计				100		

检查人员：　　　　　　　　　　　　　　　　　　　　　年　　月　　日

模板工程安全检查评分表是对施工过程中模板工作的安全评价。检查的项目应包括：施工方案、支撑系统。立柱稳定、施工荷载、模板存放、支拆模板、模板验收、混凝土强度、运输道路和作业环境十项内容（见表10-2）。

模板工程安全检查评分表　　　　**表10-2**

序号	检查项目		扣分标准	应得分数	扣减分数	实得分数
1	保证项目	施工方案	模板工程无施工方案或施工方案未经审批的，扣10分 未根据混凝土输送方法制定有针对性安全措施的，扣8分	10		
2		支撑系统	现浇混凝土模板的支撑系统无设计计算的，扣6分 支撑系统不符合设计要求的，扣10	10		
3		立柱稳定	支撑模板的立柱材料不符合要求的，扣6分 立柱底部无垫板或用砖垫高的，扣6分 不按规定设置纵横向支撑的，扣4分 立柱间距不符合规定的，扣5分	10		
4		施工荷载	模板上施工荷载超过规定的，扣10分 模板上堆料不均匀的，扣5分	10		
5		模板存放	大模板存放无防倾倒措施的，扣5分 各种模板存放不整齐、过高等不符合安全要求的，扣5分	10		
6		支拆模板	2m以上高处作业无可靠立足点的，扣8分 拆除区域未设置警戒线且无监护人的，扣5分 留有未拆除的悬空模板的，扣4分	10		
		小计		60		
7	一般项目	模板验收	模板拆除前未经拆模申请批准的，扣5分 模板工程无验收手续的，扣6分 验收单无量化验收内容的，扣4分 支拆模板未进行安全技术交底的，扣5分	10		

续表

序号	检查项目		扣分标准	应得分数	扣减分数	实得分数
8	一般项目	混凝土强度	模板拆除前无混凝土强度报告的，扣5分 混凝土强度未达规定提前拆模的，扣8分	10		
9		运输道路	在模板上运输混凝土无走道垫板的，扣7分 走道垫板不稳不牢的，扣3分	10		
10		作业环境	作业面孔洞及临边无防护措施的，扣10分 垂直作业上下无隔离防护措施的，扣10分	10		
		小计		40		
检查项目合计				100		

检查人员：　　　　　　　　　　　　　　　　　　　　　　　　　　年　　月　　日

10.4 施工用电检查评分表

施工用电检查评分表是对施工现场临时用电情况的评价。检查的项目应包括：外电防护、接地与接零保护系统、配电箱、开关箱、现场照明、配电线路、电器装置、变配电装置和用电档案九项内容（见表10-3）。

施工用电检查评分表　　　　表10-3

序号	检查项目		扣分标准	应得分数	扣减分数	实得分数
1	保证项目	外电防护	小于安全距离又无防护措施的，扣20分 防护措施不符合要求、封闭不严密的，扣5~10分	20		
2		接地与接零保护系统	工作接地与重复接地不符合要求的，扣7~10分 未采置TN-S系统的，扣10分 专用保护零线设置不符合要求的，扣5~8分 保护零线与工作零线混接的，扣10分	10		
3		配电箱开关箱	不符合“三级配电两级保护”要求的，扣10分 开关箱（末级）无漏电保护或保护器失灵，每一处扣5分 漏电保护装置参数不匹配，每发现一处扣2分 电箱内无隔离开关，每一处扣2分 违反“一机、一闸、一漏、一箱”的，每一处扣5~7分 安装位置不当、周围杂物多等不便操作的，每一处扣5分 闸具损坏、闸具不符合要求的，每一处扣5分 配电箱内多路配电无标记的，每一处扣5分 电箱下引出线混乱，每一处扣2分 电箱无门、无锁、无防雨措施的，每一处扣2分	20		
4		现场照明	照明专用回路无漏电保护的，扣5分 灯具金属外壳未作接零保护的，每一处扣2分 室内线路及灯具安装高度低于2.4m未使用安全电压供电的，扣10分 潮湿作业未使用36V以下安全电压的，扣10分 使用36V安全电压照明线路混乱和接头处未用绝缘布包扎的，扣5分 手持照明灯未使用36V及以下电源供电的，扣10分	10		
		小计				60

续表

序号	检查项目		扣分标准	应得分数	扣减分数	实得分数
5	一般项目	配电线路	电线老化、破皮未包扎的，每一处扣10分 线路过道无保护的，每一处扣5分 电杆、横担不符合要求的，扣5分 架空线路不符合要求的，扣7～10分 未使用五芯线（电缆）的，扣10分 使用四芯电缆外加一根线替代五芯电缆的，扣10分 电缆架设或埋设不符合要求的，扣7～10分	10		
6		电器装置	闸具、熔断器参数与设备容量不匹配、安装不合要求的，每一处扣3分 用其他金属丝代替熔丝的，扣10分	10		
7		变配电装置	不符合安全规定的，扣3分	5		
8		用电档案	无专项用电施工组织设计的，扣10分 无地极阻值摇测记录的，扣4分 无电工巡视维修记录或填写不真实的，扣4分 档案乱、内容不全、无专人管理的，扣3分	10		
		小计		40		
检查项目合计				100		

10.5 物料提升机、外用电梯检查评价方法

物料提升机（龙门架、井字架）检查评分表是对物料提升机的设计制作、搭设和使用情况的评价。检查的项目应包括：架体制作、限位保险装置、架体稳定、钢丝绳、楼层卸料平台防护、吊篮、安装验收、架体、传动系统、联络信号、卷扬机操作棚和避雷十二项内容（见表10-4）。

物料提升机（龙门架、井字架）检查评分表 **表10-4**

序号	检查项目		扣分标准	应得分数	扣减分数	实得分数
1	保证项目	架体制作	无设计计算书或未经上级审批的，扣9分 架体制作不符合设计要求和规范要求的，扣7～9分 使用厂家生产的产品，无建筑安全监督管理部门准用证的，扣9分	9		
2		限位保险装置	吊篮无停靠装置的，扣9分 停靠装置未形成定型化的，扣5分 无超高限位装置的，扣9分 使用摩擦式卷扬机超高限位采用断电方式的，扣9分 高架提升机无下极限限位器、缓冲器或无超载限制器的，每一项扣3分	9		

续表

序号	检查项目			扣分标准	应得分数	扣减分数	实得分数
3	保证项目	架体稳定	缆风绳	架高20m以下时设一组，20～30m设二组，少一组扣9分 缆风绳不使用钢丝绳的扣9分 钢丝绳直径小于9.3mm或角度不符合45°～60°的，扣4分 地锚不符合要求的，扣4～7分	9		
			与建筑结构连接	连墙杆的位置不符合规范要求的，扣5分 连墙杆连接不牢的，扣5分 连墙杆与脚手架连接的，扣9分 连墙杆材质或连接做法不符合要求的，扣5分			
4		钢丝绳		钢丝绳磨损已超过报废标准的，扣8分 钢丝绳锈蚀、缺油的，扣2～4分 绳卡不符合规定的，扣2分 钢丝绳无过路保护的，扣2分 钢丝绳拖地，扣2分	8		
5		楼层卸料平台防护		卸料平台两侧无防护栏杆或防护不严的，扣2～4分 平台脚手板搭设不严、不牢的，扣2～4分 平台无防护门或不起作用的，每一处扣2分 防护门未形成定型化、工具化的，扣4分 地面进料口无防护棚或不符合要求的，扣2～4分	8		
6		吊篮		吊篮无安全门的，扣8分 安全门未形成定型化、工具化的，扣4分 高架提升机不使用吊笼的，扣4分 违章乘坐吊篮上下的，扣8分 吊篮提升使用单根钢丝绳的，扣8分	8		
7		安装验收		无验收手续和责任人签字的，扣9分 验收单无量化验收内容的，扣5分	9		
		小计			60		
8	一般项目	架体		架体安装拆除无施工方案的，扣5分 架体基础不符合要求的，扣2～4分 架体垂直偏差超过规定的，扣5分 架体与吊篮间隙超过规定的，扣3分 架体外侧无立网防护或防护不严的，扣4分 摇臂扒杆未经设计的或安装不符合要求或无保险绳，扣8分 井字架开口处未加固的，扣2分	10		
9		传动系统		卷扬机地锚不牢固，扣2分 卷筒钢丝绳缠绕不整齐，扣2分 第一个导向滑轮距离小于15倍卷筒宽度的，扣2分 滑轮翼缘破损或与架体柔性连接，扣3分 卷筒上无防止钢丝绳滑脱保险装置，扣5分 滑轮与钢丝绳不匹配的，扣2分	9		
10		联络信号		无联络信号的，扣7分 信号方式不合理、不准确的，扣2～4分	7		
11		卷扬机操作棚		卷扬机无操作棚的，扣7分 操作棚不符合要求的，扣3～5分	7		
12		避雷		防雷保护范围以外无避雷装置的，扣7分 避雷装置不符合要求的，扣4分	7		
		小计			57		
检查项目合计					100		

外用电梯（人货两用电梯）检查评分表是对施工现场外用电梯的安全状况及使用管理的评价。检查的内容应包括：安全装置、安全防护、司机、荷载、安装与拆卸、安装验收、架体稳定、联络信号、电气安全和避雷十项内容（见表10-5）。

外用电梯（人货两用电梯）检查评分表　　表10-5

序号	检查项目		扣分标准	应得分数	扣减分数	实得分数
1	保证项目	安全装置	梯笼安全装置未经试验或不灵敏的，扣10分 门连锁装置不起作用的，扣10分	10		
2		安全防护	地面梯笼出入口无防护棚的，扣8分 防护棚材质搭设不符合要求的，扣4分 每层卸料口无防护门的，扣10分 有防护门不使用的，扣6分 卸料台口搭设不符合要求的，扣6分	10		
3		司机	司机无证上岗作业的，扣10分 每班作业前不按规定试车的，扣5分 不按规定交接班或无交接记录的，扣5分	10		
4		荷载	超过规定承载人数无控制措施的，扣10分 超过规定重量无控制措施的，扣10分 未加对重载人的，扣10分	10		
5		安装与拆卸	未制定安装拆卸方案的，扣10分 拆装队伍没有取得资格证书的，扣10分	10		
6		安装验收	电梯安装后无验收拆装无交底的，扣10分 验收单上无量化验收内容的，扣5分	10		
		小计		60		
7	一般项目	架体稳定	架体垂直度超过说明书规定的，扣7～10分 架体与建筑结构附着不符合要求的，扣7～10分 架体附着装置与脚手架搭接的，扣10分	10		
8		联络信号	无联络信号的，扣10分 信号不准确的，扣6分	10		
9		电气安装	电气安装不符合要求的，扣10分 电气控制无漏电保护装置的，扣10分	10		
10		避雷	在避雷保护范围外无避雷装置的，扣10分 避雷装置不符合要求的，扣5分	10		
		小计		40		
检查项目合计						

10.6 塔吊检查评价方法

塔吊检查评分表是塔式起重机使用情况的评价。检查的项目应包括：力矩限制器、限位器、保险装置、附墙装置与夹轨钳、安装与拆卸、塔吊指挥、路基与轨道、电气安全、多塔作业和安装验收十项内容（见表10-6）。

塔吊检查评分表 **表10-6**

序号	检查项目		扣分标准	应得分数	扣减分数	实得分数
1	保证项目	力矩限制器	无力矩限制器，扣13分 力矩限制器不灵敏，扣13分			
2		限位器	无超高、变幅、行走限位的每项，扣5分 限位器不灵敏的每项，扣5分			
3		保险装置	吊钩无保险装置，扣5分 卷扬机滚筒无保险装置，扣5分 上人爬梯无护圈或护圈不符合要求，扣5分			
4		附墙装置与夹轨钳	塔吊高度超过规定不安装附墙装置的，扣10分 附墙装置安装不符合说明书要求的，扣3~7分 无夹轨钳，扣10分 有夹轨钳不用，每一处扣3分			
5		安装与拆卸	未制定安装拆卸方案的，扣10分 作业队伍没有取得资格证的，扣10分			
6		塔吊指挥	司机无证上岗，扣7分 指挥无证上岗，扣4分 高塔指挥不使用旗语或对讲机的，扣7分			
		小计		60		
7	一般项目	路基与轨道	路基不坚实、不平整、无排水措施，扣3分 枕木铺设不符合要求，扣3分 道钉与接头螺栓数量不足，扣3分 轨距偏差超过规定的，扣2分 轨道无极限位置阻挡器，扣5分 高塔基础不符合设计要求，扣10分	10		
8		电气安全	行走塔吊无卷线器或失灵，扣6分 塔吊与架空线路小于安全距离又无防护措施，扣10分 防护措施不符合要求，扣2~5分 道轨无接地、接零，扣4分 接地、接零不符合要求的，扣2分	10		
9		多塔作业	两台以上塔吊作业、无防碰撞措施的，扣10分 措施不可靠，扣3~7分	10		
10		安装验收	安装完毕无验收资料或责任人签字的，扣10分 验收单上无量化验收内容，扣5分	10		
		小计		40		
检查项目合计				100		

检查人员：

年　　月　　日

10.7 起重吊装安全检查评价方法

起重吊装安全检查评分表是对施工现场起重吊装作业和起重吊装机械的安全评价。检查的项目应包括：施工方案、起重机械、钢丝绳与地锚、吊点、司机、指挥、地耐力、起重作业、高处作业、作业平台、构件堆放、警戒和操作工十二项内容（见表10-7）。

起重吊装安全检查评分表 **表 10-7**

序号	检查项目			扣分标准	应得分数	扣减分数	实得分数
1	保证项目	施工方案		起重吊装作业无方案，扣10分 作业方案未经上级审批或方案针对性不强，扣5分	10		
2		起重机械	起重机	起重机无超高和力矩限制器，扣10分 吊钩无保险装置，扣5分 起重机未取得准用证，扣20分 起重机安装后未经验收，扣15分	20		
			起重扒杆	起重扒杆无设计计算书或未经审批，扣20分 扒杆组装不符合设计要求，扣17～20分 扒杆使用前未经试吊，扣10分			
3		钢丝绳与地锚		起重钢丝绳磨损、断丝超标的，扣10分 滑轮不符合规定的，扣4分 缆风绳安全系数小于3.5倍的，扣8分 地锚埋设不符合设计要求，扣5分	10		
4		吊点		不符合设计规定位置的，扣5～10分 索具使用不合理、绳径倍数不够的，扣5～10分	10		
5		司机指挥		司机无证上岗的，扣10分 非本机型司机操作的，扣5分 指挥无证上岗的，扣5分 高处作业无信号传递的，扣10分	10		
		小计			60		
6	一般项目	地耐力		起重机作业路面地耐力不符合说明书要求的，扣5分 地面铺垫措施达不到要求的，扣3分	5		
7		起重作业		被吊物体重量不明就吊装的，扣3～6分 有超载作业情况的，扣6分 每次作业前未经试吊检验的，扣3分	6		
8		高处作业		结构吊装未设置防坠落措施的，扣9分 作业人员不系安全带或安全带无牢靠悬挂点的，扣9分 人员上下无专设爬梯、斜道的，扣5分	9		
9		作业平台		起重吊装人员作业无可靠立足点的，扣5分 作业平台临边防护不符合规定的，扣2分 作业平台脚手板不满铺的，扣3分	5		
10		构件堆放		楼板堆放超过1.6m高度的，扣2分 其他物件堆放高度不符合规定的，扣2分 大型构件堆放无稳定措施的，扣3分	5		
11		警戒		起重吊装作业无警戒标志，扣3分 未设专人警戒，扣2分	5		
12		操作工		起重工、电焊工无安全操作上岗证的每一人，扣2分	5		
		小计			40		
检查项目合计					100		

10.8 脚手架检查评价标准

脚手架检查评分表分为落地式外脚手架检查评分表、悬挑式脚手架检查评分表、门型脚手架检查评分表、挂脚手架检查评分表、吊篮脚手架检查评分表、附着式升降脚手架安全检查评分表等六种（见表 10-8 ~ 表 10-13）。

落地式外脚手架检查评分表　　表 10-8

序号	检查项目		扣分标准	应得分数	扣减分数	实得分数
1	保证项目	施工方案	脚手架无施工方案的，扣 10 分 脚手架高度超过规范规定无设计计算书或未经审批的，扣 10 分 施工方案，不能指导施工的，扣 5 ~ 8 分	10		
2		立杆基础	每 10 延长米立杆基础不平、不实、不符合方案设计要求，扣 2 分 每 10 延长米立杆缺少底座、垫木，扣 5 分 每 10 延长米无扫地杆，扣 5 分 每 10 延长米木脚手架立杆不埋地或无扫地杆，扣 5 分 每 10 延长米无排水措施，扣 3 分	10		
3		架体与建筑结构拉结	脚手架高度在 7m 以上，架体与建筑结构拉结，按规定要求每少一年，扣 2 分 拉结不坚固每一处，扣 1 分	10		
4		杆件间距与剪刀撑	每 10 延长米立杆、大横杆、小横杆间距超过规定要求每一处，扣 2 分 不按规定设置剪刀撑的每一处，扣 5 分 剪刀撑未沿脚手架高度连续设置或角度不符合要求，扣 5 分	10		
5		脚手板与防护栏杆	脚手板不满铺，扣 7 ~ 10 分 脚手板材质不符合要求，扣 7 ~ 10 分 每有一处探头板，扣 2 分 脚手架外侧未设置密目式安全网或网间不严密的，扣 7 ~ 10 分 施工层不设 1.2m 高防护栏杆和踢脚板的，扣 5 分	10		
6		交底与验收	脚手架搭设前无交底，扣 5 分 脚手架搭设完毕未办理验收手续，扣 10 分 无量化的验收内容，扣 5 分	10		
		小计		60		
7	一般项目	小横杆设置	不按立杆与大横杆交点处设置小横杆的，每有一处，扣 2 分 小横杆只固定一端的每有一处，扣 1 分 单排架子小横杆插入墙内小于 24cm 的每有一处，扣 2 分	10		
8		杆件搭接	木立杆、大横杆每一处搭接小于 1.5m，扣 1 分 钢管立杆采用搭接的每一处，扣 2 分	5		
9		架体内封闭	施工层以下每隔 10m 未用平网或其他措施封闭的，扣 5 分 施工层脚手架立杆与建筑物之间未进行封闭的，扣 5 分	5		
10		脚手架材质	木杆直径、材质不符合要求的，扣 4 ~ 5 分 钢管弯曲、锈蚀严重的，扣 4 ~ 5 分	5		

续表

序号	检查项目		扣分标准	应得分数	扣减分数	实得分数
11	一般项目	通道	架体不设上下通道的，扣5分 通道设置不符合要求的，扣1~3分	5		
12		卸料平台	卸料平台未经设计计算，扣10分 卸料平台搭设不符合设计要求，扣10分 卸料平台支撑系统与脚手架联结的，扣8分 卸料平台无限定荷载标牌的，扣3分	10		
		小计		40		
检查项目合计				100		

悬挑式脚手架检查评分表 **表10-9**

序号	检查项目		扣分标准	应得分数	扣减分数	实得分数
1	保证项目	施工方案	脚手架无施工方案、设计计算书或未经上级审批的，扣10分 施工方案中搭设方法不具体的，扣6分	10		
2		悬挑梁及架体稳定	外挑杆件与建筑结构连接不牢的每有一处，扣5分 悬挑梁安装不符合要求的每有一处，扣5分 立杆底部固定不牢的每有一处，扣3分 架体未按规定与建筑结构拉结的每有一处，扣5分	20		
3		脚手板	脚手板铺设不严、不牢，扣7~10分 脚手板材质不符合要求，扣7~10分 每有一处探头板，扣2分	7		
4		荷载	脚手架荷载超过规定，扣10分 施工荷载堆放不均匀每有一处，扣5分	10		
5		交底与验收	脚手架搭设不符合要求，扣7~10分 每段脚手架搭设后，无验收资料，扣5分 无交底记录，扣5分	10		
		小计		60		
6	一般项目	杆件间距	每10延长米立杆间距超过规定，扣5分 大横杆间距超过规定，扣5分	10		
7		架体防护	施工层外侧未设置1.2m高防护栏杆和未设防18cm高的踏脚板，扣5分 脚手架外侧不挂密目式安全网或网间不严密，扣7~10分	10		
8		层间防护	作业层下无平网或其他措施防护的，扣10分 防护不严密，扣5分	10		
9		脚手架材	杆件直径、型钢规格及材质不符合要求，扣7~10分	10		
		小计		40		
检查项目合计				100		

门式脚手架检查评分表 表10-10

序号	检查项目		扣分标准	应得分数	扣减分数	实得分数
1	保证项目	施工方案	脚手架无施工方案，扣10分 施工方案不符合规范要求，扣5分 脚手架高度超过规范规定、无设计计算书或未级上级审批，扣10分	10		
2		架体基础	脚手架基础不平、不实、无垫木，扣10分 脚手架底部不加扫地杆，扣5分	10		
3		架体稳定	不按规定间距与墙体拉结的每有一处，扣5分 拉结不牢固的每有一处，扣5分 不按规定设置剪刀撑的，扣5分 不按规定高度作整体加固的，扣5分 门架立杆垂直偏差超过规定的，扣5分	10		
4		杆件、锁件	未按说明书规定组装，有漏装杆件和锁件的，扣6分 脚手架组装不牢、每一处紧固不合要求的，扣1分	10		
5		脚手板	脚手板不满铺，离墙大于10cm以上的，扣5分 脚手板不牢、不稳、材质不合要求的，扣5分	10		
6		交底与验收	脚手架搭设无交底，扣6分 未办理分段验收手续，扣4分 无交底纪录，扣5分	10		
		小计				
7	一般项目	架体防护	脚手架外侧未设置1.2m高防护栏杆和18cm高的挡脚板，扣5分 架体外侧未挂密目式安全网或网间不严密，扣7~10分	10		
8		材质	杆件变形严重的，扣10分 局部开焊的，扣10分 杆件锈蚀未刷防锈漆的，扣5分	10		
9		荷载	施工荷载超过规定的，扣10分 脚手架荷载堆放不均匀的每有一处，扣5分	10		
10		通道	不设置上下专用通道的，扣10分 通道设置不符合要求的，扣5分	10		
		小计				
检查项目合计				100		

挂脚手架检查评分表 表10-11

序号	检查项目		扣分标准	应得分数	扣减分数	实得分数
1	保证项目	安全生产责任制	未建立安全责任制的，扣10分 各级各部门未执行责任制的，扣4~6分 经济承包中无安全生产指标的，扣10分 未制定各工种安全技术操作规程的，扣10分 未按规定配备专（兼）职安全员的，扣10分 管理人员责任制考核不合格的，扣5分	10		

续表

序号	检查项目		扣分标准	应得分数	扣减分数	实得分数
2	保证项目	目标管理	未制定安全管理目标（伤亡控制指标和安全达标、文明施工目标）的，扣10分 未进行安全责任目标分解的，扣10分 无责任目标考核规定的，扣8分 考核办法未落实或落实不好的，扣5分	10		
3		施工组织设计	施工组织设计中无安全措施，扣10分 施工组织设计未经审批，扣10分 专业性较强的项目，未单独编制专项安全施工组织设计，扣8分 安全措施不全面，扣2~4分 安全措施无针对性，扣6~8分 安全措施未落实，扣8分	10		
4		分部（分项）工程安全技术交底	无书面安全技术交底，扣10分 交底针对性不强，扣4~6分 交底不全面，扣4分 交底未履行签字手续，扣2~4分	10		
5		安全检查	无定期安全检查制度，扣5分 安全检查无记录，扣5分 检查出事故隐患整改做不到定人、定时间、定措施，扣2~6分 对重大事故隐患改通知书所列项目未如期完成，扣5分	10		
6		安全教育	无安全教育制度，扣10分 新入厂工人未进行三级安全教育，扣10分 无具体安全教育内容，扣6~8分 变换工种时未进行安全教育，扣10分 每有一人不懂本工种安全技术操作规程，扣2分 施工管理人员未按规定进行年度培训的，扣5分 专职安全员未按规定进行年度培训考核或考核不合格的，扣5分	10		
		小计		60		

吊篮脚手架检查评分表 **表10-12**

序号	检查项目		扣分标准	应得分数	扣减分数	实得分数
1	保证项目	施工方案	无施工方案、无设计计算书或未经上级审批，扣10分 施工方案不具体、指导性差，扣5分	10		
2		制作组装	挑梁锚固或配重等抗倾覆装置不合格，扣10分 吊篮组装不符合设计要求，扣7~10分 电动（手扳）葫芦使用非合格产品，扣10分 吊篮使用前未经荷载试验，扣10分	10		
3		安全装置	升降葫芦无保险卡或失效的，扣20分 升降吊篮无保险绳或失效的，扣20分 无吊钩保险的，扣8分 作业人员未系安全带或安全带挂在吊篮升降用的钢丝绳上，扣17~20分	20		

续表

序号	检查项目		扣分标准	应得分数	扣减分数	实得分数
4	保证项目	脚手板	脚手板铺设不满、不牢，扣5分 脚手板材质不合要求，扣5分 每有一处探头板，扣2分	5		
5		升降操作	操作升降的人员不固定和未经培训，扣10分 升降作业时有其他人员在吊篮内停留，扣10分 两片吊篮连在一起同时升降无同步装置或虽有但达不到同步的，扣10分	10		
6		交底与验收	每次提升后未经验收上人作业的，扣5分 提升及作业未经交底的，扣5分	5		
		小计		60		
7	一般项目	防护	吊篮外侧防护不符合要求的，扣7~10分 外侧立网封闭不整齐的，扣4分 单片吊篮升降两端头无防护的，扣10分	10		
8		防护顶板	多层作业无防护顶板的，扣10分 防护顶板设置不符合要求，扣5分	10		
9		架体稳定	作业时吊篮未与建筑结构拉牢，扣10分 吊篮钢丝绳斜拉或吊篮离墙空隙过大，扣5分	10		
10		荷载	施工荷载超过设计规定的，扣10分 荷载堆放不均匀的，扣5分	10		
		小计		40		
检查项目合计				100		

附着式升降脚手架（整体提升架或爬架）检查评分表　　表10-13

序号	检查项目		扣分标准	应得分数	扣减分数	实得分数
1	保证项目	使用条件	未经建设部组织鉴定并发放生产和使用证的产品，扣10分 不具有当地建筑安全监督管理部门发放的准用证，扣10分 无专项施工组织设计，扣10分 安全施工组织设计未经上级技术部门审批的，扣10分 各工种无操作规程的，扣10分	10		
2		设计计算	无设计计算书的，扣10分 设计计算书未经上级技术部门审批的，扣10分 设计荷载未按承重架 $3.0\mathrm{kN/m^2}$，装饰架 $2.0\mathrm{kN/m^2}$，升降状态 $0.5\mathrm{kN/m^2}$ 取值的，扣10分 压杆长细比大于150，受拉杆件的长细比大于300的，扣10分 主框架、支撑框架（桁架）各节点的各杆件轴线不汇交于一点的，扣6分 无完整的制作安装图的，扣10分	10		
3		架体构造	无定型（焊接或螺栓连接）的主框架的，扣10分 相邻两主框架之间的架体无定型（焊接或螺栓连接）的支撑框架（桁架）的，扣10分 主框架间脚手架的立杆不能将荷载直接传递到支撑框架上的，扣10分 架体未按规定构造搭设的，扣10分 架体上部悬臂部分大于架体高度的1/3，且超过4.5m的，扣8分 支撑框架未将主框架作为支座的，扣10分	10		

续表

序号	检查项目		扣分标准	应得分数	扣减分数	实得分数
4	保证项目	附着支撑	主框架未与每个楼层设置连接点的，扣10分 钢挑架与预埋钢筋环连接不严密的，扣10分 钢挑架上的螺栓与墙体连接不牢固或不符合规定的，扣10分 钢挑架焊接不符合要求的，扣10分	10		
5		升降装置	无同步升降装置或有同步升降装置但达不到同步升降的，扣10分 索具、吊具达不到6倍安全系数的，扣10分 有两个以上吊点升降时，使用手拉葫芦（导链）的，扣10分 升降时架体只有一个附着支撑装置的，扣10分 升降时架体上站人的，扣10分			
6		防坠落、导向防倾斜装置	无防坠装置的，扣10分 防坠装置设置在与架体升降的同一个附着支撑装置上，且无两处以上的，扣10分 无垂直导向和防止左右、前后倾斜的防倾装置的，扣10分 防坠装置不起作用的，扣7~10分	10		
		小计		60		
7	一般项目	分段验收	每次提升前，无具体的检查记录的，扣6分 每次提升后、使用前无验收手续或资料不全的，扣7分	10		
8		脚手板	脚手板铺设不严不牢的，扣3~5分 离墙空隙未封严的，扣3~5分 脚手板材质不符合要求的，扣3~5分	10		
9		防护	脚手架外侧使用密目式安全网不合格的，扣10分 操作层无防护栏杆的，扣8分 外侧封闭不严的，扣5分 作业层下方封闭不严的，扣5~7分	10		
10		操作	不按施工组织设计搭设的，扣10分 操作前未向现场技术人员和工人进行安全交底的，扣10分 作业人员未经培训，未持证上岗又未定岗位的，扣7~10分 荷载堆放不均匀的，扣5分 升降时架体上有超过2000N重的设备的，扣10分	10		
		小计		40		
检查项目合计				100		

10.9 安全管理检查评价标准

安全管理检查评分表是对施工单位安全管理工作的评价。检查的项目应包括：安全生产责任制、目标管理、施工组织设计，分部（分项）工程安全技术交底、安全检查、安全教育、班前安全活动、特种作业持证上岗、工伤事故处理和安全标志十项内容（见表10-14）。

安全管理检查评分表 表 10-14

序号	检查项目		扣分标准	应得分数	扣减分数	实得分数
1	保证项目	安全生产责任制	未建立安全责任制，扣10分 各级各部门未执行责任制，扣4~6分 经济承包中无安全生产指标，扣10分 未制定各工种安全技术操作规程，扣10分 未按规定配备专（兼）职安全员的，扣10分 管理人员责任制考核不合格，扣5分	10		
2		目标管理	未制定安全管理目标（伤亡控制指标和安全达标、文明施工目标），扣10分 未进行安全责任目标分解的，扣10分 无责任目标考核规定的，扣8分 考核办法未落实或落实不好的，扣5分	10		
3		施工组织设计	施工组织设计中无安全措施，扣10分 施工组织设计未经审批，扣10分 专业性较强的项目，未单独编制专项安全施工组织设计，扣8分 安全措施不全面，扣2~4分 安全措施无针对性，扣6~8分 安全措施未落实，扣8分	10		
4		分部（分项）工程安全技术交底	无书面安全技术交底的，扣10分 交底针对性不强，扣4~6分 交底不全面，扣4分 交底未履行签字手续，扣2~4分			
5		安全检查	无定期安全检查制度，扣5分 安全检查无记录，扣5分 检查出事故隐患整改做不到定人，定时间、定措施，扣2~6分 对重大事故隐患整改通知书所列项目未如期完成，扣5分	10		
6		安全教育	无安全教育制度，扣10分 新人厂工人未进行三级安全教育，扣10分 无具体安全教育内容，扣6~8分 变换工种时未进行安全教育，扣10分 每有一人不懂本工种安全技术操作规程，扣2分 施工管理人员未按规定进行年度培训的，扣5分 专职安全员未按规定进行年度培训考核或考核不合格的，扣5分	10		
7		班前安全活动	未建立班前安全活动制度，扣10分 班前安全活动无记录，扣2分	10		
8		特种作业持证上岗	有一人未经培训从事特种作业，扣4分 有一人未持操作证上岗，扣2分	10		
9		工伤事故	工伤事故未按规定报告，扣3~5分 工伤事故未按事故调查分析规定处理，扣10分 未建立工伤事故档案，扣4分	10		
10		安全标志	无现场安全标志布置总平面图，扣5分 现场未按安全标志总平面图设置安全标志的，扣5分	10		
11		安全检查	无定期安全检查制度，扣5分 安全检查无记录，扣5分 检查出事故隐患整改做不到定人、定时间、定措施，扣2~6分 对重大事故隐患整改通知书所列项目未如期完成，扣5分	10		
		小计		100		

10.10 文明施工检查评价标准

文明施工检查评分表是对施工现场文明施工的评价。检查的项目应包括：现场围挡、封闭管理、施工场地、材料堆放、现场宿舍、现场防火、治安综合治理、施工现场标牌、生活设施、保健急救、社区服务十一项内容（见表10-15）。

文明施工检查评分表 **表10-15**

序号	检查项目		扣分标准	应得分数	扣减分数	实得分数
1	保证项目	文明施工组织设计	无文明施工组织设计的，扣8分 文明施工组织设计未经审批的，扣8分 文明施工组织设计内容不完善，不能指导施工的，扣5分（或施工现场与组织设计内容不相符）	8		
2		施工场地	工地地面未做硬化处理的，扣5分 道路不畅通的，扣5分 无排水设施、排水不畅通的，扣4分 无防止泥浆、污水、废水外流或堵塞下水道和排水河道措施的，扣3分 工地有积水的，扣2分 无绿化布置的，扣4分 施工垃圾的清运未设相应容器或管道运输的；扣5分 裸露的场地和集中堆放的土方未采取覆盖、固化或绿化等措施的，扣5分 施工现场焚烧各类垃圾及有毒有害物质的，扣5分 车辆出入口处没有采用砼路面和未设置冲洗设施的，扣5分	10		
3		现场围挡	在市区主要路段的工地周围未设置高于2.5m的围挡的，扣8分 一般路段的工地周围未设置高于1.8m的围挡的，扣8分 围挡材料不坚固、不稳定、不整洁、不美观的，扣5~7分 围挡没有沿工地四周连续设置的，扣3~5分	8		
4		封闭管理	施工现场进出口无大门的，扣3分 无门卫和无门卫制度的，扣3分 进入施工现场不佩戴工作卡和安全帽的，扣3分 门头未设置企业标志的，扣3分	8		
5		材料堆放	建筑材料、构件、料具不按总平面布局堆放的，扣4分 料堆未挂名称、品种、规格等标牌的，扣2分 堆放不整齐、未做到工完场清的，扣3分 危险化学品和易燃易爆物品未设置专用库房分类存放的，扣4分 未经批准在工地围护设施外堆放建筑材料的，扣3分	8		
6		现场办公和住宿	在建工程兼作住宿的，扣10分 施工作业区与办公、生活区不能明显划分的，扣8分 施工作业区与办公、生活区没有采取相应的隔离防护措施和保持安全距离的，扣6分 临用房所用材料和结构安全不符合要求的，扣10分 临时用房不按规定设置用电线路、设备和私设炉灶的，扣8分 临时用房防潮、防台风、通风、采光、保温、隔热等不良的，扣3分 宿舍无消暑和防蚊虫叮咬措施的，扣5分 无床铺、生活用品放置不整齐的，扣2分 宿舍周围环境不卫生、不安全的，扣3分 宿舍内设大通铺的，扣10分 一间宿舍内居住人员超过16人的，扣10分	10		

续表

序号	检查项目		扣分标准	应得分数	扣减分数	实得分数
7	保证项目	现场防火	无消防措施、制度或无灭火器材的，扣8分 灭火器材配置不合理的，扣5分 无消防水源（高层建筑）或不能满足消防要求的，扣8分 无动火审批手续和动火监护的，扣5分 工地未设置吸烟处、随意吸烟的，扣5分 没有消防警示和紧急疏散标志、疏散通道不畅通的，扣2分	8		
8	一般项目	治安综合治理	生活区未给工人设置学习和娱乐场所的，扣4分 未建立治安保卫制度的、责任未分解到人的，扣3分 治安防范措施不利，常发生失盗事件的，扣3分	7		
9		施工现场标牌	主要出入口处的围挡外侧未按要求张挂五牌两图的，扣7分 大门口处挂的五牌两图内容不全，缺一项扣2分 标牌不规范、不整齐的，扣3分 无安全标语，扣5分 无宣传栏、读报栏、黑板报等，扣5分 办公室内不按规定张挂有关证件、制度和图表的，扣3分	7		
10		生活设施	厕所不符合卫生要求，扣4分 无厕所，随地大小便，扣7分 食堂不符合卫生要求，扣6分 无卫生责任制，扣5分 不能保证供应卫生饮水的，扣7分 无淋浴室或淋浴室不符合要求，扣5分 生活垃圾未及时清理，未装容器，无专人管理的，扣4分 食堂和厕所、垃圾站等污染源相距少于10m的，扣4分 食堂没有卫生许可证、炊事员未持身体健康证上岗的，扣5分	7		
11		保健急救	无保健医药箱的，扣5分 无急救措施和急救器材的，扣7分 无经培训的急救人员，扣4分 未开展卫生防病宣传教育的，扣4分	7		
12		社区服务	无防粉尘、防噪声措施的，扣5分 夜间未经许可施工的，扣6分 未建立施工不扰民措施的，扣4分 未经有关部门批准临时占用道路或规划批准范围以外场地的，扣4分	6		
13		文明施工资料	未建立文明施工管理资料的，扣6分 管理资料无专人负责、未按要求分归档的，扣3分 管理资料没有保存完整齐全的，扣2分	6		
检查项目合计				100		

10.11 建筑施工安全检查评分表的填写

1. 检查分类及评分方法

（1）对建筑施工中易发生伤亡事故的主要环节、部位和工艺等的完成情况作安全检查评价时，应采用检查评分表的形式，分为安全管理、文明工地、脚手架、基坑支护与模板工程、“三宝”“四口”防护、施工用电、物料提升机与外用电梯、塔吊、起重吊装和施工机具共十项分项检查评分表和一张检查评分汇总表。

注：①“三宝”系指安全帽、安全带和安全网。

②“四口”系指通道口、预留洞口、楼梯口、电梯井口。

(2) 在安全管理、文明施工、脚手架、基坑支护与模板工程、施工用电、物料提升机与外用电梯、塔吊和起重吊装八项检查评分表中，设立了保证项目和一般项目，保证项目应是安全检查的重点和关键。

(3) 各分项检查评分表中，满分为100分。表中各检查项目得分应为按规定检查内容所得分数之和。每张表总得分应为各自表内各检查项目实得分数之和。

(4) 在检查评分中，遇有多个脚手架、塔吊、龙门架与井字架等时，则该项得分应为各单项实得分数的算术平均值。

(5) 检查评分不得采用负值。各检查项目所扣分数总和不得超过该项应得分数。

(6) 在检查评分中，当保证项目中有一项不得分或保证项目小计得分不足40分时，此检查评分表不应得分。

(7) 汇总表满分为100分。各分项检查表在汇总表中所占的满分分值应分别为：安全管理10分、文明施工20分、脚手架10分、基坑支护与模板工程10分、“三宝”、“四口”防护10分、施工用电10分、物料提升机与外用电梯10分、塔吊10分、起重吊装5分和施工机具5分。在汇总表中各分项项目实得分数应按下式计算：

在汇总表中各分项目实得分数 = 汇总表中该项应得满分分值 × 该项检查评分表实得分数/100

(8) 检查中遇有缺项时，汇总表总得分应按下式计算：

遇有缺项时汇总表总得分 = 实查项目在汇总表中按各对应的实得分值之和/实查项目在汇总表中应得满分的分值之和 ×100

(9) 多人对同一项目检查评分时，应按加权评分方法确定分值。权数的分配原则应为：专职安全人员与其他人员：专职安全人员的权数为0.6，其他人员的权数为0.4。

(10) 建筑施工安全检查评分，应以汇总表的总得分及保证项目达标与否，作为对一个施工现场安全生产情况的评价依据，分为优良、合格、不合格三个等级。

1) 优良。

保证项目分值均应达到规定得分标准，汇总表得分值应在80分及其以上。

2) 合格：

① 保证项目分值均应达到规定得分标准，汇总表得分值应在70分及其以上。

② 有一评分表未得分，但汇总表得分值必须在75分及其以上。

③ 当起重吊装检查评分表或施工机具检查评分表未得分，但汇总表得分值在80分及其以上。

3) 不合格：

① 汇总表得分值不足70分。

② 有一评分表未得分，且汇总表得分在75分以下。

③ 当起重吊装检查评分表或施工机具检查评分表未得分，且汇总表得分值在80分以下。

2. 检查评分表

建筑施工安全检查评分汇总表主要内容应包括：安全管理、文明施工、脚手架、基坑支护与模板工程、“三宝”及“四口”防护、施工用电、物料提升机与外用电梯、塔吊起重吊装和施工机具十项。表 10-16 所示得分作为对一个施工现场安全生产情况的评价依据。

建筑施工安全检查评分汇总表 **表 10-16**

企业名称： 经济类型： 资质等级：

单位工程施工现场名称	建筑面积（m^2）	结构类型	总计100分	项目名称及分值									
				安全管理10分	文明施工20分	脚手架10分	基坑支护与模板工程10分	“三宝”“四口”防护10分	施工用电10分	物料提升机与外用电梯10分	塔吊10分	起重吊装5分	施工机具5分
评语													
检查单位				负责人			受检项目			项目经理			

年 月 日

11　钢结构施工现场安全资料管理

11.1　概述

钢结构施工现场的安全资料指钢结构工程各参建单位在工程建设过程中形成的有关施工安全的各种形式的信息记录。包括施工现场生产安全和文明施工等资料等。安全资料是施工现场安全管理的真实记录，是对企业安全管理检查和评价的重要依据。安全资料的管理有利于企业各项安全生产制度的落实和强化施工全过程、全方位、动态的安全管理，对加强施工现场管理、提高安全生产、文明施工管理水平起到经济的推动作用。

11.2　施工现场安全资料分类

1. 建设单位施工现场安全资料

（1）建设工程施工许可证。

（2）施工现场安全监督备案登记表。

（3）地上、地下管线及建（构）筑物资料移。

（4）安全防护、文明施工措施费用支付统计。

（5）夜间施工审批手续建设单。

2. 监理单位施工现场安全资料

（1）监理管理资料。

（2）监理合同（含安全监理工作内容）。

（3）监理规划（含安全监理方案）、安全监理实施细则。

（4）施工单位安全管理体系、安全生产人员的岗位证书等及审核资料。

（5）施工单位的安全生产责任制、安全管理规章制度及审核资料。

（6）施工单位的专项安全施工方案及工程项目应急救援预案的审核资料。

（7）安全监理专题会议纪要。

（8）安全事故隐患、安全生产问题的报告、处理意见等有关文件。

（9）监理工作记录。

（10）工程技术文件报审表。

（11）施工现场起重机械拆装报审表。

（12）施工现场起重机械验收审核表。

（13）安全防护，文明施工措施费用支付申请表。

（14）安全防护，文明施工措施费用支付证书。

（15）安全隐患报告书。

（16）监理通知。

（17）工程暂停单。

（18）监理通知回复单。
（19）工程复工报审表。
3. 施工单位施工现场安全资料
（1）前期策划安全资料
1）项目安全生产、文明施工保证计划。
2）项目危险源的辨识和风险性评价。
3）项目重大危险源控制措施。
4）项目安全生产责任制度。
5）项目安全生产检查制度。
6）项目安全生产验收制度。
7）项目安全生产教育培训制度。
8）项目安全生产技术管理制度。
9）项目安全生产奖罚制度。
10）项目安全生产值班制度。
11）项目消防保卫制度。
12）项目重要劳动防护用品管理制度。
13）项目生产安全报告、统计制度。
（2）安全管理部分资料
1）总、分包合同和安全协议。
2）项目部安全生产责任制。
3）特种作业的管理。
4）安全教育的记录。
5）项目劳动防护的管理。
6）安全检查。
7）安全目标管理。
8）班前安全活动。
（3）临时用电安全资料
1）临时用电施工组织设计及变更资料。
2）临时用电安全技术交底。
3）临时用电验收记录。
4）电气设备测试、调试记录。
5）接地电阻的遥测记录。
6）电工值班、维修记录。
7）临时用电安全检查记录。
8）临时用电器材合格证。
（4）机械安全资料
1）机械租赁合同及安全管理协议书。
2）机械拆装合同书。
3）机械设备平面布置图。

4）机械安全技术交底。

5）塔吊安装、顶升、拆除验收记录。

6）外用电梯安装验收记录。

7）机械操作人员的上岗证书。

8）机械安全检查记录。

（5）安全防护资料

1）施工中的安全措施方案。

2）脚手架的施工方案。

3）脚手架组装，升、降验收手续。

4）各类安全防护措施的验收检查记录。

5）防护安全技术交底。

6）防护安全检查记录。

7）防护用品合格证和检测资料。

11.3 施工现场安全资料管理

（1）项目经理部应根据钢结构施工现场的实际的情况，对作业中可能出现重大危险源进行识别和评估，确定重大危险源的控制措施，并建立现场运行必要的安全记录。

（2）项目设专职或兼职安全资料员，应及时收集、整理安全资料。安全记录的建立、收集和整理，应按照国家、行业、地方和企业的有关规定，确定安全记录种类、格式。

（3）当规定表格不能满足安全记录需要时，安全保证计划中应制定相关记录。

（4）确定安全记录的部门或相关人员，实行按岗位职责分工编写，按照规定收集、整理，包括分包单位在内的各类安全管理资料的要求，并装订成册。

（5）对安全记录进行标识、编目和立卷，并符合国家、行业和地方有关规定。

（6）其他对材料保存的要求，参照资料员的相关要求。

参 考 文 献

［1］上海市建筑施工行业协会，质量安全委员会．施工现场安全管理资料编制与实例［M］．北京：中国建筑工业出版社，2005.

［2］龚利红．安全员一本通［M］．北京：中国电力出版社，2008.

［3］吕方泉．公路工程施工安全员现场管理人员业务细节大全——管理员［M］．北京：中国电力出版社，2008.

［4］上海市建筑施工行业协会质量安全委员会．建筑施工五大员岗位培训丛书—安全员必读［M］．北京：中国建筑工业出版社，2005.

［5］北京市地方标准．建设工程施工现场安全资料管理规程 DB 11/383—2006. 北京市建设委员会

［6］国家标准．钢结构设计规范 GB 50017—2003. 北京：中国建筑工业出版社，2003.

［7］国家标准．钢结构工程施工质量验收 GB 50205—2001. 北京：中国计划出版社，2001.

尊敬的读者：

感谢您选购我社图书！建工版图书按图书销售分类在卖场上架，共设22个一级分类及43个二级分类，根据图书销售分类选购建筑类图书会节省您的大量时间。现将建工版图书销售分类及与我社联系方式介绍给您，欢迎随时与我们联系。

★建工版图书销售分类表（见下表）。

★欢迎登陆中国建筑工业出版社网站www.cabp.com.cn，本网站为您提供建工版图书信息查询，网上留言、购书服务，并邀请您加入网上读者俱乐部。

★中国建筑工业出版社总编室　电　话：010—58337016　传　真：010—68321361

★中国建筑工业出版社发行部　电　话：010—58337346　传　真：010—68325420

E-mail：hbw@cabp.com.cn

建工版图书销售分类表

一级分类名称（代码）	二级分类名称（代码）	一级分类名称（代码）	二级分类名称（代码）
建筑学（A）	建筑历史与理论（A10）	园林景观（G）	园林史与园林景观理论（G10）
	建筑设计（A20）		园林景观规划与设计（G20）
	建筑技术（A30）		环境艺术设计（G30）
	建筑表现·建筑制图（A40）		园林景观施工（G40）
	建筑艺术（A50）		园林植物与应用（G50）
建筑设备·建筑材料（F）	暖通空调（F10）	城乡建设·市政工程·环境工程（B）	城镇与乡（村）建设（B10）
	建筑给水排水（F20）		道路桥梁工程（B20）
	建筑电气与建筑智能化技术（F30）		市政给水排水工程（B30）
	建筑节能·建筑防火（F40）		市政供热、供燃气工程（B40）
	建筑材料（F50）		环境工程（B50）
城市规划·城市设计（P）	城市史与城市规划理论（P10）	建筑结构与岩土工程（S）	建筑结构（S10）
	城市规划与城市设计（P20）		岩土工程（S20）
室内设计·装饰装修（D）	室内设计与表现（D10）	建筑施工·设备安装技术（C）	施工技术（C10）
	家具与装饰（D20）		设备安装技术（C20）
	装修材料与施工（D30）		工程质量与安全（C30）
建筑工程经济与管理（M）	施工管理（M10）	房地产开发管理（E）	房地产开发与经营（E10）
	工程管理（M20）		物业管理（E20）
	工程监理（M30）	辞典·连续出版物（Z）	辞典（Z10）
	工程经济与造价（M40）		连续出版物（Z20）
艺术·设计（K）	艺术（K10）	旅游·其他（Q）	旅游（Q10）
	工业设计（K20）		其他（Q20）
	平面设计（K30）	土木建筑计算机应用系列（J）	
执业资格考试用书（R）		法律法规与标准规范单行本（T）	
高校教材（V）		法律法规与标准规范汇编/大全（U）	
高职高专教材（X）		培训教材（Y）	
中职中专教材（W）		电子出版物（H）	

注：建工版图书销售分类已标注于图书封底。